W0261532

Ausflug ins äußere Sonnensystem

Michael Moltenbrey

Ausflug ins äußere Sonnensystem

Trojaner, Puck und Co.

Michael Moltenbrey
München, Deutschland

ISBN 978-3-662-59359-2   ISBN 978-3-662-59360-8   (eBook)
https://doi.org/10.1007/978-3-662-59360-8

Die Deutsche Nationalbibliothek verzeichnet diese Publikation in der Deutschen Nationalbibliografie; detaillierte bibliografische Daten sind im Internet über http://dnb.d-nb.de abrufbar.

Einbandabbildung: NASA/JPL
Planung/Lektorat: Lisa Edelhäuser

Springer ist ein Imprint der eingetragenen Gesellschaft Springer-Verlag GmbH, DE und ist ein Teil von Springer Nature.
Die Anschrift der Gesellschaft ist: Heidelberger Platz 3, 14197 Berlin, Germany

Vorwort

Viel ist uns über unser heutiges Sonnensystem bereits bekannt. Vor allem unser Nachbarplanet Mars erfreut sich nach wie vor großer Beliebtheit. Seine Erforschung wird stets medienwirksam in Szene gesetzt.

Aber es gibt noch so viel Unbekanntes dort draußen. Je weiter wir uns von der Erde entfernen und in das äußere Sonnensystem vordringen, desto vager wird die Vorstellung, was uns dort draußen erwartet. Wir kennen schon lange die Gas- und Eisriesen Jupiter, Saturn, Uranus und Neptun. Vielleicht haben wir auch die „Schlacht" um Pluto mitbekommen. Bei den meisten dürften sich hier die Kenntnisse erschöpfen. Warum auch nicht? Eine große Leere erwartet uns dahinter. Oder nicht?

Wir kennen die Bilder der Gasriesen Jupiter, Saturn, Uranus und Neptun. Diese sind beeindruckend und wunderschön. Aber jenseits davon? Ein paar kleine, leblose und langweilige Gesteinsbrocken.

Warum sollte man sich also mit dieser Einöde beschäftigen? Das war lange auch eine Frage, die mich beschäftigte, während ich mich in verschiedene Themen der Astronomie und Astrophysik eingrub. Waren nicht die Gasnebel und die fernen Galaxien – das große Ganze – nicht weitaus abwechslungsreicher und spannender?

Durch Zufall beschäftigte ich mich dann vor einigen Jahren mit der Entstehung unseres Sonnensystems. Es war keineswegs so statisch und langweilig. Die Dynamik der frühen Phasen war beeindruckend. Nicht nur die Sonne und Planeten spielten eine wichtige Rolle, sondern zu meiner Überraschung auch die Vielzahl kleiner Körper. Insbesondere fiel mein Augenmerk auf die Regionen jenseits Neptuns. In der wissenschaftlichen Community war gerade einiges im Gange. Unglaubliche Mengen neuer Erkenntnisse sprudelten mit immer höherer Taktrate herein.

Verblüffend war, dass diese kleinen, fernen Objekte eine schier unglaubliche Vielfalt und Variabilität an den Tag legten. Im Laufe der Jahre wurden viele Erkenntnisse gewonnen. Vieles liegt noch im Dunkeln. Denkt man, man hätte die Antwort auf eine der vielen Fragen gefunden, kommen meist sofort neue Fragen auf. Wir finden hier ein sehr aktives junges Forschungsgebiet vor. Wir stehen erst ganz am Anfang unserer Erkenntnis! Das äußere Sonnensystem und insbesondere jene transneptunische Region fesselten mich und ließen mich seither nicht mehr los.

Dieses Buch soll dabei helfen dem Leser einen ersten Einblick in diese faszinierenden Welten des äußeren Sonnensystems zu geben. Wir werden gemeinsam einen Ausflug unternehmen vom Asteroidengürtel zwischen Mars und Jupiter, über die Gas- und Eisriesen und deren Monde, weiter über den Kuiper-Gürtel bis hin an die Grenzen unseres Sonnensystems. Ich hoffe, wir werden zusammen eine spannende Reise unternehmen.

Natürlich kann dies nur ein Abriss sein, um einen ersten Überblick zu bekommen. Am Ende jeden Kapitels ist daher weiterführende Literatur aufgeführt, die dabei helfen kann Themen, zu vertiefen. Manche dieser Vorschläge sind mit einem Stern (*) markiert. Hierbei handelt es sich um wissenschaftliche Fachliteratur, die einige mathematische und physikalische Kenntnisse voraussetzt, daher aber einen tiefen Einstieg ermöglicht. Die restlichen Vorschläge sind allgemein verständliche populärwissenschaftliche Arbeiten.

Bedanken möchte ich mich besonders bei Frau Edelhäuser und Frau Adam vom Springer-Verlag, die mich beim Verfassen des Manuskripts begleitet haben. Danke für Ihre Unterstützung und Geduld. Besonderer Dank gilt auch meiner Familie für die Geduld, die sie während des Schreibens des Manuskripts aufbringen mussten.

Aber lassen Sie uns nun unseren Ausflug beginnen…

München   Michael Moltenbrey
April 2019

Inhaltsverzeichnis

1

Einführung

Unser Sonnensystem scheint auf den ersten Blick ein wohl geordnetes Gebilde zu sein. Zunächst haben wir in seinem Zentrum unsere Sonne. Um sie herum tanzen im steten Reigen die neun Planeten auf nahezu kreisförmigen Bahnen. Begleitet werden die meisten von ihnen von Monden – kalten, felsigen, monotonen toten Körpern, die gravitativ gebunden um ihren Planeten kreisen. Zwischen unserem roten Nachbarplaneten Mars und dem Gasriesen Jupiter befindet sich eine kleinere Zahl von weiteren leblosen Gesteinsbrocken, sogenannten Asteroiden, die sich im sogenannten Asteroidengürtel zusammengefunden haben. Schließlich wird diese stabile Ordnung unseres Sonnensystems durch den gelegentlichen Besuch von Kometen unterbrochen, die in einer imposanten Erscheinung durch den Raum streifen, sich der Sonne nähern und schließlich wieder in den Weiten des Weltalls verschwinden.

So oder so ähnlich mag das Bild von unserem Sonnensystem noch in der ersten Hälfte des 20. Jahrhunderts vermittelt worden sein. Seither hat sich jedoch unser Verständnis in riesigen Schritten erweitert. Was damals noch als unumstößlich galt, steht heute unter Umständen schon wieder infrage.

Wir wissen heute, dass das Sonnensystem weitaus komplexer und vielschichtiger ist als es noch vor gut 100 Jahren angenommen wurde. Neue Erkenntnisse unterwerfen unser Bild des Sonnensystems einem steten Wandel. Besonders der Vorstoß in vormals unbekannte Regionen im äußeren Bereich unseres Planetensystems wirft viele neue Fragen auf und vermag an den Grundfesten unseres Verständnisses über die Struktur und Entstehung des ganzen Systems zu rütteln.

© Springer-Verlag GmbH Deutschland, ein Teil von Springer Nature 2019
M. Moltenbrey, *Ausflug ins äußere Sonnensystem,*
https://doi.org/10.1007/978-3-662-59360-8_1

1.1   Was wissen wir – der Versuch einer Bestandsaufnahme

Was wissen wir also heute über unser Sonnensystem. Wagen wir uns an eine Bestandsaufnahme. Es gibt einige wenige Dinge, die – zumindest nach dem ersten Augenschein – unverändert sind. Nach wie vor befindet sich unsere Sonne im Zentrum des Sonnensystems. In den letzten 100 Jahren haben wir jedoch unzählige neue Erkenntnisse über Aufbau und Entstehung der Sonne gewonnen. So mag der Blick von außen noch nahezu derselbe sein, der Rest hat sich jedoch drastisch gewandelt.

Unsere acht Planeten bewegen sich in nach wie vor auf nahezu kreisförmigen, genauer auf elliptischen Bahnen um die Sonne. Moment acht Planeten? Hatten wir vorhin nicht noch von neun gesprochen? In der Tat bestand unser Sonnensystem seit der Entdeckung Plutos im Jahr 1930 durch den amerikanischen Astronomen Clyde Tombaugh offiziell aus neun Planeten. Die Entdeckung vergleichbarer Objekte im äußeren Sonnensystem seit den frühen 1990er-Jahren führte jedoch zu einer bis heute kontrovers diskutierten Herabstufung Plutos zu einem „Zwergplaneten" durch die Internationale Astronomische Union (IAU) im Jahr 2006. Wir werden im weiteren Verlauf dieses Buches noch genauer auf diesen Sachverhalt eingehen. Es genügt an dieser Stelle festzuhalten, dass es neben den acht großen Planeten (Merkur, Venus, Erde, Mars, Jupiter, Saturn, Uranus und Neptun, Abb. 1.1) noch einige weitere größere Objekte gibt, die wir Zwergplaneten nennen. Auch die Planeten selbst sind keineswegs homogen in ihrem Auftreten. So unterscheiden wir die erdähnlichen Planeten des inneren Sonnensystems von den Gasriesen des äußeren.

Entfernungen im Weltall

In der Astronomie werden verschiedene Entfernungsmaße eingesetzt, da die Dimensionen im Universum sehr unterschiedlich sein können. Ein Maß für alles scheint dabei nicht sonderlich praktikabel zu sein. Entfernungen auf der Erde wie auch auf anderen Planeten lassen sich gut in Metern (m) oder Kilometern (km) erfassen. Betrachtet man aber schon den Abstand zwischen Erde und Sonne, so sind dies bereits unglaubliche 1.495.978.715 Mio. km. Zum sonnennächsten Stern, Proxima Centauri, sind es bereits etwa 39.735.068 Mio. km. Andere Maßeinheiten haben sich daher durchgesetzt.

Die Entfernung Erde–Sonne ist als eine *Astronomische Einheit* (AE) definiert, d. h. 1.495.978.715 Mio. km = 1 AE.

Bei einem *Lichtjahr* (ly) handelt es sich nicht um eine Zeiteinheit, sondern um ein Entfernungsmaß, nämlich die Strecke, die das Licht in einem Jahr im Vakuum zurücklegt. Wie viel ist das? Das lässt sich leicht berechnen. Die Lichtgeschwindigkeit in Vakuum beträgt 299.792,458 $\frac{km}{s}$. Folglich legt das Licht in einem

Abb. 1.1 Montage von Planetenbildern, die von verschiedenen Raumsonden des Jet Propulsion Laboratory (JPL) in Pasadena, CA aufgenommen wurden. Die Bilder zeigen (von oben nach unten): Merkur, Venus, Erde (und Mond), Mars, Jupiter, Saturn, Uranus and Neptun (Quelle: NASA/JPL)

Jahr etwa $9{,}46 \times 10^{12}$ km zurück (10^{12} ist dabei eine 1 gefolgt von 12 Nullen: 1.000.000.000.000). Mithilfe eines Lichtjahrs kann man die Entfernung zu Proxima Centauri nun mit etwa 4,2 Lichtjahren angeben, d. h., das Licht ist 4,2 Jahre dorthin unterwegs. Die Entfernung Erde–Sonne beträgt 8 Lichtminuten.

Ein weiteres Entfernungsmaß ist das *Parsec* (pc), welches 3,26 ly, 0,206 Mio. AE oder $3{,}09 \times 10^{13}$ km entspricht. In der Fachsprache sind Angaben in Parsec üblicher als in Lichtjahren.

Neben diesen größeren Körpern existieren noch eine Vielzahl kleinerer Objekte in unserem Sonnensystem, die sich teils auf geordneten, teils auf chaotischen Bahnen bewegen. Zu ihnen zählen die eingangs erwähnten Asteroiden. Eine Vielzahl befindet sich im Asteroidengürtel zwischen Mars und Jupiter. Asteroiden bevölkern aber auch das innere und äußere Sonnensystem. Sie können dabei die Bahnen der Planeten kreuzen oder gar mit ihnen kollidieren. Die Schwerkraft der Planeten beeinflusst deren Bahnen um die Sonne. Insbesondere Jupiter spielt hier eine entscheidende Rolle. Von Stabilität und Ordnung kann hier nur selten gesprochen werden.

Hunderttausende weiterer Objekte, die sich in ihrer Zusammensetzung zum Teil deutlich von Asteroiden unterscheiden, befinden sich in den äußeren Bereichen des Sonnensystems, das auch heute noch nahezu unerforscht ist. In diesen Regionen sind auch die Ursprünge der Kometen zu suchen, die hin und wieder durch das innere Sonnensystem wandern und ein imposantes Himmelsschauspiel bieten können.

Sogenannte Trojaner teilen zu Tausenden die Umlaufbahnen der meisten Planeten. Zwitterobjekte, die Zentauren, die sowohl Merkmale von Asteroiden als auch Kometen aufweisen, wandeln in der Region der Gasriesen.

Was ist mit den Monden? Viele von ihnen sind keinesfalls so kalt und langweilig wie früher angenommen. Es offenbart sich bei näherer Betrachtung eine unglaubliche Vielfalt. Wir finden vulkanisch aktive Monde wie Jupiters Begleiter Io. Europa, ebenfalls ein Begleiter Jupiters, besitzt vermutlich einen gigantischen Ozean aus flüssigem Wasser unter seiner vereisten Oberfläche. Titan, Saturns größter Mond, ist von einer Atmosphäre umhüllt. Einige Wissenschaftler gehen mittlerweile sogar so weit die Monde der Planeten als Orte möglichen Lebens in Betracht zu ziehen.

Diese komplexe Ansammlung von Objekten wirft zwangsläufig Fragen auf. Was wissen wir über sie? Wie konnte eine solche Vielfalt entstehen? Ja, wie entwickelte sich unser Sonnensystem überhaupt?

Wir wollen uns im Verlauf dieses Buches gemeinsam auf eine Reise hin zu den fernen, nahezu unbekannten Regionen des äußeren Sonnensystems begeben. Es werden sich uns fremde Welten bizarrer Schönheit offenbaren, von denen noch so viel im Dunkeln liegt. Bevor wir jedoch unsere Reise beginnen können, müssen wir uns erst einige Grundlagen aneignen, die wir für das weitere Verständnis benötigen.

Zunächst wollen wir uns genauer anschauen, wie unser Sonnensystem in all seiner Vielfalt entstand. Dies wird uns ermöglichen, unsere Reiseroute festzulegen. Anschließend stellen wir uns die Frage, wie wir überhaupt all die Kenntnisse erwerben konnten, die wir heute besitzen.

1.2   Wie alles begann

Schauen wir uns zunächst einmal unser Sonnensystem genauer an. Was uns dabei sofort ins Auge sticht, ist, dass sich die großen Planeten und ihre Monde nahezu in einer Ebene bewegen, der Bahnebene Erde-Sonne oder auch *Ekliptik* genannt. Sie weichen mit ihren nahezu kreisförmigen Umlaufbahnen nur geringfügig davon ab. Außerdem scheinen sie in der gleichen Richtung um die Sonne zu wandern und zwar *gegen* den Uhrzeigersinn.

Das Sonnensystem scheint wie ein perfektes Uhrwerk zu ticken. Das war auch die Vorstellung, die Immanuel Kant (1724–1804) und Pierre-Simon Laplace (1749–1827) im 18. Jahrhundert vorfanden. 1755 beschäftigte sich Kant in seinem Werk „Allgemeine Naturgeschichte und Theorie des Himmels" eingehend mit der Entstehungsgeschichte. Laplace zog unabhängig von ihm 1796 in „Exposition du système du monde" (franz. Darstellung des Weltsystems) ähnliche Schlüsse. Beide sollten es sein, die mit der sogenannten *Nebularhypothese* den ersten Grundstein für unser heutiges Verständnis der Entstehung unseres Sonnensystem legten. Sie waren überzeugt, dass die Sonne und die Planeten aus einer rotierenden Scheibe aus Gas und Staub entstanden waren in deren Zentrum sich die Sonne befand. Im Laufe der Zeit formten sich dann aus diesem Nebel die Planeten. Diese Lösung war elegant und fand rasche Verbreitung innerhalb der wissenschaftlichen Gemeinde.

Doch bald darauf traten erste Probleme auf. Wie des öfteren in der Wissenschaftsgeschichte, war auch diese Erkenntnis einem glücklichen Umstand geschuldet. Was beide, Laplace und Kant, zu jener Zeit nicht wussten, ist, dass das Sonnensystem keineswegs so ein perfektes Uhrwerk ist. Nicht alle Planeten rotieren in der gleichen Richtung, beispielsweise rotieren Venus und Uranus retrograd, d. h. rückläufig im Uhrzeigersinn.

Wie konnte ein solches Verhalten mit der Entwicklung aus einer rotierende Scheibe heraus erklärt werden? Es zeigte sich aber ein noch weitaus schwerwiegenderes Problem. Das aus der Nebularhypothese vorhergesagte Sonnensystem unterscheidet sich in einem Punkt gravierend von dem tatsächlichen, wie wir es beobachten können: in der Verteilung des Drehimpulses. Die Planeten besitzen etwa 99 % des gesamten Drehimpulses, wobei der Löwenanteil auf Jupiter entfällt. Lediglich 1 % des Gesamtdrehimpulses sind in der Sonne zu finden. Letztere nimmt jedoch einen Großteil der Masse ein (etwa 98 %) und bewegt sich sehr langsam. All das steht im Widerspruch zur Vorhersage: Die Sonne müsste schneller rotieren und auch einen wesentlich größeren Anteil des Drehimpulses beanspruchen.

Vor allem das Problem der Drehimpulsverteilung schien unlösbar und ließ Die Kant-Laplace'sche Theorie in Ungnade fallen. Erst in den 1960er-Jahren sollte sie durch den sowjetischen Astronomen Victor Safranov (1917–1999) wiederbelebt werden, der die ursprüngliche Idee in seiner Arbeit „Evolution of the protoplanetary cloud and Formation of the Earth and the planets" modifizierte. Das von ihm vorgeschlagene Solar-Nebula-Disk-Model (SNDM, engl. Sonnennebelscheibenmodell) etablierte sich rasch in der wissenschaftlichen Gemeinde und gilt heute, mit weiteren Modifikationen, als die allgemein akzeptierte Erklärung für die Entstehung von Sonnensystemen. Die heutigen Teleskope erlauben es uns, ferne Sternentstehungsgebiete, wie den Orionnebel (siehe Abb. 1.2), im Detail zu studieren. Und tatsächlich lässt sich manchmal ein Blick auf frühe Sonnensysteme erhaschen, die das Modell zu bestätigen scheinen (siehe Abb. 1.4).

Vor allem in der Zeit vor Safranov entwickelten sich weitere Theorien, deren wichtigste Vertreter, die Gezeitentheorien und Akkretionstheorien, in Kasten *Alternative Theorien* skizziert sind.

Alternative Theorien

Im Laufe der Zeit entwickelten sich weitere Theorien über die Entstehung unseres Sonnensystems, nicht zuletzt auch deshalb, weil die Nebularhypothese unlösbare Probleme aufzuweisen schien. Gegen die Nebularhyptohese bzw. das SNDM spricht, nach Ansicht der Verfechter der Alternativtheorien, das Problem der Drehimpulsverteilung. Wäre unsere Sonne tatsächlich durch den Kollaps einer Urwolke entstanden, so sollten die Planeten deutlich langsamer rotieren als sie es in Wirklichkeit tun. Demgegenüber müsste die Sonne sich im gleichen Maße schneller bewegen. Dies widerspricht allerdings den Beobachtungen. Wir können drei große Hauptgruppen von Alternativtheorien unterscheiden.

Die **Gezeitentheorien** basieren auf Arbeiten des Astronomen James Jeans aus dem Jahre 1917. Er schlug vor, dass sich die Planeten im Zuge eines nahen Vorbeiziehens eines anderen Sterns an unserer Sonne entwickelten. Durch die dadurch entstandenen Gezeitenkräfte wären große Mengen an Materie aus der jungen Sonne gezogen worden, die dann letztendlich in Form von Planeten kondensierte. Gegen eine solche Form der Entstehung spricht, dass eine solche sehr nahe Begegnung unserer Sonne mit einem anderen Stern sehr unwahrscheinlich ist (wie der Astronom Harold Jeffreys im Jahr 1929 zeigte). Zudem, so wandte der amerikanische Astronom Henry Norris Russell ein, würden diese Theorien keineswegs alle Probleme der Drehimpulsverteilung lösen. Im Gegenteil, sie würden weitere im Hinblick auf die äußeren Planeten aufwerfen.

Capture-Theorien gehen davon aus, dass sich das Sonnensystem ebenfalls durch Gezeitenwechselwirkungen entwickelte. M. M. Woolfson schlug 1964 vor, dass unsere Sonne einen Begleiter, einen Protostern geringer Dichte, hatte. Durch ihre größere Masse und damit stärker wirkende Gravitationskraft hätte die Sonne Materie aus dem Protostern gerissen. Aus dieser Materie hätten sich dann die Planeten gebildet. Folglich müssten sich die Sonne und die Planeten zu unterschiedlichen Zeitpunkten entwickelt haben. Dies widerspricht jedoch unseren Beobachtungen gemäß derer die Entstehung zeitgleich stattfand.

Abb. 1.2 Eine der detailreichsten Aufnahmen des Großen Orionnebels, einem noch heute aktiven Sternentstehunsgebiet (Quelle: NASA, ESA, M. Robberto (Space Telescope Science Institute/ESA) and the Hubble Space Telescope Orion Treasury Project Team).

Eine andere verbreitete Theorie geht von dem Einfluss einer dichten **interstellaren Wolke** aus, durch die unsere Sonne flog und dabei eine Hülle aus Staub und Gas absog, aus der sich dann die Planeten bildeten. Diese ursprünglich vom sowjetischen Astronomen Otto Schmidt vorgeschlagene Theorie löste das Problem der Drehimpulsverteilung. Viktor Safronov konnte jedoch zeigen, dass eine Entstehung der Planeten aus einer solch diffusen Hülle aus Staub und Gas nur sehr langsam geschehen wäre. Es hätte schlicht nicht genügend Zeit für die Bildung der Planeten zur Verfügung gestanden.

1.3 Von interstellarer Materie zur Urwolke

Wir können uns jetzt vorstellen, dass unser Sonnensystem und andere ähnliche Systeme aus rotierenden Scheiben aus Gas und Staub entstanden sind. Aber woher kommen diese Scheiben? Und wie kann sich aus einer solchen einfachen Struktur ein so facettenreiches Gebilde wie unser Sonnensystem entwickeln?

Anders als man zunächst einmal annehmen könnte, ist das Weltall zwischen den Sternen nicht leer. Es ist gefüllt mit Gas und Staub. Beides ist allerdings recht dünn gestreut. Im Durchschnitt findet man etwa ein Atom pro Kubikzentimeter. Nur zum Vergleich: unsere Atmosphäre zum Beispiel besitzt auf Meereshöhe etwa $2,5 \times 10^{19}$ Teilchen pro Kubikzentimeter, ist also um ein Vielfaches dichter.

Man kann sich gut vorstellen, dass unter solchen Bedingungen eine Entstehung größerer Objekte wie Sterne nur schwer möglich wäre. Glücklicherweise ist die interstellare Materie nicht gleichmäßig verteilt. Es existieren Orte gehäufter Konzentration, sogenannte *Molekülwolken.* Diese Wolken können in ihrer Größe variieren. Zum einen gibt es diffuse, kleinere Wolken mit einem Durchmesser von einigen Parsec, die Materie von bis zu 100 Sonnenmassen enthalten. Auf der anderen Seite finden wir Riesenmolekülwolken(giant molecular clouds), die etwa $10^5 - 10^6$ Sonnenmassen vereinen und sich auf einem Raum von 100–1000 pc erstrecken. Etwa 80 % des molekularen Wasserstoffs (H_2) in unserer Milchstraße ist in solchen Riesenmolekülwolken zu finden. Eine ihrer bekanntesten Vertreterinnen ist die Orion-Molekülwolke, deren sichtbaren Teil wir bereits mit bloßem Auge am winterlichen Nachthimmel als Orionnebel wahrnehmen können (Abb. 1.2).

Zwischen diesen beiden Extremen, den Zwergwolken und den Riesenwolken, sind Wolken unterschiedlicher Größe beheimatet.

Eine dieser Wolken, die *Urwolke,* die vor etwa 4,6 Mrd. Jahren existierte, ist der Geburtsort unserer Sonne. Sie dehnte sich etwa 20 pc aus und setzte sich zu einem großen Teil (98–99 %) aus Wasserstoff und Helium, den ursprünglichen Überresten des Urknalls und der ersten Generation der Sterne zusammen. Den Rest bildeten schwerere Elemente und Moleküle, darunter Wasser (H_2O), Kohlenmonoxid (CO), Kohlenstoffdioxid (CO_2), verschiedene Kohlenwasserstoffe, Ammoniak (NH_3) und Siliziumverbindungen.

Woher kamen diese schwereren Verbindungen, die man auch heute noch in Molekülwolken vorfindet? Kurz nach dem Urknall entstand der Grundbaustein unseres Universums, der Wasserstoff. Er ist das einfachste Element, das lediglich aus einem Proton und einem Elektron besteht. Im Laufe der Zeit entstanden daraus die Galaxien und Sterne.

In Letzteren haben wir einen der „Schuldigen" für die Elementvielfalt zu suchen. Warum? In ihnen tobt die Kernfusion in deren Verlauf schwerere Atome „gebacken" werden. In unserer Sonne beispielsweise verschmelzen jeweils vier Wasserstoffatome zu einem Heliumatom, welches aus zwei Protonen und zwei Neutronen besteht. Hierbei wird Energie frei, die das „Sternenfeuer" antreibt. Durch diese Fusion entsteht also ein weiteres Element. Sterne in der Spätphase ihres Lebens verändern ihr Verhalten. Wenn ihre Wasserstoffvorräte aufgebraucht sind können sie sich zu einem roten Riesen aufblähen, und ein Heliumbrennen kann einsetzen, bei dem Heliumkerne zu Kohlenstoff „verbrannt" werden. Abhängig von der ursprünglichen Masse, können anschließend weitere Fusionsprozesse stattfinden, die noch schwerere Elemente hervorbringen.

Am Ende ihres Lebens können Sterne Teile ihrer Materie an das Weltall abgeben. Besonders beeindruckend sind dabei Supernovae oder Novae, bei denen in gigantischen Explosionen das Sternmaterial in das All ausgestoßen wird (Abb. 1.3). Dieses ausgestoßene Material bildet schließlich den anorganischen Bestandteil der interstellaren Molekülwolken.

Die organischen Verbindungen in ihnen, wie die meisten Kohlenwasserstoffe, haben jedoch einen anderen Ursprung. Sie entstehen nicht in der Glut der Sterne, sondern später in der Kälte des Universums durch Akkretion und Anregungen durch ultraviolettes Licht, welches von nahen jungen Sterne kommt. In den Sternen selbst ist es zu heiß, als dass sich längere Molekülketten bilden könnten. Sie würden durch thermische Unruhe stets wieder auseinanderbrechen.

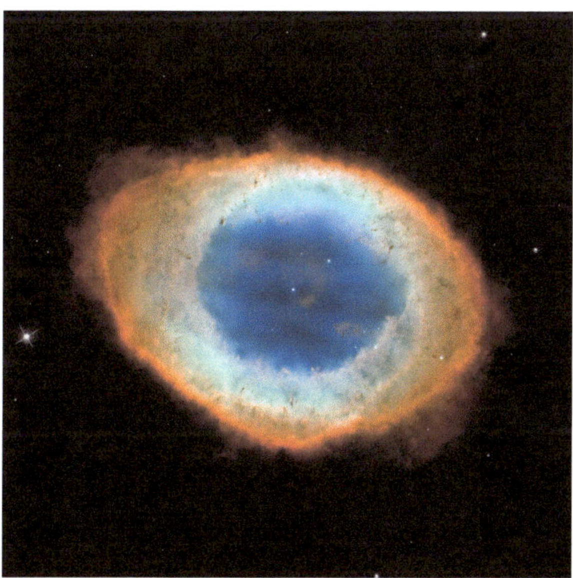

Abb. 1.3 M57, der berühmte Ringnebel im Sternbild Leier ist das Relikt eines Sternentods, in welchem in einer gewaltigen Explosion Teile der Gashülle des Sterns ins All abgestoßen wurden (Quelle: NASA, ESA and the Hubble Heritage (STScI/AURA)-ESA/Hubble Collaboration)

1.4 Von der Urwolke zum Sonnennebel

Wie entsteht nun aber aus der riesigen, unförmigen, diffusen Urwolke die
Staub- und Gasscheibe, die wir für die Entstehung unseres Sonnensystems
benötigen? Wie wir heute in anderen Sternentstehungsgebieten beobachten
können (Abb. 1.4), neigen Molekülwolken dazu zu fragmentieren, d. h. in
kleinere Teile auseinanderzufallen. Genau das geschah auch mit der Urwolke,
wobei aus einem der Fragments schließlich unser Sonnensystem hervorgehen
sollte. Doch warum zerfällt eine solche Wolke?

Diese Frage ist heute noch nicht endgültig beantwortet. Es gibt jedoch
starke Hinweise darauf, dass Supernovae in der näheren Umgebung der Wolke
eine der Ursachen sein könnten. Explodiert ein Stern, so werden hierdurch
sehr starke Druckwellen ausgelöst, die sich durch den Raum bewegen. Man
kann sich dies gut als Wellen vorstellen, die sich durch das Wasser bewegen,

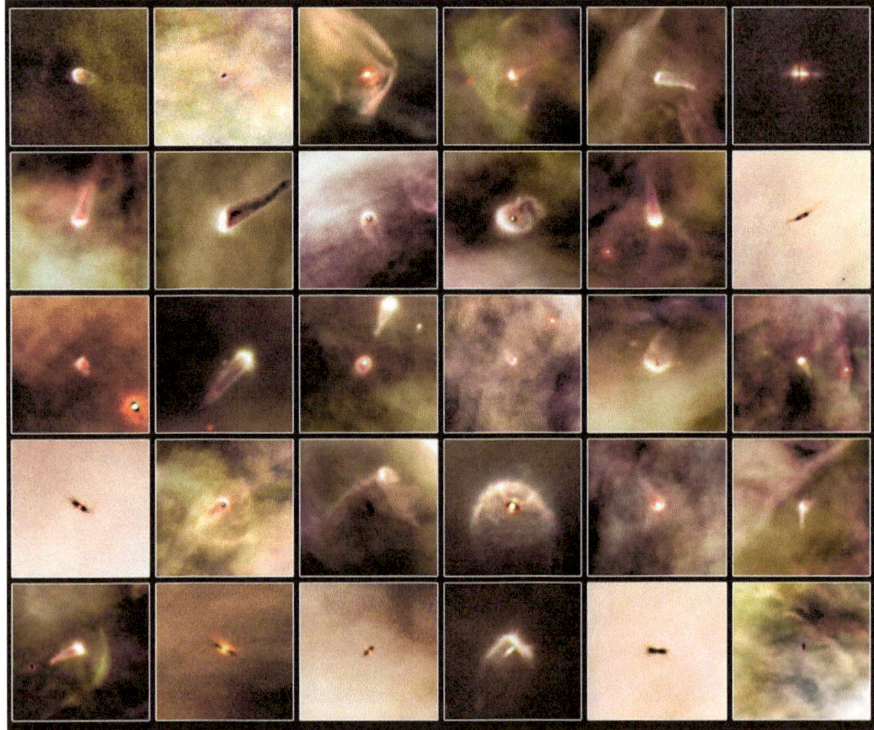

Abb. 1.4 Eine Auswahl aus 30 protoplanetaren Scheiben, die sich um neu entstandene
Sterne im Orionnebel entwickelt haben. Diese äußerst detaillierten Aufnahmen gelangen mithilfe des Hubble-Weltraumteleskops und gewähren einen einmaligen Blick in
die Geburtsstube junger Sternensysteme (Quelle: NASA/ESA and L. Ricci (ESO)).

nachdem man einen Stein hineingeworfen hat. Treffen solche Wellen auf eine Molekülwolke, so kommt es zu lokalen Verdichtungen, die sich schließlich von der Hauptwolke ablösen können.

Wahrscheinlich geschah genau dies auch im Falle unserer Urwolke. Neben den Schlüssen, die wir aus der Beobachtung anderer Entstehungsgebiete ziehen, gibt es noch ganz praktische Indizien aus unserem Sonnensystem, die dafür sprechen. Glücklicherweise steht uns Materie aus der Entstehungzeit unseres Sonnensystems zur Verfügung. Einschlüsse in Meteoriten, die etwa 4,6 Mrd. Jahre alt sind, weisen Spuren von Zerfallsprodukten von kurzlebigen Isotopen wie Fe^{60} auf, die sich nur in Supernovae bilden. Dementsprechend muss zu jener Zeit mindestens eine solche Sternexplosion in der Nachbarschaft der Urwolke geschehen sein. Andernfalls lässt sich das Vorkommen dieser Isotope nicht erklären.

Dadurch können wir aber auch noch mehr über die Wiege unseres Sonnensystems erfahren. Das Leben eines Sterns endet nur in einer Supernova, wenn dieser deutlich massereicher ist als unsere Sonne. Dies wiederum bedeutet aber, dass unser Zentralgestirn in einer Region entstanden sein muss, wo sich solche massereichen Sterne entwickeln konnten. Man nimmt heute an, dass unsere Sonne inmitten eines großen Haufens von etwa 1000 bis 10.000 Sternen, die sich auf einen Raum von 6,5 bis 19,5 Lichtjahren verteilten, ihren Ursprung nahm.

Aus der Urwolke spaltete sich ein etwa ein Parsec großes Fragment ab, welches sich durch den Einfluss der Schwerkraft weiter zu einem kompakteren Kern von 0,01 bis 0,1 pc zusammenzog. Der „Sonnennebel" war geboren.

1.5   Die Geburt der Sonne

Damit hatte die Entwicklung natürlich noch kein Ende gefunden. Die Schwerkraft wirkte unerbittlich weiter, hatte jedoch zumindest einen mächtigen Gegenspieler: die thermische Unruhe. Die Gas- und Staubteilchen bewegten sich wild innerhalb der Nebels in nahezu willkürlichen Richtungen. Die Masse des Sonnennebels war glücklicherweise groß genug, dass die Schwerkraft diese thermische Unruhe dominieren konnte. Folglich begann die Materie des Sonnennebels in Richtung des Zentrums, dem Ort der höchsten Dichte, zu stürzen.

Da aber der Nebel bereits einen gewissen, wenn auch minimalen Drehimpuls besessen haben musste, so fielen die einzelnen Teilchen nicht direkt Richtung Zentrum, sondern auf gekrümmten Bahnen. Die Wolke kollabierte. Da der Drehimpuls erhalten bleiben musste, stieg die Rotationsgeschwindigkeit an. Die wirkenden Fliehkräfte sorgten dafür, dass sich der Sonnennebel zu einer dicken Scheibe abflachte. Ein Teil der Wolke kollabierte zunächst zu einer solchen *Akkretionsscheibe.* Weiterhin fiel aber Material aus der umgebenden Wolke auf die Scheibe ein und wurde allmählich aufgezehrt.

Das Material der Scheibe konzentrierte sich immer weiter im Zentrum. Dort entstand daher eine so hohe Materiedichte, dass die Teilchen häufiger zusammenstießen. Bei diesen Kollisionen wurde nun jeweils ein Teil der Bewegungsenergie (kinetische Energie) in Wärme umgewandelt. Das Zentrum, man spricht jetzt von einem *Protostern,* begann sich aufzuheizen. Je mehr Materie sich dort ansammelte, desto heißer wurde es und der Druck stieg.

Als eine Temperatur von etwa 3 Mio. Kelvin überschritten wurde, zündete das Sternenfeuer und unsere Sonne war geboren. Fortan tobte die Kernfusion. In diesem Prozess wird Energie in Form von Photonen frei, die sich dann durch die Sonne auswärts bewegen. Treffen die Photonen auf andere Teilchen, so erzeugen sie einen nach außen gerichteten *Strahlungsdruck,* der der nach innen gerichteten Schwerkraft entgegenwirkt. Sind diese beiden Kräfte gleich groß, wie im Fall unserer Sonne, so ist ein stabiler Zustand erreicht. Man spricht auch vom *hydrostatischen Gleichgewicht* (Abb. 1.5).

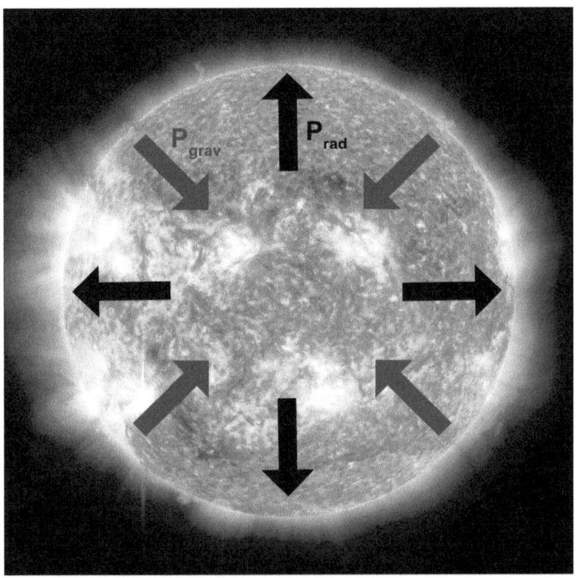

Abb. 1.5 Veranschaulichung des hydrostatischen Gleichgewichts. Dem Gravitationsdruck P_{grav} wirkt der Strahlungsdruck P_{rad} entgegen. Die Gravitation sorgt dafür, dass sich die Sonne weiter zusammenziehen möchte. Der Strahlungsdruck wirkt nach außen. Entspricht die Gravitation dem Strahlungsdruck, ist ein stabiler Zustand erreicht, wie er derzeit auch auf unserer Sonne herrscht (basiert auf Quelle: NASA/SDO)

1.6 Die Entstehung der Planeten

Die junge Sonne brannte und sandte ihre Strahlen aus. Sie hatte sich während ihrer Entstehung große Teile der sie umgebenden Materie einverleibt (etwa 99 %). Noch war sie aber von den Resten aus Gas und Staub, der *protoplanetaren Scheibe,* umgeben (Abb. 1.6). Aus diesem Gemisch winzigster Teilchen sollte sich schließlich die ganze Vielfalt der Planeten und Kleinkörper unseres Sonnensystems entwickeln.

Die Planeten unseres heutigen Sonnensystems sind jedoch nicht alle gleich. Vielmehr lassen sich zwei Gruppen unterscheiden. Da sind zum einen die terrestrischen Planeten, die vornehmlich aus Gestein bestehen und im inneren Sonnensystem beheimatet sind. Zum anderen bevölkern die Gas- und Eisriesen das äußere System. Anders als die terrestrischen Planeten besitzen diese Giganten womöglich nur einen kleinen festen Kern und eine riesige Hülle aus Gas. Aber nicht nur in der Zusammensetzung gibt es gravierende Unterschiede, sondern auch in Größe und Masse.

Die Planeten des inneren Sonnensystems (Merkur, Venus, Erde und Mars) kommen zusammen auf etwa zwei Erdmassen. Das wirkt fast vernachlässigbar klein gegenüber den knapp 410 Erdmassen, die alleine Jupiter und Saturn auf die Waage bringen. Die beiden Eisriesen Uranus und Neptun fügen dem nochmals etwa 32 Erdmassen hinzu. Tab. 1.1 zeigt die wichtigsten Unterschiedsmerkmale der Planeten unseres Sonnensystems.

Wie kam es jedoch zu dieser Zweiteilung? Waren die Voraussetzungen in der protoplanetaren Scheibe nicht überall gleich?

Abb. 1.6 Künstlerische Darstellung einer protoplanetaren Scheibe (Quelle: NASA/JPL-Caltech/T. Pyle (SSC))

Tab. 1.1 Übersicht über die Planeten des Sonnensystems mit einer Auswahl an charakteristischen Merkmalen

	Entfernung (AE)	Mittlerer Radius (km)	Masse (kg)	Dichte $\left(\frac{g}{cm^3}\right)$
Merkur	0,387	$2439,7 \pm 1,0$	$3,301 \times 10^{23}$ $0,055\ M_E$	5,427
Venus	0,723	$6051,8 \pm 1,0$	$4,869 \times 10^{24}$ $0,815\ M_E$	5,243
Erde	1,0	6371	$5,974 \times 10^{24}$ $1,0\ M_E$	5,515
Mars	1,524	$3389,5 \pm 0,2$	$6,419 \times 10^{23}$ $0,151\ M_E$	3,933
Jupiter	5,203	$69911 \pm 6,0$	$1,899 \times 10^{27}$ $317,8\ M_E$	1,326
Saturn	9,582	$58232 \pm 6,0$	$5,685 \times 10^{26}$ $95,152\ M_E$	0,687
Uranus	19,891	$25362 \pm 7,0$	$8,681 \times 10^{25}$ $14,536\ M_E$	1,27
Neptun	30,071	$24622 \pm 19,0$	$1,024 \times 10^{26}$ $17,147\ M_E$	1,638

In der Tat war die protoplanetare Scheibe in der Frühphase unseres Sonnensystems keineswegs homogen. Wir haben ja bereits gesehen, dass sich die Materie in erster Linie aus Wasserstoff und Helium zusammensetzte. Zusätzlich fand man aber auch schwerere Verbindungen vor. Die junge Sonne hatte nun einen entscheidenden Einfluss. In unmittelbarer Nähe unseres Zentralgestirns war es sehr heiß. Je weiter man sich von ihr entfernte, desto kühler wurde es. Das ist wie an einem Lagerfeuer. Je näher wir uns an ihm befinden, desto heißer ist es.

Nahe bei der Sonne war es zu heiß für flüchtige Elemente und Verbindungen wie Wasserstoff, Helium und Stickstoff, um zu kondensieren, d. h. in fester Form vorzuliegen. Sie wurden durch den Sonnenwind davongetragen. Dementsprechend existierten im inneren Bereich der Scheibe vor allem Metalle wie Eisen, Nickel und Aluminium sowie Silikate, die eine höhere Schmelztemperatur besitzen und nicht so leicht beweglich sind. Entfernt man sich weiter von der Sonne, so können bereits etwas leichter flüchtige Moleküle wie kohlenstoffhaltige Verbindungen kondensieren.

Jenseits der sogenannten *Eis-* oder *Schneelinie,* die im heutigen Asteroidengürtel zwischen Mars und Jupiter verläuft, können bereits Wasser und andere deutlich flüchtigere Verbindungen in gefrorener Form vorliegen. Dringt man noch weiter in die äußeren Bereiche vor, so können immer flüchtigere Moleküle gefrieren. Eine weitere markante Eislinie befindet sich zwischen

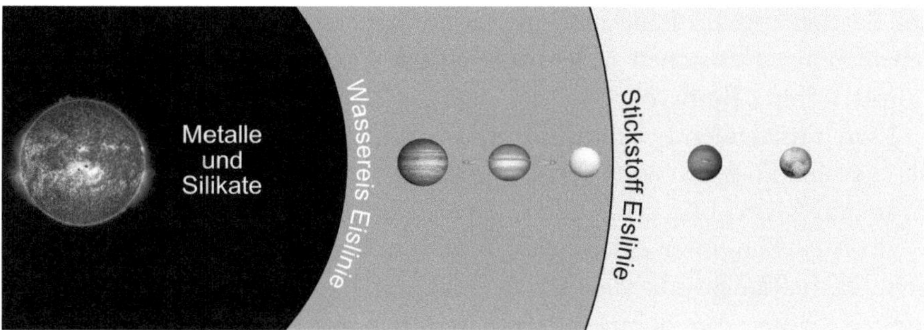

Abb. 1.7 Eislinien im Sonnensystem. In unterschiedlichen Bereichen des Sonnensystems können lediglich bestimmte Moleküle kondensieren. Je weiter wir uns von der Sonne wegbewegen, desto leichtere Stoffe können gefrieren

Uranus und Neptun. Sie markiert den Punkt, ab welchem das leichtflüchtige Element Stickstoff gefrieren kann. Abb. 1.7 gibt einen schematischen, nicht-maßstäblichen Überblick über die Struktur der protoplanetaren Scheibe. In dieser Verteilung der Materie, wie wir sie gerade gesehen haben, sind auch die Ursprünge für die beiden Populationen von Planeten zu suchen.

1.6.1 Terrestrische Planeten – Welten aus Stein

Heute geht man davon aus, dass der Mechanismus, der der Planetenbildung zugrunde liegt, die *Akkretion* ist. Dabei spielten die in der protoplanetaren Scheibe vorhandenen winzigen Staubpartikel eine entscheidenden Rolle.

Die Erde und die anderen terrestrischen Planeten unseres heutigen inneren Sonnensystems entstanden in eben jenem Bereich der protoplanetaren Scheibe, in welchem sich die metallischen bzw. silikatischen Elemente angesammelt hatten. Die steinigen Keimzellen für die Planeten waren also gelegt.

In einem ersten Schritt, der sogenannten *Agglomeration* verklebten einige Staubkörner miteinander zu Partikeln von wenigen Millimetern Größe. Dieser Vorgang setzte sich fort, bis auf diese Weise schließlich Objekte von mehreren Kilometern Durchmesser entstanden waren: die *Planetesimale*.

Diese Körper waren nun aber zu groß, als dass sie noch durch einfaches Verkleben wachsen konnten. Die Gravitation entfaltete mit zunehmender Masse ihre Wirkung und dominierte über das Verkleben. Die Planetesimale beeinflussten sich bei ihren Bewegungen gegenseitig. Immer wieder kam es zu Kollisionen. Viele davon verliefen „tödlich" für die Beteiligten und endeten in ihrer Zerstörung. Andere hingegen führten zum weiteren Wachstum (Akkretion).

Die Objekte wuchsen zu *planetarischen Embryos* heran, deren Durchmesser von einigen hundert Kilometern hin zu einigen Tausend Kilometern reichte.

Im Bereich unseres heutigen inneren Sonnensystems, also bis etwa zum Asteroidengürtel zwischen Mars und Jupiter, tummelten sich nunmehr einige hundert dieser Embryos.

Durch fortlaufende Kollisionen (Abb. 1.8) nahm deren Zahl immer weiter ab, bis schließlich nur noch die heutigen terrestrischen Planeten Merkur, Venus, Erde und Mars übrig geblieben waren.

Ihr Aussehen unterschied sich jedoch zum Teil dramatisch von ihrem heutigen. Das heftige Bombardement und die dabei frei werdende Energie hatten die jungen Planten zum Schmelzen gebracht. Die schweren Verbindungen sanken zur Mitte und bildeten in den meisten Fällen einen flüssigen Eisen-Nickel-Kern. Der fortwährende Druck sorgte dafür, dass die Kerne flüssig bleiben sollten.

Da die Metalle und silikatischen Verbindungen des inneren Bereichs der protoplanetaren Scheibe im Weltall nur in kleineren Mengen vorhanden sind – ganz im Gegensatz zu Wasserstoff und Helium – war auch das Wachstum der terrestrischen Planeten, die hauptsächlich aus diesen bestehen, beschränkt.

Nicht alle Materie der protoplanetaren Scheibe hatte sich zu den Planeten entwickelt. Letztere blieben während ihrer Entstehung eingebettet in Gas und Staub. Vor allem das Gas bremste die jungen Planeten auf ihren Bahnen um die Sonne ab. Eine langsame, nach innen gerichtete Bewegung begann bis sie schließlich auf ihren heutigen Umlaufbahnen angelangten.

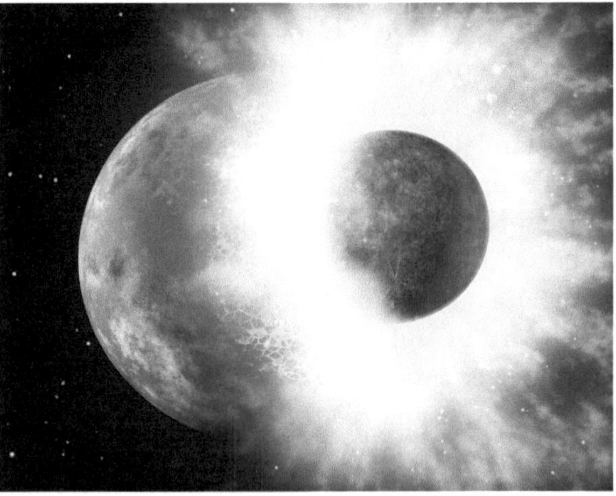

Abb. 1.8 Durch fortlaufende Kollisionen wuchsen die Planetesimale zu den heutigen terrestrischen Planeten heran. Dies war jedoch keine Einbahnstraße: Eine Kollision konnte entweder zu weiterem Wachstum oder zur Zerstörung führen (Quelle: NASA/JPL-Caltech)

1.6.2 Die Gasriesen

Anders verlief die Entwicklung der Gasriesen, die sich allesamt jenseits der Eislinie entwickelten. In jener Region des frühen Sonnensystems also, in dem es kalt genug war, dass auch leichter flüchtige Verbindungen wie Wasser gefrieren konnten. Diese waren in deutlich höheren Mengen in der protoplanetaren Scheibe vorhanden als die Quellmaterialien der terrestrischen Planeten. Die Möglichkeit eines größeren Wachstums war also gegeben.

Schon bald bildeten sich Planetenembryos (Kerne) von mehreren Erdmassen. Diese waren schwer genug, um die vorhanden Gase Wasserstoff und Helium aus der planetaren Scheibe einzufangen. Die Gase kontrahierten und formten eine heiße Hülle um die noch heißen Planetenkerne. Diese Akkretion verlief deutlich schneller als bei den terrestrischen Planeten. Die Gase waren üppig vorhanden und es war einfacher diese einzufangen als es beim mühsamen Prozess fortwährender Kollisionen im inneren Sonnensystem der Fall war.

Heute vereint sich etwa 99 % der gesamten Materie unseres Sonnensystems, welche die Sonne umläuft, in den äußeren Planeten (siehe Tab. 1.1). Jupiter (Abb. 1.9) macht sich dabei mit etwa 317,8 Erdmassen ($M_\oplus$) den Löwenanteil zu eigen. Saturn folgt auf Rang zwei mit „lediglich" 95,152 Erdmassen. Uranus und Neptun fallen von ihrer Masse noch deutlich weiter hinter Jupiter zurück. Wie aber wie kam es dazu?

Abb. 1.9 Der Gasriese Jupiter, der mit Abstand größte Planet unseres Sonnensystems (Quelle: NASA/JPL/University of Arizona)

Die Eislinie, die sich innerhalb des heutigen Asteroidengürtels zwischen Mars und Jupiter befindet, bildete eine wichtige Barriere. Bei etwa fünf AE Abstand von der Sonne sammelte sich daher eine sehr große Menge an eisigen Materialen. Daher entstand schnell ein Embryo von etwa zehn Erdenmassen, was auch die Gasakkretion deutlich beschleunigte.

Man nimmt heute an, dass sich Saturn erst einige Zeit danach entwickelte. Jupiter hatte schon viel Material verbraucht, sodass für die Entstehung weiterer Planeten weniger Material zur Verfügung stand. Uranus und Neptun bildeten sich erst im Anschluss. Aber auch hier galt eine Besonderheit. Je weiter man in die äußeren Regionen der protoplanetaren Scheibe vordrang, desto dünner war die vorhandene Materie gesät, sodass sich dort die Akkretion immer langsamer vollzog.

So plausibel diese Erklärung klingen mag, es gibt ein entscheidendes Problem: Ganz so einfach kann es sich nicht abgespielt haben. Es fehlt an Zeit! Warum?

Die protoplanetare Scheibe hatte nicht ewig Bestand. Wir sehen ja heute, dass der Raum zwischen den Planeten wie leergefegt wirkt. Es kann aber auch nicht alles in den Planeten aufgegangen sein. Andernfalls müssten diese deutlich massereicher sein. Eine geringere ursprüngliche Gesamtmasse der protoplanetaren Scheibe hätte nicht zu unserem heuten bekannten System führen können. Was war also geschehen? Wie verschwand die Materie?

Die junge Sonne war deutlich aktiver als unser heutiges, reiferes Zentralgestirn. Der von ihr ausgehende Sonnenwind, ein Strom geladener Teilchen, der fortwährend von der Sonne abströmt, war demnach im gleichen Maße stärker. In einer als *T-Tauri-Phase* genannten Periode, kam es zu heftigen Ausbrüchen auf der Sonne, die den Sonnenwind intensivierten. Dieser blies den größten Teil der Materie der Scheibe hinaus aus unserem Sonnensystem.

Und genau hierin liegt das Problem. Uranus und Neptun hätten dort, wo sie sich heute befinden, bei 19,2 AE bzw. 30 AE Abstand von der Sonne, nicht ausreichend Zeit gehabt, um zu ihrer jetzigen Größe heranzuwachsen. Ihre Akkretion hätte sich mit der Auflösung der Scheibe überschnitten.

Folglich müssen sich die beiden Eisriesen näher an der Sonne entwickelt haben. Erst zu einem späteren Zeitpunkt bewegten sie sich auf ihre heutigen Umlaufbahnen. Diese Wanderung, die man auch als *planetare Migration* bezeichnet, veränderte das Gesicht des äußeren Sonnensystems grundlegend, wie wir gleich sehen werden.

1.6.3 Die fehlenden Planeten

Zwischen Mars und Jupiter existiert eine große Lücke. Lange hatte man angenommen, dass sich irgendwo dort ein noch unbekannter Planet befinden müsste (siehe Kasten *Titius-Bode-Reihe*). Heute wissen wir, dass diese Annahme falsch war und dort eine riesige Ansammlung von kleineren Gesteinsbrocken, der *Asteroidengürtel,* existiert. Doch warum entstand dort kein Planet? Es gab ursprünglich wohl Material für zwei bis drei Planeten in Erdgröße. Planetesimale waren also anscheinend genügend vorhanden.

Die Titius-Bode-Reihe
Bei der Titius-Bode-Reihe handelt es sich um eine, wie wir heute wissen, Zahlenspielerei, die die mittleren Abstände der (inneren) Planeten näherungsweise abbildet. Basierend auf empirischen Beobachtungen, entwickelten Johann Daniel Titius (1729–1796) und Johann Elert Bode (1747–1826) folgende numerische Beziehung:

$$A = 0{,}4 + 0{,}3 \cdot 2^n$$

Planet	n	Titius-Bode (AE)	Tatsächlicher Abstand (AE)
Merkur	− inf	0,4	0,39
Venus	0	0,7	0,72
Erde	1	1,0	1,00
Mars	2	1,6	1,52
(Ceres	3	2,8	2,77)
Jupiter	4	5,2	5,20
Saturn	5	10,0	9,54
Uranus	6	19,6	19,19

Heute wissen wir, dass die Ergebnisse wohl reiner Zufall sind.

Zunächst verlief die Entwicklung auch analog zu den terrestrischen Planeten. Die Objekte wuchsen durch Akkretion. Jupiters Masse beeinflusste jedoch die einzelnen Objekte massiv. Zahlreiche *Bahnresonanzen* zwischen ihnen und Jupiter sind hierbei der Schlüssel. In ihnen erhöhte sich die Geschwindigkeit der Planetesimale und verhinderte eine weitere Akkretion. Bei Zusammenstößen zwischen einzelnen Objekten kam es nun weit häufiger zur Zerstörung der beteiligten Körper, als es zu einer „Verschmelzung" (Abb. 1.10). Ein Planet konnte sich so nicht mehr bilden.

Im Rahmen der planetaren Migration kam es zu weiteren Veränderungen, die schließlich zur heutigen Struktur des Asteroidengürtels führten.

Abb. 1.10 Kollisionen im frühen Asteroidengürtel waren noch sehr häufig. Der Einfluss Jupiters verhinderte die Bildung eines weiteren Planeten zwischen Mars und ihm (Quelle: NASA/JPL-Caltech)

Jenseits der Umlaufbahn Neptuns war die protoplanetare Scheibe sehr dünn. Es gab zu wenig Material für die Bildung größerer Objekte. Kleinere Körper konnten sich jedoch bilden, deren Abstände waren jedoch zu groß, als dass es zu einer Akkretion kommen konnte: Die Wahrscheinlichkeit eines Aufeinandertreffens war zu gering. Ein weiterer Gürtel an Kleinkörpern entstand: der *Proto-Edgeworth-Kuiper-Gürtel*.

1.7 Die Wanderung der Planeten

Mit der Entstehung der Planeten und der beiden Gürtel war die Entwicklung unseres Sonnensystems noch lange nicht zu Ende. Die Planeten, allen voran die äußeren Gasriesen, begannen zu wandern und dabei ihre Umlaufbahnen zu verändern. Erst durch diese Migration bekam das Sonnensystem sein heutiges Antlitz.

1.7.1 Die Ausgangssituation

Die Vorgänge, die sich damals abspielten, sind noch nicht vollständig verstanden. Es existieren noch zahlreiche ungelöste Probleme. Die meisten Erkenntnisse basieren auf Beobachtung extrasolarer Systeme und in erster Linie auf Computersimulationen.

Wir haben gerade gesehen, dass Uranus und Neptun nicht dort entstanden sein können, wo sie heute ihre Kreise ziehen. Gängige Modelle gehen davon aus, dass beide Eisriesen sich näher an der Sonne in engerer Nachbarschaft zu den beiden Gasriesen Jupiter und Saturn entwickelt haben. Nur so lässt sich erklären, wie Uranus und Neptun ihre heutige Gestalt erhielten. Anschließend müssen sie an ihre heutigen Positionen gewandert sein. Die vier Gasplaneten Jupiter, Saturn, Uranus und Neptun, drängten sich auf viel engerem Raum als heute in einem Abstand von etwa 5,5 AE bis 17 AE (heute: ca. 5,2 bis ca. 30 AE).

Es gibt noch weitere Indizien, die eine Wanderung der Planeten nahelegen. Die meisten von ihnen lassen sich in den Strukturen des heutigen äußeren Sonnensystems erkennen. Dort finden wir, jenseits der Umlaufbahn Neptuns, den bereits erwähnten Edgeworth-Kuiper-Gürtel, der sich von etwa 30 bis 55 AE Entfernung von der Sonne erstreckt. Eine weitere Ansammlung eisiger Planetesimale hat sich in Form einer *gestreuten Scheibe* (engl. Scattered Disk) zusammengefunden, die sich bis hin zu etwa 100 AE ausdehnt. Noch weiter außerhalb bei ungefähr 50.000 AE beginnt die *Oort'sche Wolke* unser Sonnensystem einzuhüllen.

Woher kommen diese Strukturen? Alleine mit einer direkten Entstehung aus der protoplanetaren Scheibe lassen sich weder ihre Form noch ihre Lage erklären. Verschiedene Theorien und Modelle existieren. Das sogenannte *Nice-Modell*[1], das 2005 in der Fachzeitschrift *Nature* erschien, erklärt derzeit die notwendigen Vorgänge am besten.

Nach der Bildung der Planeten befand sich eine große, dichte Scheibe aus eisigen Planetesimalen (manchmal auch als Proto-Kuiper-Gürtel bezeichnet) jenseits der Umlaufbahn des äußersten Riesenplaneten bei 17 AE und erstreckte sich bis rund 35 AE. Das war allerdings nicht Neptun, wie wir es heute kennen, sondern Uranus. In der Tat hatten die beiden Eisriesen im Laufe ihrer Wanderung die Positionen getauscht. Die Scheibe umfasste etwa 35 Erdenmassen ($M_\oplus$), viel schwerer als alles, was wir heute noch im äußeren Sonnensystem finden.

1.7.2 Die Wanderung beginnt

Die Planetesimale am inneren Rand dieser Scheibe waren so nahe an dem äußersten Eisriesen, dass sie gelegentlich in dessen gravitativen Einflussbereich gelangten. Dadurch veränderten sich die Umlaufbahnen der Planetesimale. Die meisten von ihnen wurden in Richtung des inneren Sonnensystems

---

[1] Benannt nach dem Ort des Observatoire de la Côte d'Azur bei Nizza in Frankreich, wo es ursprünglich entwickelt wurde.

gestreut. Da aber der Drehimpuls erhalten bleiben musste, bewirkte die einwärts gerichtete Bewegung der Kleinkörper eine nach außen gehende Bewegung des Eisriesen.

Wie kann aber ein kleiner „Eisbrocken" einen Planeten, der millionenfach schwerer ist, beeinflussen? Natürlich kann ein einzelner Körper wenig ausrichten, da dieser nur eine sehr kleine Wirkung hat. Aber dieser Vorgang trat sehr häufig auf, und die Summe der Einzelwirkungen hatte einen deutlichen Effekt und drückte den Riesen nach außen.

Man stelle sich etwa einen Tischtennisball vor, der auf einen Basketball trifft. Der Tischtennisball wird sich stark bewegen, während der Basketball wohl ziemlich sicher unverändert an seiner Stelle verharren wird. Lassen wir jedoch nicht einen einzelnen Tischtennisball auf den Basketball prallen, sondern hunderte oder tausende kurz hintereinander, so wird sich dieser letztendlich doch in Bewegung setzen. Genau das passierte hier.

Der gleiche Vorgang wiederholte sich nun beim nächsten Eisriesen. Wieder gerieten die einwärts gestreuten Planetesimale in dessen Fänge und wurden abermals nach innen gestreut und der Riese nach außen geschoben. Dasselbe geschah beim Zusammentreffen mit Saturn. Folglich bewegten sich Saturn, Neptun und Uranus langsam nach außen.

Der Prozess endete erst bei Jupiter, der mit seiner riesigen Masse und der daraus resultierenden Gravitation eine Sonderstellung in unserem Sonnensystem einnimmt. Der Gasriese zwang die Planetesimale auf stark elliptische Umlaufbahnen und damit in die Außenbezirke des Sonnensystems oder katapultierte sie sogar daraus hinaus. Aufgrund der Drehimpulserhaltung wanderte Jupiter allmählich nach innen.

Nach 500 bis 600 Mio. Jahren fielen Jupiter und Saturn in eine 2:1-Bahnresonanz, d. h., für jeden Umlauf Saturns um die Sonne macht Jupiter zwei. Diese Resonanz erhöhte die Exzentrizität beider Umlaufbahnen deutlich und begann das gesamte Sonnensystem zu destabilisieren.

Jupiter drückte dabei Saturn nach außen auf seine heutige Umlaufbahn. Der Ringplanet näherte sich dabei den Eisriesen und zwang sie auf stärker exzentrische Bahnen. Sowohl Neptun als auch Uranus drangen dadurch in den Proto-Kuiper-Gürtel ein und richteten dort ein gewaltiges Chaos an. Man kann es sich vorstellen wie ein Eisbrecher, der sich durch dickes Eis in der Arktis schiebt. Im gleichen Maße räumten die beiden Planeten alles aus dem Weg, was ihnen zu nahe kam.

Viele der noch vorhanden Planetesimale wurden gestreut. Einige wurden in Richtung des inneren Sonnensystems geworfen, wo sie bei den terrestrischen Planeten die Phase des *Großen Bombardements* auslösten. Andere wurden nach außen gestreut und bildeten den Kuiper-Gürtel und die gestreute Scheibe.

Wieder andere gelangten noch weiter in in die Außenbezirke des Sonnensystems, wo sie zur Entstehung der Oort'schen Wolke beitrugen.

Uranus und Neptuns Umlaufbahnen wurden dabei immer wieder verändert. Ihre gegenseitige Interaktion und jene mit den Kleinkörpern führte schließlich zum Platztausch. Fortan sollte Neptun der äußerste der Planeten sein. Durch die Wechselwirkung mit den Planetesimalen reduzierten sich die Bahnexzentritäten bei weiterem Vordringen nach außen immer weiter. Die Wanderung endete als sie ihre heutigen Umlaufbahnen erreicht hatten.

Im Asteroidengürtel gab es zahlreiche Bahnresonanzen zwischen den Asteroiden und Jupiter. In diesen konnten sich keine stabilen Umlaufbahnen bilden und Asteroiden wurden aus dem Gürtel geworfen. Als der Gasriese sich weiter nach innen bewegte, wanderten auch diese Resonanzen über diese Region hinweg und führten so zu einer schrittweisen Entvölkerung des Asteroidengürtels.

Mithilfe des Nice-Modells lassen sich die Strukturen des heutigen Sonnensystems und ihre Entstehung in guter Annäherung erklären. Dennoch gibt es noch Probleme, die sich damit nicht befriedigend lösen lassen (siehe Kasten „Das Problem des kleinen Mars").

Das Problem des kleinen Mars und des Asteroidengürtels

Einige offene Fragen lassen sich mit dem Nice-Modell nicht erklären. Das Modell beschreibt in erster Linie die Wanderung der äußeren Planeten. Die terrestrischen Planeten werden zunächst nicht berücksichtigt. Vermutlich müssten aber ihre Bahnen gestört worden sein durch die Migration der Gasriesen. Ein instabiles System wäre das Ergebnis. Leider neigen solche Systeme dazu Planeten, zu verlieren. Möglicherweise gab es noch einen *weiteren, fünften Gasriesen,* der das System stabilisierte aber während dessen weiterer Evolution selbst hinausgeworfen wurde.

Ein weitere Frage ist, warum Mars so viel kleiner ist als die Erde (lediglich $0{,}151\ M_\oplus$), wobei beide doch in nächster Nachbarschaft entstanden sind und somit ähnliche Anfangsbedingungen gehabt haben müssten.

Im heutigen Asteroidengürtel finden wir zwei große Populationen: trockene, steinige (S-Typ) im inneren und wasserreiche, kohlenstoffartige Asteroiden (C-Typ) im äußeren Gürtel. Wie konnten sich zwei so verschiedene Arten entwickeln?

Eine mögliche Erklärung liefert das 2011 veröffentlichte *Grand-Tack-Modell,* welches die Entwicklung des frühen Sonnensystems in den ersten 1 bis 10 Mio. Jahren beschreibt. Es geht davon aus, dass sich die Gasriesen früher als bisher angekommen entwickelt haben, eben in jener Zeit, als die terrestrischen Planeten. Jupiter entstand dabei bei etwa 3,5 AE also deutlich näher an der Sonne als heute (5,2 AE). Saturn bildete sich erst etwas später. Der junge Jupiter interagierte mit der noch vorhanden protoplanetaren Scheibe und wanderte einwärts. Dabei nahm er Materie aus der Scheibe auf, die dann für die Entwicklung des roten Planeten fehlte.

Zur gleichen Zeit begann Saturn zu wachsen. Als dieser in etwa seine heutige Masse erreicht hatte, begann auch er sich in Richtung der Sonne zu bewegen. Dies geschah schneller als bei Jupiter. Als Letzterer etwa 1,5 AE von der Sonne entfernt war, erreichten Jupiter und Saturn eine 3:2 Bahnresonanz und die Wanderung nach innen stoppte.

Danach bewegten sich beide Gasriesen wieder nach außen durch die protoplanetare Scheibe (engl. tack) und begannen die Bahnen der Eisriesen zu beeinflussen. Erst als jene sich auflöste, kam die Bewegung zum Halten. Bei seiner Wanderung kreuzte Jupiter zweimal die Region des Asteroidengürtels und nahm entscheidenden Anteil an seiner Entwicklung.

1.8   Das Sonnensystem heute

Im vorherigen Abschnitt haben wir gesehen, wie das Sonnensystem entstand. Doch welche Struktur besitzt es heute? Im Folgenden werden wir schrittweise eben diese skizzieren. Am Ende wird uns eine Übersichtskarte vorliegen, die wir für unsere anschließend beginnende Reise in das äußere Sonnensystem verwenden werde.

1.8.1   Die Sonne

Im Zentrum unseres Sonnensystems befindet sich natürlich unsere Sonne. Auch wenn sie für uns lebensnotwendig ist und etwas Besonderes zu sein scheint, ist sie im Vergleich zu ihren galaktischen Geschwistern durch und durch durchschnittlich. Mit einer Masse von etwa $2 \cdot 10^{30}$ kg ($1 M_\odot$) oder 332.900 Erdenmassen ($M_\oplus$) ist sie lediglich ein gelber Zwerg. Sie ist damit weit von kleinen Zwergsonnen entfernt, kann aber auch keinem Vergleich mit den massereichsten Sternen standhalten.

Da die Sonne aus der „Asche" früherer Sterne entstanden ist, d. h. aus den Überresten solcher Sterne, die durch Supernovae freigesetzt wurden, besitzt sie einen relativ hohen Anteil an schwereren Elementen. Man spricht auch von einem Stern der *Population I* mit hoher *Metallizität*.[2]

Angetrieben wird sie durch Kernfusionsprozesse, in welchen Wasserstoff zu Helium verbrannt wird. Die dabei freigewordene Energie wird in Teilen an dem umgebenden Weltraum abgegeben. Neben Licht in Form von Photonen ist ein Ergebnis davon der *Sonnenwind*, ein kontinuierlicher Strom geladener Partikel. Dieses Plasma strömt durch das Sonnensystem mit durchschnittlich 1,5 Mio. km/h und spannt die *Heliosphäre* auf. Die Intensität des Windes kann dabei schwanken. Er wird bei seinem Weg durch das System kontinuierlich

---

[2]Als Metalle werden in diesem Kontext alle Elemente außer Wasserstoff und Helium bezeichnet.

abgebremst. An der sogenannten *Heliopause* prallt der Wind auf das interstellare Medium und kommt zum Stillstand.

Die Effekte des Sonnenwindes können wir auch bei uns auf der Erde in Form von Polarlichtern sehen (Abb. 1.11). Hierbei treffen die geladenen Partikel auf das Magnetfeld der Erde und werden gestoppt. Wir können uns glücklich schätzen, dass unser Heimatplanet ein solches Magnetfeld besitzt. Das Fehlen eines solchen würde dazu führen, dass die Atmosphäre langsam aber kontinuierlich von dem Sonnenwind abgetragen würde. Dieses Phänomen kann man bei Venus beobachten, die kein Magnetfeld besitzt. Ihre Atmosphäre unterliegt einer solchen steten „Erosion" (siehe Kasten „Weltraumerosion").

Weltraumerosion

Sowohl der Sonnenwind als auch die Photonen, die das Planetensystem durchströmen, haben einen entscheidenden Einfluss auf die Oberflächen von atmosphärenlosen Körpern in unserem Sonnensystem.

Die solare Strahlung, allen voran der Sonnenwind und UV-Strahlung, wirken auf die Oberflächen dieser Objekte ein und verändern deren chemische Zusammensetzung. Dies und Einschläge von Meteoriten und Mikrometeoriten, die ebenfalls zur Erosion beitragen, werden auch als *Weltraumerosion* (eng. Space weathering) bezeichnet.

Sie ist verantwortlich für das markante Aussehen der Kleinkörper im Sonnensystem.

Abb. 1.11 Polarlicht in der Nähe von Vadsø, Nord-Norwegen (Quelle: Elmar78, gemeinfrei)

1.8.2 Die terrestrischen Planeten

Direkt an die Sonne schließt sich der Bereich des inneren Sonnensystems, die Heimat der terrestrischen Planeten und des Asteroidengürtels, an. Die terrestrischen Planeten unterscheiden sich, wie wir bereits gesehen haben, zum Teil deutlich von den Gasriesen. Sie sind dichter und von steiniger und metallischer Zusammensetzung. Die inneren Planeten besitzen außerdem keine Ringstrukturen und nur wenige oder keine Monde.

Der innerste und zugleich kleinste Planet ist *Merkur*, der in einem mittleren Abstand von 0,4 AE die Sonne umkreist. Er besitzt keine Atmosphäre im herkömmlichen Sinn, denn sie ist dünner als ein labortechnisch erreichbares Vakuum. Sie ist daher vergleichbar mit der „Atmosphäre" unseres Mondes. Die wenigen Partikel, die man als Atmosphäre ansehen kann, stammen zum einen sehr wahrscheinlich aus dem Sonnenwind (Wasserstoff H_2 und Helium He) und zum anderen aus von der Oberfläche freigesetztem Material (Sauerstoff O_2, Natrium Na, und Kalium K). Durch das Fehlen einer ausgeprägten, schützenden Atmosphäre ist Merkur ein Planet der Extreme. Seine Oberflächentemperatur schwankt zwischen -173 C auf der Nachtseite und $+427$ C auf der Tagseite. Astronomen stehen was seinen Aufbau angeht vor einem Rätsel. Sein Kern ist im Verhältnis zu seinem Gesamtdurchmesser weit größer als dies bei den anderen terrestrischen Planeten der Fall ist. Vermutlich hat eine gewaltige Kollision mit einem anderen Himmelskörper während seiner Entstehungsphase dazu geführt, dass ein Großteil seiner Oberfläche und seines Mantels abgesprengt wurde, sodass nicht viel mehr als der Kern und eine dünne Kruste übrig blieb.

Als Nächstes folgt *Venus* in einer Entfernung von 0,7 AE von der Sonne, manchmal auch aufgrund ihrer vergleichbaren Größe und Masse als Zwilling der Erde bezeichnet. Auch sie besitzt keinen Mond. Ihre Atmosphäre ist etwa 90-mal dichter als die der Erde, und eine dichte Wolkenhülle verdeckt uns dauerhaft die Sicht auf ihre Oberfläche. In erster Linie dank Raumsonden wissen wir mehr über ihren Aufbau. Da Venus nur ein sehr schwaches Magnetfeld besitzt, trägt der Sonnenwind kontinuierlich ihre Atmosphäre ab. Da diese aber immer noch sehr dicht ist, liegt es nahe anzunehmen, dass sie durch Vorgänge auf ihrer Oberfläche wie Vulkanismus immer wieder aufgefrischt wird.

An dritter Stelle im Sonnensystem steht unser Heimatplanet, die *Erde*, die die Sonne in einem mittleren Abstand von 1 AE umkreist. Sie ist der größte und dichteste der inneren Planeten und in vielerlei Hinsicht einzigartig. Zum einen ist sie der einzige Planet in unserem Sonnensystem auf dem es noch geologische Aktivitäten induziert durch Plattentektonik zu geben scheint. Zum anderen gibt es keinen anderen Planeten in unserem Sonnensystem, der sich in der *habitablen Zone*[3] befindet und auf dem sich folglich Leben entwickeln konnte. Ihr einziger Begleiter, der Mond, ist nach gängiger Theorie durch eine streifende Kollision mit einem marsgroßen Planetesimal in der Frühphase ihrer Entwicklung entstanden (Kollisionstheorie bzw. Giant Impact Theory). Dieser Zusammenstoß sprengte erhebliche Teile der irdischen Oberfläche ab, die dann in Umlaufbahnen um die Erde gefangen waren und sich schließlich zum Mond verbanden.

Bei einem mittleren Abstand von 1,5 AE dreht der rote Planet *Mars* seine Bahnen um die Sonne. Er ist mit 0,107 Erdmassen erheblich kleiner als die Erde und besitzt nur eine sehr dünne Atmosphäre, die hauptsächlich aus Kohlenstoffdioxid (CO_2) besteht. Seine Oberfläche ist durch riesige Vulkane wie den knapp 27 km hohen Olympus Mons und tiefe Täler und Canyons geprägt. Auch wenn Mars heute geologisch nicht mehr aktiv ist, so legen seine Oberflächenstrukturen nahe, dass er früher einmal stärker aktiv gewesen sein muss. Marsbeben, die wir heute gelegentlich beobachten können, scheinen darauf hinzudeuten, dass der Planet schrumpft. Mars besitzt zwei kleine Monde, *Phobos* und *Deimos,* bei denen es sich wahrscheinlich um eingefangene Asteroiden handelt.

1.8.3   Der Asteroidengürtel

Zwischen den Umlaufbahnen von Mars und Jupiter befindet sich der *Asteroidengürtel,* der sich von etwa 2,3 AE bis 3,3 AE erstreckt und in welchem eine riesige Anzahl von kleineren steinigen Objekten beheimatet ist. Die Asteroiden reichen von einigen Metern Durchmessern bis zu mehreren hundert Kilometern Größe. Daneben finden sich noch eine Vielzahl sehr viel kleiner Körper, häufig als Meteoriten bezeichnet. Schätzungen gehen davon aus, dass sich in diesem Gürtel mehrere Millionen Objekte tummeln könnten. Da aber die meisten von ihnen sehr klein sind, ist der Raum nicht sonderlich dicht besiedelt. Die Gesamtmasse des Gürtels liegt schätzungsweise zwischen $2{,}8 \cdot 10^{21}$ und $3{,}2 \cdot 10^{21}$ kg, was lediglich 4 % der Mondmasse entspricht. Die vier größten Objekte Ceres, Vesta, Pallas und Hygiea machen dabei bereits die Hälfte der Gesamtmasse aus. Allein auf Ceres, den einzigen Zwergplaneten des inneren Sonnensystems, entfallen ein Drittel der Gesamtmasse.

---

[3] Abstandsbereich, in dem sich ein Planet von seinem Zentralgestirn befinden muss, damit Wasser dauerhaft in flüssiger Form als Voraussetzung für erdähnliches Leben auf der Oberfläche vorliegen kann.

1.8.4   Das Reich der Gasriesen

Jenseits des Asteroidengürtels betreten wir das Reich der Gasriesen, eine dramatisch andere Welt verglichen mit dem inneren Sonnensystem, das durch die terrestrischen Planeten geprägt ist. Die vier Gasplaneten beanspruchen etwa 99 % der Gesamtmasse aller die Sonne umkreisenden Materie für sich. Auch ist ihr Aufbau ganz anders als der der terrestrischen Planeten. Die Gasriesen besitzen verhältnismäßig kleine feste Kerne, die von riesigen Gashüllen aus Wasserstoff und Helium umgeben sind. Die Zusammensetzung Jupiters und Saturns ist ähnlich. Bei den beiden äußeren Planeten, Uranus und Neptun, kommen erhöhte eisige Anteile hinzu. In jenen Regionen, in denen sie entstanden sind, ist es kalt genug, dass noch flüchtigere Verbindungen in gefrorener Form vorliegen können. Manchmal spricht man von diesen beiden auch als den *Eisriesen,* um sie von den Gasriesen Jupiter und Saturn besser abzugrenzen.

Neben der Zusammensetzung unterscheiden sich die Riesen noch in weiteren Punkten von den terrestrischen Planeten. Im Gegensatz zu Letzteren besitzen die vier äußeren Planeten eine Vielzahl von Monden (bspw. sind derzeit mehr als 60 Jupitermonde bekannt). Außerdem sind alle vier von mehr oder weniger ausgeprägten Ringsystemen umgeben.

An der Grenze zum inneren Sonnensystem bei etwa 5,2 AE befindet sich der größte der äußeren Planeten: *Jupiter.* Mit seiner gewaltigen Masse von 318 Erden besitzt er alleine etwa 2,5-mal die Masse aller anderen Planeten zusammen. Bei knapp 80 Monden stechen vor allem die vier Galilei'schen Monde (Ganymed, Kallisto, Io und Europa) heraus. Ganymed ist dabei der größte Mond unseres Sonnensystems und mit seinem mittleren Durchmesser von 2634 ± 0,3 km sogar größer als Merkur (2439 ± 1,0 km).

Der Herr der Ringe, *Saturn,* folgt in einer Entfernung von 9,5 AE von der Sonne (siehe Abb. 1.12). Wie bereits erwähnt ist seine Zusammensetzung vergleichbar mit der Jupiters. Umgeben ist er von derzeit 62 bekannten Monden. Die beiden Monde Titan und Enceladus scheinen dabei geologisch aktiv sein, obwohl es sich um sehr eisige Welten handelt. Titan, der zweitgrößte Mond unseres Sonnensystems, ist immer noch größer als Merkur und ist der bis heute einzig bekannte Mond, der eine echte Atmosphäre besitzt.

Dringen wir noch weiter nach außen, finden wir bei etwa 19,2 AE den Eisriesen *Uranus,* der mit 14 Erdmassen erheblich leichter als die beiden vorherigen Gasriesen ist, ja gar fast wie ein Winzling unter ihnen wirkt. Er besitzt ebenfalls ein Ringsystem und 27 bekannte Monde, die größten davon sind Titania, Oberon, Umbriel, Ariel und Miranda. Uranus gibt auch heute noch viele Rätsel auf. Er ist mit deutlichem Abstand der kälteste der vier Gasplaneten

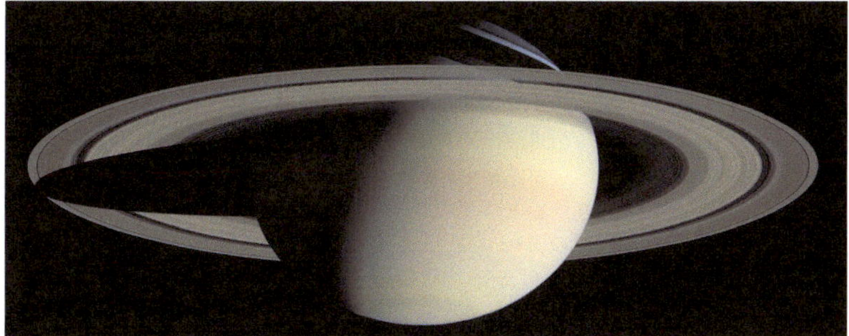

Abb. 1.12 Aufnahme des Saturn durch die Raumsonde Cassini im Jahr 2004 (Quelle: NASA/JPL/Space Science Institute)

und der einzige Planet in unserem Sonnensystem, der auf der Seite zu liegen scheint und demnach eine um mehr als 90 zur Ekliptik geneigte Rotationsachse aufweist.

Der äußerste Planet, *Neptun,* umkreist die Sonne in einer mittleren Entfernung von 30,1 AE und befindet sich somit fast an der Grenze zum unbekannten Nichts. Er ist etwas kleiner als Uranus, aber mit 17 Erdmasse schwerer als dieser und besitzt damit eine höhere Dichte. Derzeit sind 14 Monde bekannt, wobei sein größter, Triton, auch der interessanteste ist. Beobachtungen durch die Voyager-Sonden scheinen zu zeigen, dass es ein geologisch aktiver Mond ist, auf dem sich Geysire aus flüssigem Stickstoff befinden (Abb. 1.13). Seine Rotation ist retrograd, d. h. entgegen der üblichen Rotationsrichtung. Vermutlich handelt es sich bei ihm daher um ein eingefanges Objekt des Kuiper-Gürtels.

1.8.5 Der Edgeworth-Kuiper-Gürtel und Scattered Disk

Jenseits der Umlaufbahn des blauen Eisriesen Neptun beginnt eine nahezu unbekannte Welt. Lange Zeit war nur ein Objekt bekannt: Pluto, dessen Auf- und Abstieg in der Gunst der Astronomen wohl nahezu beispiellos ist, ebenso wie der emotional aufgeladene Kampf um ihn innerhalb der wissenschaftlichen Gemeinde. Darüber hinaus wusste man praktisch nichts über diese Region. Von irgendwo dort kamen Kometen in das innere Sonnensystem. Aber woher? Theorien existierten, aber keine Beweise. Erst seit den frühen 1990er-Jahren hebt sich der Schleier allmählich und es erschließt sich uns eine neue, fremdartige Welt. Diese wird dominiert durch den *Edgeworth-Kuiper-Gürtel*[4], einem dem Asteroidengürtel zwischen Mars und Jupiter ähnlichem Gebilde. Er hat

---

[4]Die wissenschaftliche Gemeinde ist sich nicht einig über die Bezeichnung. Oft wird er auch nur Kuiper-Gürtel oder Edgeworth-Gürtel genannt, je nachdem, wem man einem größere Bedeutung bei der

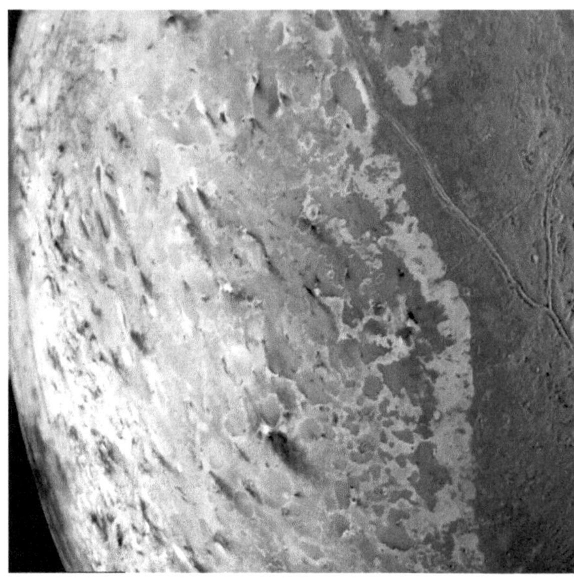

Abb. 1.13 Tritons Oberfläche ist übersät von Geysiren und Eisvulkanen aus denen flüssiger Stickstoff austritt. Die Aufnahme von Voyager 2 zeigt etwa 50 dunkle Rauchfahnen über solchen Objekten (Quelle: Voyager 2, NASA)

die Form einer dicken Scheibe und ähnelt eigentlich mehr einem Donut und erstreckt sich von etwa 30 AE bis 50 AE von der Sonne. Er ist auch die Heimat der meisten Zwergplaneten, allen voran Pluto (siehe Kasten „Was ist ein Planet?").

Was ist ein Planet?

Es gibt neben den vielen kleinen Objekten in unserem Sonnensystem Planeten und Zwergplaneten. Aber was macht einen Planeten aus und was unterscheidet ihn von einem Zwergplaneten?

In der Tat gab es lange Zeit keine offizielle Definition, was denn ein Planet sei. Der Planetenstatus wurde mehr oder weniger nach Gutdünken verliehen oder wieder aberkannt. Das Fehlen einer solchen stellte aber anfangs kein Problem dar. Man kannte nur die großen Planeten unseres Sonnensystems. Das änderte sich jedoch mit der Entdeckung der ersten Asteroiden zwischen Mars und Jupiter. Den Anfang machte Ceres, der durch Giuseppe Piazzi (1746–1826) im Jahr 1801 entdeckt wurde. Ceres wurde zunächst als Planet klassifiziert, ebenso wie die weiteren Objekte in ihrer Region wie Juno, Vesta und Pallas. Die Zahl der Planeten wuchs. Problematisch wurde es erst, als ab 1847 die Zahl der Neuentdeckung drastisch anstieg. Schnell war das Sonnensystem mit Dutzenden Planeten

---

Postulierung zuspricht: dem amerikanisch-niederländischen Astronomen Gerard Kuiper (1905–1973) oder dem irischen Astronomen Kenneth Edgeworth (1880–1972).

„überfüllt". Aber waren das wirklich Planeten? Alle diese Objekte waren so viel kleiner als die großen Planeten. So klein, dass man sie nicht als Scheibe sehen konnte. Man entschied sich daher, ihnen den Planetenstatus abzuerkennen und sie fortan als *Asteroiden* (griech. sternähnlich) zu führen.

Dann folgte 1930 die Entdeckung Plutos, dem lange gesuchten neunten Planeten, durch Clyde Tombaugh (1906–1997). Schnell kamen Zweifel auf. War Pluto wirklich ein Planet? Er war so klein und massearm, viel kleiner als vorhergesagt. Die Zweifel verstummten nie ganz und wuchsen noch, als 1992 das erste Kuiper-Gürtel-Objekt 1992 QB_1 entdeckt wurde, das sich in derselben Region befand. Weitere Objekte folgten. Der finale Todesstoß für Plutos Planetenstatus war jedoch die Entdeckung von Eris im Jahr 2005, einem Objekt das in Größe vergleichbar war mit Pluto.

Die Internationale Astronomische Union (IAU) sah sich daraufhin 2006 auf ihrer Sitzung in Prag gezwungen, erstmalig genau zu definieren, was ein Planet ist. Ein Planet muss folgende drei Eigenschaften erfüllen:

1. Er muss sich auf einer Umlaufbahn um die Sonne befinden.
2. Seine Masse muss groß genug sein, um ein hydrostatisches Gleichgewicht zu erreichen, d. h. eine kugelförmige Gestalt.
3. Er muss das dominierende Objekt seiner Umlaufbahn sein, d. h., er hat im Laufe der Zeit aufgrund seines gravitativen Einflusses seine Umlaufbahn von anderen Objekten bereinigt.

Erfüllt ein Objekt nur die Kriterien (1) und (2), so spricht man von einem Zwergplaneten. Pluto scheitert an Kriterium (3) und wurde daher als erstes Objekt der neu geschaffenen Klasse der Zwergplaneten hinzugefügt.

Bis heute geht der Streit, was ein Planet ist, aber weiter. Kritiker werfen ein, dass die obige Definition zu ungenau sei. Auch andere Planeten hätten noch Objekte (Asteroiden oder Trojaner) auf ihrer Umlaufbahn. Alleine Jupiter wird von mehr als 100.000 solcher Objekte begleitet. Ist er also kein Planet? Die Diskussion um eine endgültige Definition geht weiter.

Der Kuiper-Gürtel ist die Heimat von geschätzt mehr als 100.000 Objekten, die größer als 50 km im Durchmesser sind. Sie alle haben relativ hohe Bahnneigungen gegenüber der Ekliptik, was ihn zu eben jenem dicken Donut macht, wie gerade beschrieben. Man unterscheidet zwei große Gruppen von Objekten, die *klassischen Kuiper-Gürtel-Objekte (KBO)* und die *resonanten Objekte.* Letztere sind in ihrer Bewegung an Neptun gekoppelt. Die *Plutinos,* benannt nach ihrem bekannten Vertreter Pluto, befinden sich z. B. in 3:2-Resonanz mit Neptun, d. h., für zwei Umläufe um die Sonne, die sie machen, umrundet Neptun unser Zentralgestirn dreimal. Es handelt sich hierbei, anders als bei den Resonanzen im Asteroidengürtel, um eine stabilisierende Kopplung. Der klassische Gürtel befindet sich zwischen 39,4 und 47,7 AE (Abb. 1.14).

Mit dem Kuiper-Gürtel überlappt die *gestreute Scheibe* (engl. Scattered Disk). Ihre Objekte haben chaotische, instabilen Umlaufbahnen mit hohen Bahnneigungen. Sie reicht bis zu einem Abstand von etwa 100 AE von der

Abb. 1.14 Struktur des Edgeworth-Kuipergürtels (nicht maßstäblich) (Quelle der Planetenfotos: NASA/JPL und NASA/JHUAPL/SwRI)

Sonne. Die wissenschaftliche Gemeinschaft ist sich nicht einig in der Klassifikation. Einige sehen die Scattered Disk als Untergruppe der Kuiper-Gürtels, wohingegen andere sie als unabhängige Population beurteilen. Im Folgenden werden wir uns der zweiten Meinung anschließen – ohne dass dies eine Auswirkungen auf ihre tatsächlich Beschaffenheit hat.

Die Scattered Disk ist vermutlich entstanden, als Neptun bei der planetaren Migration durch den Proto-Kuiper-Gürtel wanderte. Einige der Scattered-Disk-Objekte (SDO) können Neptun relativ nahe kommen und durch ihn gravitativ beeinflusst werden. Dies kann so weit gehen, dass einzelne von ihnen ins innere Sonnensystem geschleudert werden, wo sie dann als kurzperiodische Kometen in Erscheinung treten. Man nimmt heute daher an, dass die SDO die Hauptquelle für eben diese kurzperiodischen Kometen ist.

Dringt man noch weiter in die Tiefen des Sonnensystem vor, so stößt man auf die *Detached Objects*.[5] Es sind nur sehr wenige dieser Objekte bekannt, und außer ihren ungewöhnlichen Bahneigenschaften weiß man praktisch nichts über sie.

Ihre Umlaufbahnen sind stark elliptisch. Ihr sonnennächster Punkt (Perihel) liegt dabei weit jenseits Neptuns sonnenfernstem Punkt (Aphel), der sich bei

---

[5]Die Bezeichnung ist auch hier nicht eindeutig. Manchmal werden diese auch als *Extended Scattered Disk Objects* (E-SDO), *Distant Detached Objects* (DDO) oder *extended-scattered* beschrieben.

etwa 30,3 AE befindet. Ihre große Halbachse liegt typischerweise bei einigen hundert AE. Der bekannteste Vertreter dieser Klasse ist *Sedna,* dessen Perihel bei 76,09 AE und dessen Aphel bei etwa 936 AE liegen. Dies führt zu einer unglaublichen Umlaufzeit von etwa 11.400 Jahren. Zum Vergleich benötigt das vormals äußerste Objekt (außer den Kometen), Pluto, „nur" 247,94 Jahre für einen Umlauf um die Sonne.

Die Detached Objects geben noch viele Fragen auf. Das Grundproblem ist, dass noch nicht verstanden ist, woher diese Körper überhaupt kommen. Aufgrund ihrer Bahneigenschaften gilt es als nahezu ausgeschlossen, dass sie durch die Wanderung der Planeten an diesen Ort gelangten.

1.8.6 Die Oort'sche Wolke

An der Grenze des Sonnensystems befindet sich die hypothetisch vorhergesagte *Oort'sche Wolke*[6] (Abb. 1.15). Bis heute fehlt noch jeder tatsächliche Beweis dieser Wolke. Ihre Existenz gilt allerdings als gesichert, da sie auf elegante Weise den Ursprung langperiodischer Kometen erklärt. Aufgrund ihrer großen Entfernung und der geringen Größe ihrer Mitglieder wird es aber auch in naher Zukunft sehr schwer sein, einen direkten Nachweis zu erbringen. Wir können zwei Regionen innerhalb der Wolke unterscheiden. Da ist zum einen die scheibenförmige innere Oort'sche Wolke, auch Hills-Wolke genannt, die sich in einer Entfernung von 2000 bis 20.000 AE von der Sonne erstreckt. Die äußere Wolke ist kugelförmig und hüllt das Sonnensystem ein. Es wird

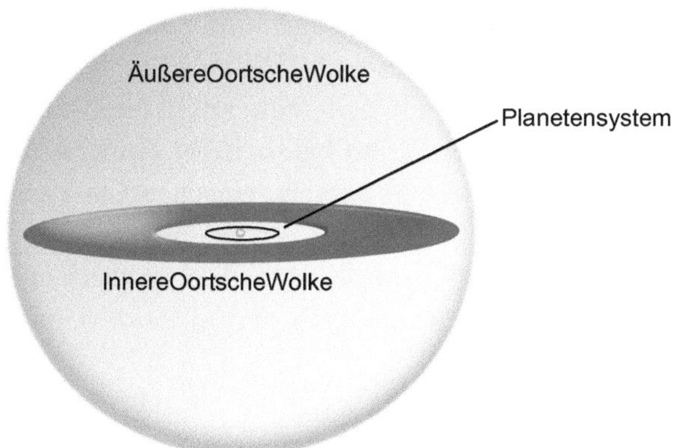

Abb. 1.15 Struktur der Oort'schen Wolke (nicht maßstäblich)

---

[6]Sie wird manchmal auch als Öpik-Oort-Wolke bezeichnet, um beide Wissenschaftler zu ehren, die sie postuliert haben: den estnischen Astronomen Ernst Öpik (1893–1985) und den niederländischen Astronomen Jan Hendrik Oort (1900–1992).

angenommen, dass sie in einem Bereich von 20.000 bis 100.000 AE, also etwa 1,6 Lichtjahren, existiert. Diese Gestalt erklärt das isotrope Auftreten der langperiodischen Kometen: Sie scheinen aus allen Richtungen zu kommen. Präferenzen sind dabei nicht auszumachen.

1.8.7 Trojaner, Zentauren und Kometen

Neben diesen „Grundobjekten" unseres Sonnensystems gibt es noch eine Reihe weiterer Körper, die sich nicht so einfach verorten lassen.

1.8.7.1 Kometen

Die bekanntesten Vertreter in dieser Kategorie sind zweifellos die *Kometen,* die seit Menschengedenken Faszination, aber auch Ängste ausgelöst haben. Sie beeindruckten von Anbeginn durch ihre imposanten Schweife. Sie passten nicht nur deswegen in keine der Kategorie der schon früh bekannten Himmelskörper. Sie tauchten plötzlich irgendwo am Himmel auf, um dann nach einer gewissen Zeit wieder genauso überraschend zu verschwinden. Heute wissen wir natürlich viel mehr über diese „schmutzigen Schneebälle", nicht zuletzt durch zahlreiche Beobachtungen und Raumsonden.

Kometen sind relativ kleine Himmelskörper, die lediglich einige Kilometer Durchmesser haben. Ihr Kern ist ein Gemisch aus Staub und Gas. Bei der Annäherung an die Sonne lösen sich einige der Bestandteile von der Kernoberfläche durch die entstehende Hitze ab (Sublimation) und bilden eine Hülle aus Gas und Staub, um den Kern. Diese sogenannte *Koma* bildet sich typischerweise ab einer Entfernung von etwa fünf AE, also in etwa bei Überschreiten der Umlaufbahn Jupiters. Durch den wirkenden Strahlungsdruck und den Sonnenwind werden Teile der Koma bei weiterer Annäherung an die Sonne regelrecht weggeblasen. Die für Kometen typischen Gas- und Staubschweife entstehen.

Kometen bewegen sich in der Regel auf mehr oder weniger stark elliptischen Umlaufbahnen um die Sonne und kehren periodisch wieder. Es gibt allerdings auch Ausnahmen – *aperiodische* Kometen –, die hyperbolische Umlaufbahnen besitzen und in der Regel nach einem einmaligen Besuch des inneren Sonnensystems in die unendlichen Weiten des Weltalls verschwinden.

Im Wesentlichen können wir aber zwei große Gruppen von periodischen Kometen unterscheiden: *langperiodische* und *kurzperiodische* Kometen. Die langperiodischen Kometen besitzen Umlaufzeiten von mehr als 200 Jahren, teilweise bis zu 100 Mio. Jahren[7]. Langperiodische Kometen scheinen aus allen Himmelsrichtungen zu kommen. Eine bevorzugte lässt sich nicht feststellen. Dies legt den Verdacht nahe, dass ihr Ursprung in der äußeren Oort'schen Wolke liegt, die das Sonnensystem kugelförmig umhüllt. Dort werden einige der Objekte aufgrund gravitativer Wechselwirkungen untereinander oder von nahen Sternen in das innere Sonnensystem geschleudert und so zu Kometen.

Die zweite Gruppe, die kurzperiodischen Kometen, besitzen Umlaufbahnen, die sie in weniger als 200 Jahren um die Sonne führen. Ihre Bahnneigungen sind dabei relativ flach und daher in der Nähe der Ekliptik, d. h. der Bahnebene Erde–Sonne. Ihr Herkunft ist daher nicht in der Oort'schen Wolke, sondern vielmehr im Kuiper-Gürtel oder wahrscheinlicher der Scattered Disk zu suchen.

1.8.7.2 Zentauren

In den letzten Jahren haben die Astronomen zunehmend festgestellt, dass die Welt in unserem Sonnensystem nicht ganz so schwarz und weiß ist wie man zuvor gedacht hatte. Die Unterscheidung kleinerer Objekte in Kometen oder Asteroid schien eindeutig. Das änderte sich aber, als 1977 Chiron durch den amerikanischen Astronomen Charles Kowal (1940–2011) am Mount-Palomar-Observatorium entdeckt wurde. Zunächst schien alles in Ordnung zu sein. Chiron war ein Asteroid auf einer zwar etwas seltsamen Umlaufbahn zwischen Jupiter und Neptun, aber dennoch ein Asteroid. 1991 entdeckten Astronomen allerdings, dass sich eine Koma um ihn herum entwickelt hatte. Ein klares Merkmal eines Kometen. Dennoch war Chiron mit seinen knapp 200 km Durchmesser eigentlich viel zu groß für einen Kometen, deren Kerne sich eher in der Region einiger weniger Kilometer bewegen. War Chiron nun also ein Komet oder ein Asteroid?

Die Antwort liegt, wie so oft, dazwischen. Chiron weist sowohl Merkmale eines Kometen als auch die eines Asteroiden auf. Im Laufe der Jahre wurden weitere solcher Zwitterobjekte entdeckt, deren große Bahnhalbachsen größer als 5,5 AE sind, und die allesamt jenseits der Umlaufbahn Jupiters und innerhalb der Neptunbahn mit 30 AE liegen. Man wählte den Begriff *Zentaur* für diese Objekte, in Anlehnung an die griechische Mythologie, in der ein Zentaur ein Mischwesen zwischen Mensch und Pferd ist.

---

[7]Die Festlegung auf 200 Jahre wirkt zunächst etwas willkürlich. Allerdings unterscheiden sich ungefähr bei dieser Grenze die Bahneigenschaften zwischen diesen beiden Typen zum Teil deutlich.

1.8.7.3 Trojaner

Eine weitere Kategorie sind die *Trojaner,* die im Sonnensystem äußerst zahlreich auftreten. Trojaner sind eigentlich Asteroiden, die allerdings, was ihre Umlaufbahnen um die Sonne angeht, eine Besonderheit aufweisen. Sie bewegen sich auf den Umlaufbahnen von Planeten. Dabei eilen sie dem Planeten entweder in einem Abstand von 60 voraus oder folgen diesem in einem Abstand von 60. Sie häufen sich dabei an den sogenannten Lagrange-Punkten L_4 und L_5 (siehe Abb. 1.16).

Die ersten entdeckten Trojaner fand man auf Jupiters Umlaufbahn. Jedoch wurden bis heute bei fast allen Planeten außer Merkur und Saturn Trojaner identifiziert. Man nimmt heute an, dass es alleine einige hunderttausend solcher Objekte bei Jupiter gibt. Ihre Zahl könnte damit vergleichbar sein mit dem Asteroidengürtel zwischen Mars und Jupiter.

Benannt werden die Trojaner nach den Helden der *Ilias* Homers, dabei werden für die vorauseilenden Objekte (bei L_4) griechische Helden und für die nachfolgenden (L_5) trojanische gewählt.

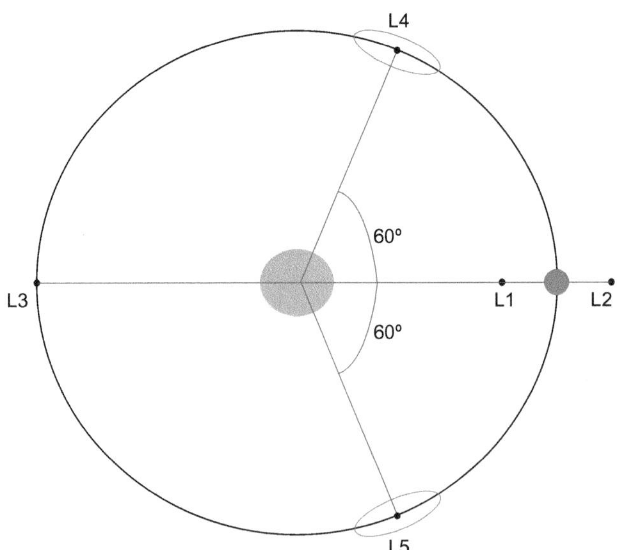

Abb. 1.16 Schematische Darstellung von Trojanern um einen Planeten an den Lagrange-Punkten L_4 und L_5

1.9 Unsere Reiseroute

Wir haben in diesem Kapitel viel über die Herkunft und Struktur unseres Sonnensystems erfahren. Jetzt sind wir bereit, unsere Reise ins äußere Sonnensystem anzutreten. Wir wollen zunächst unsere Reiseroute planen, wofür das Verständnis der Strukturen unabdingbar war. Wohin soll uns die Reise führen?

Wir werden sie mit unserem fiktiven Raumschiff auf der Erde beginnen. Es sollte dabei klar sein, dass eine solche Flugroute, wie wir sie für die gesamte Reise wählen werden, in der Realität nicht möglich sein würde. Zum einen befinden sich nicht immer alle Zielobjekt so auf ihrer Umlaufbahn, wie wir es immer gerne hätten, zum anderen wären solche Flüge aufgrund physikalischer und konstruktionsbedingter Grenzen nicht möglich. Unser fiktiver Flug soll daher vielmehr ein roter Faden sein, an dem wir uns entlanghangeln und der einen realistischen Blick auf die tatsächlichen Entfernungen zwischen den Objekten liefern kann. Wir gehen im Folgenden davon aus, dass sich unser Raumschiff mit etwa 14 km/s durch das Weltall bewegt (dies entspricht in guter Näherung der mittleren Reisegeschwindigkeit der Raumsonden *New Horizont* und *Voyager 2*).

Nach unserem Start werden wir direkten Kurs auf den Asteroidengürtel nehmen, wo wir dessen Strukturen erforschen wollen, um dann abschließend seinen zwei größten Mitgliedern – dem Asteroiden Vesta und dem Zwergplaneten Ceres – einen Besuch abzustatten.

Nach dem Abschied von Ceres werden wir in das Reich der Gasriesen vordringen, wo wir auf Jupiter und seine Monde und Saturn mit seinen prachtvollen Ringen treffen werden. Anschließend betreten wir die Region der Eisriesen Uranus und Neptun und werden versuchen, ihre Geheimnisse zu lüften.

Nach Verlassen Neptuns und seines mysteriösen Begleiters Triton, dringen wir in nahezu unbekannte und unerforschte Regionen vor, nämlich die des Kuiper-Gürtels und der Scattered Disk. Wir werden den Zwergplaneten Pluto und andere Eiszwerge wie Haumea, Eris und Makemake besuchen und versuchen Ordnung in das vermeintliche Chaos der tausenden von Objekte zu bringen.

Danach betreten wir das vollkommen Unbekannte mit unserem Treffen mit Sedna und seinesgleichen. Nach langer Reise werden wir die Oort'sche Wolke passieren und einen Blick zurück werfen.

Lassen wir die Reise also am **Tag 1** des Abflugs beginnen…

Weiterführende Literatur

Jones, B.W.: Pluto – Sentinel of the Outer Solar System. Cambridge University Press, Cambridge (2011)

Milone, E.F., Wilson, W.J.: Solar System Astrophysics. Springer, New York (2008)

Taylor, S.R.: Solar System Evolution – A New Perspective. Cambridge University Press, Cambridge (2005)

*Tsiganis, K., Gomes, R., Morbidelli, A., Levison, H.F.: Origin of the orbital architecture of the giant planets of the Solar System. Nature **435**(7041), 459–461 (2005)

2

Der Asteroidengürtel

Reisezeit 342 Tage. Wir lassen die uns bekannte Welt der erdähnlichen Planeten hinter uns. Auf dem Weg zu den Gasriesen und ihrem „Herrscher" Jupiter müssen wir zunächst eine große Zone des „Nichts" passieren. Kein Planet zieht seine Bahn zwischen Mars und Jupiter. Dennoch ist sie nicht leer. Wie wir bereits in Kap. 1 gesehen haben, ist dieses Gebiet angefüllt mit hunderttausenden kleiner Objekte – den Asteroiden. Dieses Kapitel ist eben diesen exotischeren Objekten gewidmet. Anders als man annehmen könnte, sind es nicht nur einfache Gesteinstrümmer. Ihr Aufbau, ihre Verteilung und ihre Vielfalt sind überraschend, wie wir im Folgenden sehen werden.

2.1   Die Geschichte einer Entdeckung

Die nahen fünf Planeten, die Erde nicht mitgezählt, sind schon aus grauer Vorzeit den Menschen bekannt. Schon früh fielen eben jene „Wandelsterne" auf, die sich losgelöst von den anderen Sternen über das Firmament bewegten. Merkur, Venus, Mars, Jupiter und Saturn erregten auch durch ihre Helligkeit Aufmerksamkeit. Die deutlich lichtschwächeren Planten Uranus und Neptun sollten erst viel später entdeckt werden. Aber wie sieht es mit den Asteroiden aus? Die Geschichte ihrer Entdeckung ist spannend und ereignisreich. Auch kann sie als Blaupause für spätere Entdeckungen dienen – etwa des Kuiper-Gürtels – wie wir später sehen werden.

© Springer-Verlag GmbH Deutschland, ein Teil von Springer Nature 2019
M. Moltenbrey, *Ausflug ins äußere Sonnensystem*,
https://doi.org/10.1007/978-3-662-59360-8_2

2.1.1 Aller Anfang ist schwer

Alles nahm im 18. Jahrhundert seinen Anfang. Dem deutschen Astronomen Johann Daniel Titius von Wittenberg war in den 1760er-Jahren aufgefallen, dass die Verteilung der Planeten einem gewissen Muster zu folgen schien. Der deutsche Astronom Johann Elert Bode gelangte 1768 zur selben Erkenntnis und formulierte die sogenannte „Titius-Bode-Reihe", die wir schon im Eingangskapitel kennengelernt haben.

Betrachtete man aber die postulierte Verteilung, so fiel auf, dass sich zwischen den Bahnen des Mars und Jupiter, bei etwa 2,8 AE, eine Lücke auftat. Es fehlte dort etwas. Gemäß der Titius-Bode-Reihe müsste sich dort ein Planet befinden. Jedoch war keiner bekannt. Daraufhin entbrannte gegen Ende des 18. Jahrhunderts eine fieberhafte Suche nach dem fehlenden Planeten.

Im Jahr 1800 gründete sich unter Leitung des deutschen Astronomen Franz Xaver von Zach, der an der Sternwarte von Gotha arbeitete, die sogenannte „Himmelspolizey". Von Zach versammelte 24 führende Astronomen seiner Zeit aus ganz Europa, um eine koordinierte Suche nach dem unbekannten Planeten zu beginnen. Dazu wurde der Himmel in 24 Sektoren entlang des Tierkreises aufgeteilt, denn wie man annahm, sollte sich der Himmelskörper, ähnlich wie alle anderen Planeten, in nahezu derselben Ebene, der Ekliptik, bewegen. Doch die Suche blieb erfolglos.

Durch Zufall entdeckte der Italiener Giuseppe Piazzi (1746–1826), der nicht Mitglied der Himmelspolizey war, von seinem Observatorium in Palermo auf Sizilien am 1. Januar 1801 ein merkwürdig anmutendes Objekt. Es war sternähnlich, aber es bewegte sich. Bis Ende Kanuar 1801 nahm Piazzi zunächst an, dass es sich um einen Kometen handelte und informierte erst dann seine beiden Kollegen Barnaba Oriani (1752–1832) in Mailand und Johann Bode in Berlin. Er selbst beobachtete das Objekt noch einige weitere Male bis er schließlich am 11.02.1801 aufgrund einer Erkrankung seine Beobachtungen zeitweilig unterbrechen musste.

Im April desselben Jahres, nach seiner Genesung, schickte er alle Informationen, die er gesammelt hatte, nochmals an seine beiden Kollegen Oriani und Bode sowie an den französischen Astronomen Jérôme Lalande in Paris. Im September 1801 wurden seine Erkenntnisse endlich der gesamten wissenschaftlichen Gemeinde durch eine Publikation in der Ausgabe der „Monatlichen Correspondenz" zugänglich gemacht. Astronomen konnten sich nun aufmachen, das unbekannte Objekt wiederzufinden. Leider hatte sich dessen scheinbare Position, nicht zuletzt durch die Bewegung der Erde um die Sonne, ungünstig verändert. Es stand nahe der Sonne und war damit zur damaligen Zeit nahezu unbeobachtbar.

Ende des Jahres sah es besser aus, doch waren die zur Verfügung stehenden Methoden zur Bahnbestimmung bei der vorliegenden geringen Anzahl von beobachteten Positionen über einen nur sehr kurzen Zeitraum (knapp 1,5 Monate) recht ungenau. Das unbekannte Objekt schien verloren. Doch dann entwickelte der junge deutsche Mathematiker Carl Friedrich Gauß ein effizientes und genaues neues Verfahren zur Bahnbestimmung – die Methode der kleinsten Quadrate. Damit war es möglich, die Position besser zu extrapolieren. Den beiden Astronomen Wilhelm Olbers und Franz Zach gelang es daraufhin, das Objekt am 31.12.1801, also fast ein Jahr nach seiner erstmaligen Entdeckung, wiederzufinden. Dem Entdecker Piazzi stand nun das Recht eines Namensvorschlags zu. Er entschied sich für den Namen der römischen Göttin des Ackerbaus, die auch zugleich Patronin Siziliens war: *Ceres*.

2.1.2 Die Anzahl der Planeten wächst

Tatsächlich befand sich der Planet Ceres in genau der von Titius und Bode vorhergesagten Entfernung. Hatte man also den verschollenen Planeten gefunden? In den darauffolgenden Jahren gelang es, weitere Objekte mit vergleichbaren Entfernungen zu entdecken. Im Jahr 1802 stieß Wilhelm Olbers auf Pallas. Die beiden Planeten Juno und Vesta folgten 1803 und 1807. Was bedeutete das? Warum tummelten sich dort so viele Planeten?

Da zahlreiche Jahre ohne weitere Entdeckungen vergingen, nahm man schließlich an, dass es sich bei den vier gefunden um die einzigen handeln könnte. Doch etwas war merkwürdig an ihnen. Keiner dieser Planeten zeigte selbst in den größten verfügbaren Teleskopen eine Scheibenform. Stets blieben sie punktförmige Lichtquellen. Alle anderen Planeten waren beim Blick durch das Fernrohr sofort als solche erkennbar. Vielleicht handelte es sich ja lediglich um Bruchstücke eines ursprünglich großen Planeten, den es aus irgendwelchen Gründen einmal zerrissen hatte. Doch alles blieb Spekulation.

Der deutsche Astronom Karl Ludwig Hencke (1793–1866) war überzeugt, dass es noch weitere Himmelskörper zwischen Mars und Jupiter zu entdecken gäbe. Trotz der Skepsis seiner Kollegen, die auf der langen vergeblichen Suche fußte, begann er im Jahr 1830 sein Vorhaben. Es sollte 15 Jahre dauern, bis es mit der Entdeckung des Planeten Astraea von Erfolg gekrönt sein sollte.

Weitere Objekte folgten in steigender Geschwindigkeit. Bald zählte man mehrere Dutzend Objekte. Waren das wirklich alles Planeten? Keiner von ihnen wies eine beobachtbare Planetenscheibe auf. Der deutsch-englische Astronom Friedrich-Wilhelm Herschel schlug daraufhin vor, eine neue Klasse von Objekten zu schaffen: die Asteroiden (griech. „sternähnlich"). Man entschied sich, diesem Vorschlag zu folgen und klassifizierte alle bis dahin entdeckten Objekte, einschließlich Ceres, als Asteroiden.

Es zeigte sich bald, dass dies eine richtige Entscheidung war. Ab der zweiten Hälfte des 19. Jahrhunderts wuchs die Anzahl der Asteroiden sprunghaft. Im Jahr 1891 versuchte sich der Astronom Max Wolf (1863–1932) an einem neuen Ansatz. Er verwarf die bisherigen Verfahren der rein visuellen Beobachtung und setzte erstmals die Fotografie zur Entdeckung von Asteroiden ein. Er wählte lange Belichtungszeiten für seine Aufnahmen. Da die Teleskope der scheinbaren Himmelsbewegung nachgeführt wurden, bildeten sich die Sterne punktförmig auf den verwendeten Fotoplatten ab. Die Asteroiden, so Wolfs Annahme, würden aber aufgrund ihrer Eigenbewegung Striche hinterlassen. Das taten sie auch letztendlich. Es war eine genial einfache Idee, die auch heute noch praktiziert wird und mit der allein Wolf 248 Asteroiden entdeckte.

Benennung von Asteroiden

Die Entdeckung immer weiterer Asteroiden machte es notwendig, ein System zu ihrer Benennung einzuführen. Man einigte sich rasch darauf zu unterscheiden, ob es sich bei dem Asteroiden um ein neues Objekt ohne gesicherte Bahndaten handelt oder es ein bestätigter Himmelskörper mit bekannter Bahn ist.

In letzterem Fall wird dem Asteroiden eine fortlaufende Nummer vorangestellt, eine Art Zähler. Zusätzlich kann ihm noch ein Name zugewiesen werden. Anfangs beschränkte man sich, wie bei den Planeten und ihren Monden, auf die römische und griechische Mythologie. Bald waren jedoch aufgrund der schieren Masse der Objekte die Namen erschöpft, sodass die Namensgebung liberalisiert wurde. Dementsprechend tauchen heute Asteroiden mit den Namen der Ehefrauen der Entdecker, historischen oder fiktiven Persönlichkeiten, Städtenamen und Märchenfiguren auf. Der Kreativität sind keine Grenzen gesetzt, bedürfen aber der letztendlichen Zustimmung der Internationalen Astronomischen Union (IAU). Deswegen ziehen heute (1773) Rumpelstilz, (5535) Annefrank, (17744) Jodiefoster und (2309) Mr. Spock ihre Bahnen um die Sonne.

Deutlich restriktiver ist das Namensschema für neu entdeckte Asteroiden ohne Bahndaten. Ihr Name setzt sich aus mehreren Teilen zusammen. Zunächst wird das Entdeckungsjahr angeführt. Als zweiter Teil folgen zwei Buchstaben. Der erste Buchstabe (A bis Y ohne I) beschreibt die Monatshälfte, in der der Asteroid entdeckt wurde. Auf den Buchstaben „I" wurde verzichtet, da er zu leicht mit einer „1" verwechselt werden kann. Der Buchstabe *A* bezieht sich bspw. auf die erste Januarhälfte, *B* auf die zweite, usw.

Monat	Jan	Feb	Mär	Apr	Mai	Jun	Jul	Aug	Sep	Okt	Nov	Dez
Erste Hälfte	A	C	E	G	J	L	N	P	R	T	V	X
Zweite Hälfte	B	D	F	H	K	M	O	Q	S	U	W	Y

Der zweite Buchstabe gibt die Reihenfolge der Entdeckung in der entsprechenden Monatshälfte an. So ist *AA* etwa der erste Asteroid, der in der ersten Januarhälfte entdeckt wurde. Hat man bereits mehr als 25 Asteroiden in einer Monatshälfte entdeckt, was heute der Normalfall ist, so beginnt man wieder bei *A* gefolgt von einer Indexnummer, die die Zahl der Durchläufe beschreibt.

Betrachten wir ein Beispiel: das Objekt *Sedna,* welches wir später noch genauer kennenlernen werden. Es trägt die vorläufige Bezeichnung 2003 VB_{12}. Sedna wurde in der ersten Hälfte des November 2003 entdeckt (*V*) und war das 302. Objekt, das in diesem Zeitraum entdeckt wurde ($B_{12} = 2 + 12 \cdot 25 = 302$).

Heute werden längst automatisierte Suchprogramme eingesetzt, die systematisch den Himmel absuchen. Die Zahl der bekannten Asteroiden liegt momentan bei etwa 690.000, Tendenz steigend.

2.2 Aufbau von Asteroiden

Was uns sofort ins Auge sticht bei der Annäherung an diese gigantische Ansammlung von Objekten, ist ihre schier unglaubliche Vielfalt. Keiner der Körper, den wir vorfinden, gleicht dem anderen. Wir treffen auf winzige Gesteinsbrocken, aber auch auf riesige, mehrere Kilometer große Objekte. Ihre Formen könnten unterschiedlicher nicht sein. Zwischen nahezu Kugelform bis zu den wildesten, unregelmäßigen Strukturen ist alles vertreten. Einige der Asteroiden erstrahlen in rötlichem Schimmer, andere sind sehr hell, wieder andere dunkel. Kurzum, es scheint keine oder zumindest kaum Gemeinsamkeiten zu geben. Gibt es also überhaupt *den* Asteroiden? Oder worüber reden wir?

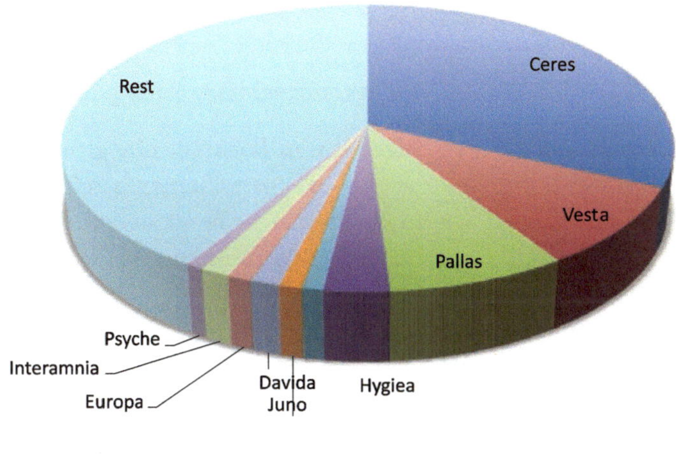

Abb. 2.1 Masseverteilung innerhalb des Asteroidengürtels. Die vier massereichsten Körper im Gürtel – Ceres, Vesta, Pallas und Hygiea – machen bereits mehr als die Hälfte der Gesamtmasse aus

2.2.1 Eine Frage der Größe

Bei etwas genauerer Betrachtung kann man sofort erkennen, dass die Masse im Asteroidengürtel tatsächlich erheblich ungleich verteil ist. Alleine die vier massereichsten Körper in ihm – die Asteroiden Vesta, Pallas und Hygiea sowie der Zwergplanet Ceres – vereinen bereits etwas mehr als die Hälfte der Gesamtmasse in sich (Abb. 2.1).

Aber wieviel ist das tatsächlich? Wir kennen heute bereits mehr als 600.000 Asteroiden in dieser Region. Über welche Massen reden wir hier? In der Tat handelt es sich um lediglich 4 % der Masse unseres Mondes, welcher etwa 7×10^{22} kg besitzt (das ist eine 7 mit 22 Nullen). Dies ist aber bereits erheblich weniger als beispielsweise der Zwergplanet Pluto oder Jupiters größter Mond Ganymed. Beide werden wir im weiteren Verlauf unserer Reise noch genauer kennenlernen.

Jetzt mag man sich die Frage stellen, warum die Gesamtmasse des Gürtels so gering ausfällt, befinden sich doch so viele Objekte in ihm. Die Erklärung liegt auf der Hand. Wir haben schon beim Eintreten in den Gürtel gesehen, dass sich die Größen der Asteroiden ebenso erheblich unterscheiden. Der Zwergplanet Ceres nimmt mit seinen knapp 950 km Durchmesser eine Sonderstellung ein. Bereits die ihm in Größe nachfolgenden Vesta und Pallas sind mit jeweils etwas über 500 km Durchmesser nur etwa halb so groß. Der weitaus größte Teil der Asteroiden ist deutlich kleiner und trägt daher nur unbedeutend zur Gesamtmasse bei.

2.2.2 Formenvielfalt

Asteroiden besitzen die unterschiedlichsten Formen. Die großen unter ihnen sind nahezu kugelförmig wie die Planeten, die kleineren sehen vollkommen unregelmäßig aus. Natürlich können wir uns die Frage stellen, wie diese Vielfalt entstehen konnte. Denn eigentlich haben Asteroiden, wie wir gesehen haben, einen gemeinsamen Ursprung. Müssten sie folglich nicht auch von gleicher oder zumindest ähnlicher Gestalt sein?

Die Ursachen hierfür sind eigentlich nicht schwer zu verstehen. In Kap. 1 haben wir bereits den Begriff des hydrostatischen Gleichgewichts im Zusammenhang mit der Entstehung unserer Sonne kennengelernt. Dieses Prinzip kommt auch hier zur Anwendung. Je massereicher ein Körper ist, desto stärker sind die gravitativen Kräfte, die ihn zusammenhalten. Irgendwann werden diese so stark, dass sie den Körper entgegen der gegenläufig wirkenden Kräfte in Kugelgestalt oder zumindest beinnahe in eine kugelförmige Gestalt zwingen. Man spricht dann davon, dass sich ein Gesteinskörper in hydrostatischem Gleichgewicht befindet.

Allem Anschein nach ist dies beim Zwergplaneten Ceres und dem Asteroiden Vesta eingetreten. Beide weisen kugelförmige Gestalt auf. Auf gleiche Weise kann man aber folgern, dass Körper, deren Masse nicht ausreichend ist, in unregelmäßiger Form existieren. Ihre eigene Anziehungskraft ist nicht stark genug, die eigene Struktur in diesem Sinne zu verändern.

Wie kann man sich nun aber einen solch unregelmäßig geformten Asteroiden vorstellen? Lange Zeit nahm man an, dass es sich bei diesen um feste Körper handeln würde, in etwa vergleichbar mit den terrestrischen Planeten oder unserem Mond. Es bestanden allerdings schon früh Zweifel an diesem Modell. Im Asteroidengürtel kann es häufiger zu Kollisionen kommen. Massive Körper würden dabei zu große Schäden davontragen und dabei gegebenenfalls sogar zerstört werden. Betrachtet man die lange Existenz des Gürtels seit der Frühphase unseres Sonnensystems, so dürften sich statistisch gesehen heute eigentlich keine größeren Objekte mehr in dieser Region befinden, da sie durch Kollisionen entweder aus ihren Bahnen geworfen wurden oder im wahrsten Sinne des Wortes pulverisiert worden wären. Des Weiteren weisen sie eine relativ niedrige Dichte im Vergleich zu den inneren Planeten auf.

Heute geht man daher davon aus, dass es sich bei Asteroiden nicht um feste, monolithische Objekte handelt. Es sind also keine Körper, die aus einem Stück bestehen. Am besten kann man sich einen Asteroiden als einen „Schutthaufen" (engl. „rubble pile") vorstellen – eine lose Ansammlung größerer und kleiner Gesteinsbrocken, die durch ihre jeweilige Anziehungskraft zusammengehalten werden.

Solche Schutt- oder Geröllhaufen sind viel unempfindlicher gegen Einschläge und Kollisionen als Festkörper, denn hier kann die Impaktenergie viel besser absorbiert werden als in einem festen, starren Körper (Abb. 2.2). Auch lässt sich mit einem solchen Modell weitaus besser die niedrige Dichte erklären, die man bei vielen Asteroiden gemessen hat.

Asteroidenfamilien
Im Jahr 1918 fiel dem japanischen Astronomen Kiyotsugu Hirayama (1874–1943) auf, dass die Umlaufbahnen verschiedener Asteroiden ähnliche Parameter aufwiesen. So besaßen sie gleiche oder sehr ähnliche Bahnhalbachsen und Bahnneigungen. Auch waren ihre Bahnen von nahezu gleiche Exzentrizität, d. h. Abweichung von der Kreisform. An reine Zufälle glaubte er nicht. Er schloss vielmehr daraus, dass diese Asteroiden wohl einen gemeinsamen Ursprung haben mussten. Seither werden solche Objekte in *Asteroidenfamilien* zusammengefasst.

Die erste Familie, die er entdeckte, trägt heute seinen Namen *Hirayama-Familie*. Weitere Beispiele sind die Flora-Familie, die gleichzeitig auch zu einer der größten mit ihren gut 800 Mitgliedern gehört, die Koronis-, die Eos- und die Themis-Familie. Eine Familie sticht aus dem Rahmen: die Vesta-Familie. Sie ist diejenige Familie, die das größte Mitglied überhaupt besitzt: Vesta.

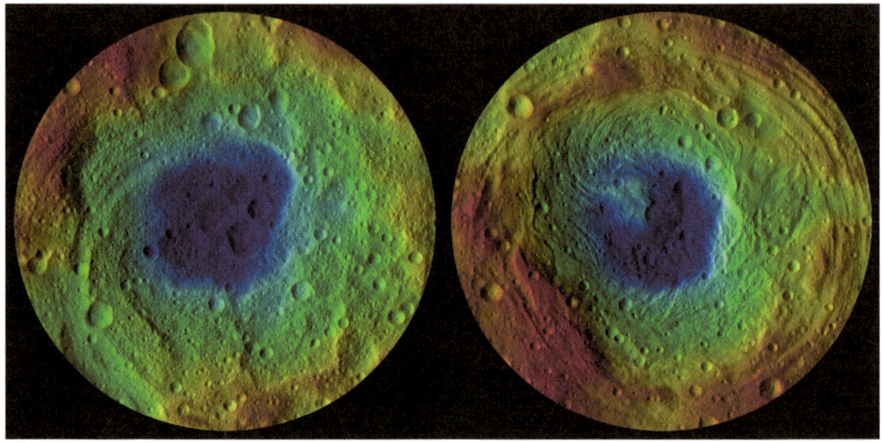

Abb. 2.2 Aufnahmen der nördlichen (links) und südlichen (rechts) Hemisphäre des Asteroiden Vesta aufgenommen durch die Raumsonde Dawn. Im Zentrum der südlichen Hemisphäre ist der Krater Rheasilvia (grün) zu sehen, der im Zuge eines gigantischen Einschlags entstand. Aus diesem Ereignis ging wohl die Vesta-Familie hervor (Quelle: NASA/JPL-Caltech/UCLA/MPS/DLR/IDA/PSI)

Doch wie entstehen diese Familien? Allgemein kann man davon ausgehen, dass die Mitglieder einer Familie während einer Katastrophe geboren wurden. In den meisten Fällen existierte ein großer „Urasteroid", der infolge einer Kollision mit einem anderen Körper entweder vollständig zerstört wurde oder zumindest einen Teil verloren hat. Diese Bruchstücke blieben auf ähnlichen Bahnen und bilden heute die Familienmitglieder. Der Asteroid Vesta und seine Familie liefern Zeugnis für dieses Szenario. Man nimmt heute an, dass die Vesta-Familie durch einen gewaltigen Impakt eines großen Objekts auf Vesta entstand. Den Krater kann man auf Vesta heute noch beobachten (Abb. 2.2). Die durch den Einschlag freigesetzten Bruchstücke begleiten heute noch den Asteroiden als Familienmitglieder.

2.2.3 Zusammensetzung

Man könnte nun meinen, dass diese einfachen, unspektakulären Schutthaufen auch aus ebenso schlichtem Material bestehen und kaum Vielfalt aufweisen. Dem ist jedoch nicht so! Astroiden erweisen sich nicht nur in ihrer äußeren Form als sehr unterschiedlich. Auch die Materialien, aus denen sie aufgebaut sind, sind keineswegs in jedem Asteroiden gleich. Man kann verschiedene Typen identifizieren.

Es kristallisieren sich drei große Haupttypen heraus, die man zum Teil schon an ihrem Äußeren erkennen kann. Die ersten, auf die wir auf unserer Reise stoßen, sind recht helle Asteroiden mit einer Albedo von etwa 15–25 %, d. h., sie strahlen etwa ein Fünftel bis ein Viertel der auf sie einfallenden Sonnenstrahlung zurück. Diese *S-Typ*-Asteroiden befinden sich in erster Linie in der inneren Region des Asteroidengürtels bis etwa 2,5 AE. Sie machen etwa ein Fünftel der Gesamtpopulation des Asteroidengürtels aus. Das *S* steht hierbei für Silikat und deutet darauf hin, dass sie in erster Linie aus Gestein und Mineralien aufgebaut sind. Sie enthalten wenig Kohlenstoff. Besonders Letzteres gibt uns einen Hinweis darauf, dass es sich bei ihnen nicht mehr um Zeugen der Entstehung unseres Sonnensystems handeln kann. Wäre es so, so müsste der Kohlenstoffanteil bedeutend höher sein, da eben jenes Element zu dieser Zeit vorherrschte. Die Materialien der S-Asteroiden müssen folglich Änderungen unterworfen gewesen sein, die durch Schmelzen oder „Verwitterungsprozesse" zustande kamen.

Wir finden aber noch in den äußeren Bereichen des Gürtels in Richtung des Gasriesen Jupiter solche „Relikte" der Frühzeit. Diese *C*-Asteroiden, sind reich an kohlenstoffhaltigen Verbindungen. Diese „Kohlehaufen" besitzen eine sehr dunkle Oberfläche, die lediglich 5 % des Sonnenlichts reflektiert und sie erscheinen etwas rötlich im Vergleich zu anderen Asteroiden. Sie gehören zu den häufigsten im Gürtel und machen einen Anteil von etwa 70 % bis 75 % aus.

In kleinerer Menge, mit einem Anteil von lediglich 5 % bis 10 % der Gesamtpopulation, finden wir Asteroiden des *M-Typs*. Sie häufen sich in der Region um 2,7 AE. Spektraluntersuchungen deuten auf eine metallische Zusammensetzung aus Eisen und Nickel hin. Vermutlich sind sie aus ursprünglich differenzierten Körpern hervorgegangen, die einen metallischen Kern aufwiesen (ähnlich etwa den terrestrischen Planeten). Durch Kollisionen mit anderen Objekten formten sich schließlich die heute beobachtbaren Asteroiden diesen Typs.

Neben diesen drei Typen existieren zahlreiche weitere Abstufungen, die jedoch jeweils nur einen verschwindend geringen Anteil an der Gesamtpopulation haben. Ihre Behandlung würde über den Rahmen dieses Buches hinausgehen. Am Ende dieses Kapitels findet sich weiterführende Literatur zu diesem Thema.

2.3 Struktur des Asteroidengürtels

Eine Merkwürdigkeit, die uns bei unserer Reise ebenfalls ins Auge sticht, ist die Verteilung der Asteroiden. Diese sind keineswegs gleichmäßig über den gesamten Asteroidengürtel verstreut, sondern es existieren Lücken. Diese wurden nach ihrem Entdecker, dem US-amerikanischen Astronomen Daniel Kirk-

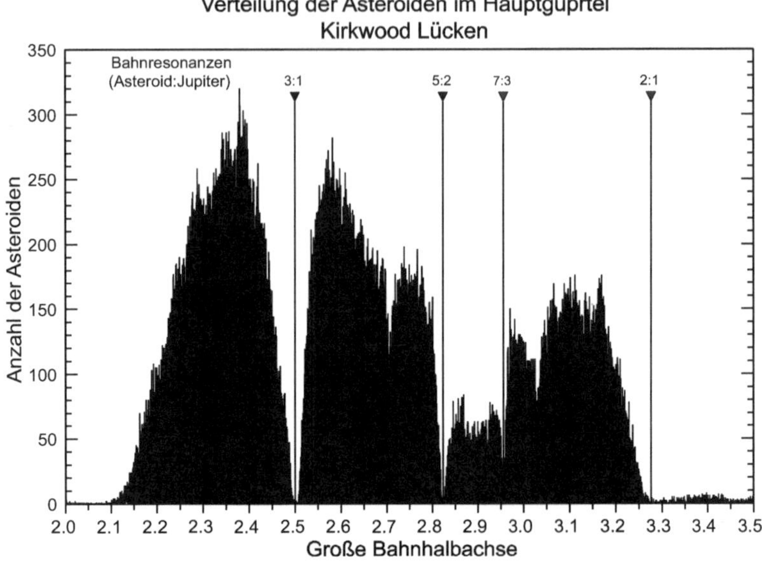

Abb. 2.3 Das Histogramm zeigt die Kirkwood-Lücken im Asteroidengürtel. Diese Lücken werden durch die Bahnresonanzen zwischen Jupiter und den Asteroiden erzeugt (Quelle: Alan Chamberlain, JPL/Caltech; bearbeitet)

wood (1814–1895), benannt. Kirkwood hatte die statistische Verteilung der großen Bahnhalbachsen der Asteroiden untersucht (Abb. 2.3). Dabei fiel ihm 1866 auf, dass es Bereiche der Halbachsenwerte (grob: mittlere Entfernung von der Sonne) gab, die kaum Asteroiden aufwiesen.

Wir dürfen jetzt jedoch nicht dem Irrtum verfallen, dass diese Bereiche, die Kirkwood-Lücken, frei von Asteroiden sind. Die Lücken beziehen sich eben nur auf die großen Bahnhalbachsen. Durch ihre exzentrischen Bahnen kreuzen Asteroiden aber immer wieder diese Bereiche. Daher befinden sich dort fortwährend Asteroiden. Wie kommt es aber, dass sich keine Objekten mit entsprechenden Bahnhalbachsen dort bewegen?

Interessant ist dabei, wie Kirkwood herausfand, dass diese Lücken Bahnen entsprechen, die in einem ganzzahligen Verhältnis zur Umlaufzeit mit Jupiter stehen. Dies können wir auch der Abb. 2.3 entnehmen. Besonders markante Lücken finden wir bei *Bahnresonanzen* von beispielsweise 4:1, d. h., Objekte dort würden sich sich viermal um die Sonne bewegen, während Jupiter einen Umlauf um unser Zentralgestirn vollzieht. Diese Lücke bildet auch die innere Grenze des Asteroidengürtels und befindet sich bei etwa 2 AE von der Sonne.

Auf eine weitere markante Lücke stoßen wir bei einer Resonanz von 3:1, die bei etwa 2,5 AE liegt. Diese *Hestia-Lücke*[1] bildet die Grenze zwischen innerem und äußerem Gürtel.

Bei etwa 2,8 AE und 3 AE liegen weitere Lücken vor (Bahnresonanzen 5:2 und 7:3). In einem Abstand von etwa 3,3 AE finden wir eine Lücke, die ein Umlaufverhältnis von 2:1 mit Jupiter aufweist. Gleichzeitig bildet diese Lücke die äußere Grenze des Asteroidengürtels.

Wie kommt es dazu? Hier kommen wieder Effekte ins Spiel, die wir bereits in Kap. 1 bei der Entstehung des Sonnensystems kennengelernt haben: die *Bahnresonanzen*. Die Resonanzen, die mit dem Riesen Jupiter existieren, führen dazu, dass sich in diesen Regionen Asteroiden nicht über längere Zeit dort aufhalten können. Durch sie wiederholen sich periodisch bestimmte Konstellationen der beteiligten Körper. Stellen wir uns den Fall einer 3:1 Resonanz eines Asteroiden mit Jupiter vor, also eines Körpers in der Hestia-Lücke. In diesem Fall entspricht die Dauer von drei Umläufen des Asteroiden, einem Umlauf Jupiters um die Sonne. Jupiters Umlaufzeit um die Sonne beträgt etwa 12 Jahre, die des Asteroiden ungefähr vier Jahre. Dies bedeutet, dass sich eine bestimmte Situation in der Konstellation der beiden Objekte in etwa alle 12 Jahre wiederholt, so bekommt der Asteroid bspw. periodisch alle 12 Jahre Jupiter besonders nahe und wird durch dessen große Schwerkraft beeinflusst (Abb. 2.4). Dadurch verändern sich die Bahnparameter des Asteroiden[2], wie die Verschiebung der großen Bahnhalbachse. Als Folge wird der Asteroid nach innen oder außen abgelenkt. Dies geschieht für alle Asteroiden in diesem Bereich in ähnlicher Weise. Letztlich entsteht eine Lücke.

Das Vorhandensein der Kirkwood-Lücken wird oft auch herangezogen, um den Asteroidengürtel weiter zu strukturieren. Wir unterscheiden generell drei verschiedene Zonen:

I Innere Zone: Zwischen der 4:1-Resonanz bei etwa 2 AE und der 3:1-Resonanz bei 2,5 AE

II Mittlere Zone: vom Ende der Zone (I) bis zur 5:2-Resonanz bei 2,8 AE

III Äußere Zone: vom Ende der Zone (II) bis zur 2:1-Resonanz bei 3,3 AE

---

[1] Benannt nach dem Asteroiden (46) Hestia, der am 16. August 1857 von Norman Robert Pogson entdeckt wurde.

[2] Natürlich beeinflusst die Schwerkraft des Asteroiden auch die Umlaufbahn Jupiters. Aufgrund der winzigen Masse des Asteroiden in Vergleich zur riesigen Masse Jupiters ist der Effekt sehr gering. Wie wir aber bereits in Kap. 1 gesehen haben, kann u. U. der kumulative Effekt vieler Kleinkörper gravierend sein (vgl. Migration der Planeten).

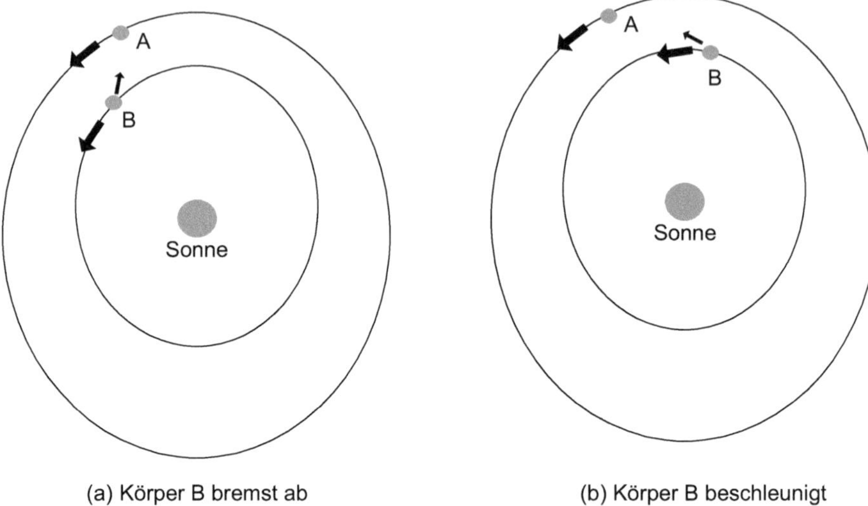

Abb. 2.4 Die Abbildung zeigt die Auswirkungen von Bahnresonanzen auf zwei Objekte. In Situation (a) wird das Objekt B abgebremst, weil es quasi durch die gravitative Interaktion mit A nach hinten gezogen wird. In (b) wird B dementsprechend beschleunigt

2.4   Besuch bei einem Riesen – Vesta

Auf unserem Flug durch den Asteroidengürtel stoßen wir schon recht bald auf ein Objekt, das aufgrund seiner schieren Größe im Vergleich zu den es umgebenden Asteroiden ins Auge sticht: Vesta. Sie wurde durch den deutschen Astronomen Heinrich Wilhelm Olbers (1758–1840) am 29.03.1807 als insgesamt erst vierter Asteroid überhaupt entdeckt. Wie wir bereits in Abb. 2.1 gesehen haben, ist Vesta der zweitschwerste Asteroid im gesamten Hauptgürtel und macht für sich genommen bereits etwa 9 % der Gesamtmasse aus. Vestas mittlerer Durchmesser von knapp 525 km mag zunächst interessant klingen. Setzt man diese Zahl aber in Relation mit anderen Himmelskörpern, so wird rasch offensichtlich, wie klein Vesta wirklich ist. Bereits unser Mond ist mit ungefähr 3500 km Durchmesser um etwa das Siebenfache größer (Abb. 2.5).

Vesta – ein Zwergplanet?
Der Asteroid Vesta ist der zweitschwerste und -größte Körper im Asteroidengürtel nach dem Zwergplaneten Ceres. Letzterer ist zwar um ungefähr das Vierfache massereicher und übertrifft den Durchmesser Vestas um gut 400 km, dennoch folgen die allermeisten der Asteroiden bezüglich ihrer Größe erst mit deutlichen

Abb. 2.5 Diese Gesamtansicht des Asteroiden Vesta ist aus Einzelaufnahmen der Raumsonde Dawn zusammengesetzt worden, die im Zeitraum Juli 2011 bis September 2012 aufgenommen wurden. Am Südpol (unten) ist ein riesiger Berg zu erkennen, der mehr als zweimal so hoch ist wie der irdische Mount Everest (Quelle: NASA/JPL-Caltech/UCAL/MPS/DLR/IDA)

Abstand. Ceres ist 2006 als Zwergplanet klassifiziert worden. Warum wird Vesta diese Ehre nicht zu teil?

In der Tat gab es eine lange Diskussion zu diesem Sachverhalt, die von manchem bis zum heutigen Tag fortgeführt wird. Um als Zwergplanet zu gelten, muss ein Objekt – wie wir bereits gesehen haben – zwei Kriterien erfüllen. Er muss zum einen die Sonne umlaufen. Dies tut Vesta zweifellos. Zum anderen schreibt die IAU-Definition aus dem Jahr 2006 vor, dass sich das Objekt im hydrostatischen Gleichgewicht befinden muss – also quasi Kugelform haben muss. Und genau dies ist der Dreh- und Angelpunkt der Diskussion.

Vesta besitzt eine ausgeprägte Delle und Beulen an seiner Oberfläche. An genau jener Stelle ereignete sich vermutlich ein gewaltiger Impakt in dessen Folge sich die Vesta-Asteroidenfamilie bildete. Der Asteroid weicht dadurch deutlich von einer Kugel ab. Zudem scheint er mit seinen etwa 5×10^{20} kg auch zu leicht zu sein, um das hydrostatische Gleichgewicht überhaupt erreichen zu können. Diese Vermutung konnte durch Auswertung von Messungen der Raumsonde Dawn, die u. a. Vestas Gravitationsfeld untersuchte, im Jahr 2013 bestätigt werden.

Dennoch ist diese kleine Welt etwas besonderes und wie Aufnahmen der Raumsonde Dawn in den letzten Jahren gezeigt haben von außerordentlicher Vielfalt.

2.4.1 Tiefe Narben

Vestas Oberfläche ist von zahlreichen großen Kratern und anderen Strukturen geprägt. Vor allem zwei gigantische Krater am Südpol des Asteroiden prägen dessen Antlitz. Es sind der 500 km breite *Rheasilvia* und der mit 400 km etwas kleinere *Veneneia* (Abb. 2.6).

Man kann an Abb. 2.6 gut erkennen, dass sich der große Rheasilvia-Krater den kleineren Veneneia etwas überlagert. Rheasilvia muss folglich jünger sein als sein „Nachbar". In beiden Fällen müssen die Einschläge, die sei erzeugten, aber gewaltig gewesen sein. Simulationen zeigen, dass allein bei der Entstehung Rheasilvias Vesta gut 1 % seines Gesamtvolumens verloren haben dürfte. Seither zieht der Asteroid deutlich verbeult durch das All. Vermutlich im Zuge dieser Katastrophe entstand die kleine Familie der Vesta-Asteroiden.

Rheasilvia und Veneneia sind aber beileibe nicht die einzigen Krater, die Vestas Oberfläche prägen. Eine markante Gruppe dreier Krater (Marcia, Calpurnia und Minucia) in der nördlichen Hemisphäre des Asteroiden bilden die „Snowman Craters" (Abb. 2.7).

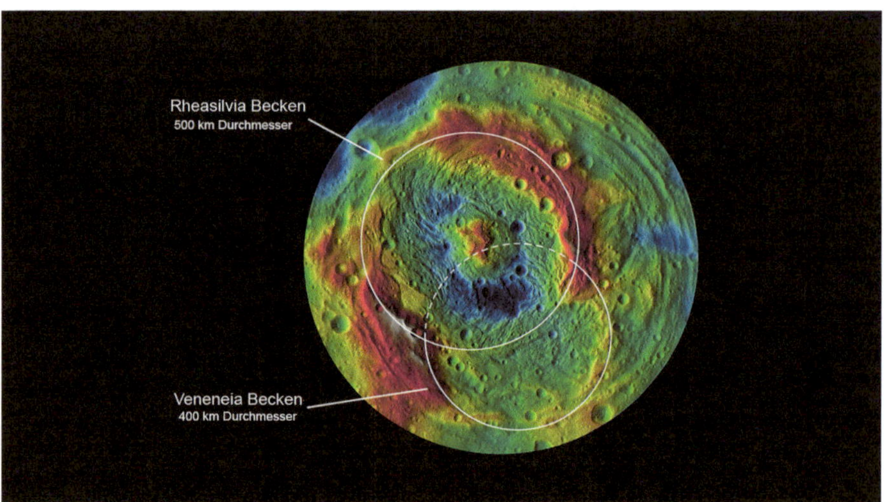

Abb. 2.6 Topographische Karte des Südpols Vestas. Gut erkennbar sind die beiden riesigen Krater Rheasilvia und Veneneia (Quelle: NASA/JPL-Caltech/UCLA/MPS/DLR/IDA/PSI; Beschriftung ins Deutsche übersetzt)

Abb. 2.7 Die „Snowman Craters" in der nördlichen Hemisphäre Vestas, eine Gruppe dreier nahe beieinanderliegender größerer Krater. Die Aufnahme entstand am 24. Juli 2011 aus einer Entfernung von etwa 5200 km durch die NASA-Raumsonde Dawn (Quelle: NASA/JPL-Caltech/UCLA/MPS/DLR/IDA)

Abb. 2.8 Das Bild zeigt ein computergeneriertes Bild zweier parallel verlaufender Rinnen im Divalia-Fossa-System. Aufnahmen der Raumsonde Dawn wurden zur Berechnung herangezogen (Quelle: NASA/JPL-Caltech/UCLA/MPS/DLR/IDA)

Neben diesen und zahlreichen anderen Kratern ist Vestas Oberfläche in erster Linie noch durch tiefe Rinnen geprägt. Viele davon laufen konzentrisch im Bereich des Äquators um den Asteroiden. Dazu gehört das riesige *Divalia-Fossa*-System, das sich mit einer Breite von etwa 10–20 km über eine Länge von 488 km erstreckt (Abb. 2.8).

Abb. 2.9   Im oberen Bereich des Asteroiden sind die Rinnen des Saturnalia-Foss-Systems zu erkennen (Quelle: NASA/JPL-Caltech/UCLA/MPS/DLR/IDA)

Das Ausmaß von Divalia Fossas mag auf den ersten Blick nicht riesig erscheinen, zieht man aber einen einfachen Vergleich heran, so wird dessen enorme Größe augenscheinlich. Der Grand Canyon auf unserer Erde besitzt in etwa ähnliche Dimensionen (6–30 km Breite auf 450 km Länge). Allerdings ist Vesta über zwanzigmal kleiner als unser Heimatplanet. Es wird angenommen, dass Divalia Fossa durch geologische Verwerfungen im Zuge des Rheasilvia-Einschlags entstanden ist. Etwas weiter nördlich befindet sich ein ähnliches Rinnensystem, die *Saturnalia Fossa* (Abb. 2.9), die als Folge des Veneneia-Impakts entstand.

Solche Verwerfungen konnten allerdings nur entstehen, wenn der getroffene Körper nicht eine bloße Ansammlung von Geröll ist – wie es die meisten Asteroiden sind. Vielmehr muss ein differenziertes Inneres vorhanden sein, durch welches die Schockwellen eines Einschlags wandern können.

2.4.2   Ein differenziertes Inneres

Vestas Oberfläche ist großflächig von Regolith, also Lockermaterial überzogen (siehe Kasten: „Was ist Regolith?").

Was ist Regolith?
Regolith ist häufig in unserem Sonnensystem auf steinigen Körpern wie den terrestrischen Planeten und den Asteroiden anzutreffen. Wir verstehen darunter eine Schicht von „Lockermaterial", welche durch verschiedene Prozesse entstand und sich lose auf dem darunter liegenden Ausgangsmaterial befindet. Auch auf der Erde können wir es finden. Regolith entsteht dabei an Ort und Stelle aus dem

Ausgangsmaterial. Allerdings findet auf den meisten steinigen Körpern unseres Sonnensystems keine der Erde vergleichbare Verwitterung statt. Andere Prozesse spielen hier eine entscheidende Rolle. Regolith entsteht hier vielmehr durch mechanische Zerstörung, etwa durch den Einschlag von Meteoriten oder Mikrometeoriten. Weltraumerosion (engl. *space weathering*) spielt ebenso eine Rolle, also Veränderungs- oder Zersetzungsprozesse, die durch einfallende kosmische Strahlung (u. a. UV-Strahlung) ausgelöst werden.

Vestas mittlere Dichte deutet darauf hin, dass sie einen Eisen-Nickel-Kern besitzt. Dieser ist von einer Mantelschicht umgeben, auf der wiederum eine dünne Kruste aus basaltischem Gestein aufliegt (Abb. 2.10). Vesta gleicht damit eher den terrestrischen Planeten als den übrigen Asteroiden. Kein anderer Asteroid des Hauptgürtels ist bekannt, der ein ähnlich differenziertes Inneres aufweist. Es spricht vieles dafür, dass Vesta einer der letzten verbliebenen *Protoplaneten* aus der Frühphase des Sonnensystems ist.

Allerdings gibt es noch zahlreiche offene Fragen zu Vestas Aufbau. Der Asteroid besitzt einen Mantel, dessen ist man sich sicher. Wissenschaftler der Universität Bern untersuchten im Jahr 2014 einen mit 80 km sehr tiefe Krater auf Vesta. Bei einem solchen Einschlag müsste eigentlich Mantelmaterial freigesetzt und in der näheren Umgebung auf der Oberfläche verstreut worden sein. Den Forschern gelang es allerdings nicht *Olivin* nachzuweisen, welches normalerweise einen Hauptbestandteil von Mantelmaterial bildet. Wie kann das sein? Besitzt Vesta vielleicht doch keinen Mantel und damit einen anderen

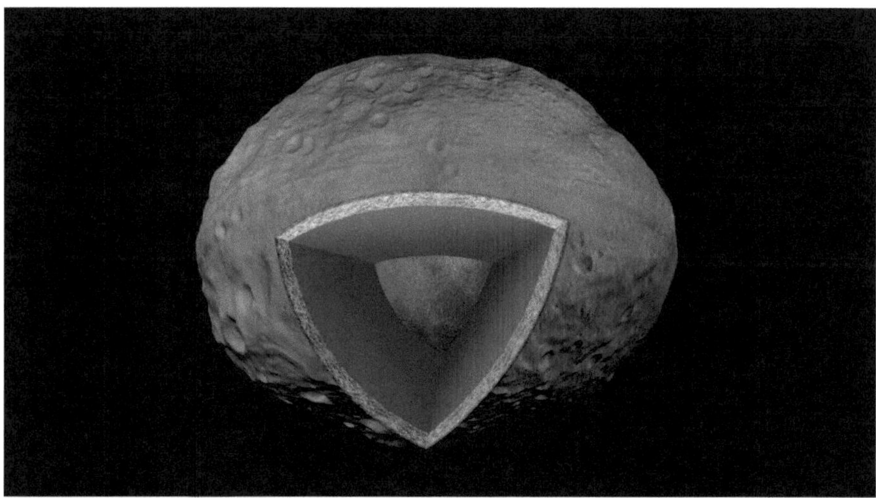

Abb. 2.10   Aufbau des „Protoplaneten" Vesta. Im Inneren existiert ein Eisen-Nickel-Kern, der von einem Mantel und einer dünnen Kruste umgeben ist (Quelle: NASA/JPL-Caltech).

inneren Aufbau, als bisher angenommen oder ist die Kruste deutlich dicker als bisher vermutet? Noch kennt man keine Antworten. Die Suche bleibt spannend.

2.5   Auf ein Treffen mit einem Zwergplaneten

Nachdem wir den Protoplaneten Vesta verlassen haben, reisen wir weiter auf den Spuren der Raumsonde *Dawn*. Unser nächstes Ziel ist die etwa 2,8 AE von der Sonne entfernte *Ceres*. Wir sind ihr bereits in Abschn. 2.1 begegnet und wissen, dass er der einzige *Zwergplanet* im inneren Sonnensystem ist. Bereits beim Anflug offenbart er uns seine ganze Pracht (Abb. 2.11).

Als Zwergplanet ist sie auch ein wahrer Riese unter den anderen Mitgliedern des Asteroidengürtels zwischen Mars und Jupiter. Mit einem Durchmesser von knapp 950 km ist sie der mit Abstand größte Körper dort und weist den größten Asteroiden, Vesta, mit seinen etwa 525 km Durchmesser, deutlich auf die Plätze. Aber er ist nicht nur das größte, sondern auch das massereichste Objekt im Asteroidengürtel. Mit etwa $9,4^{20}$ kg macht er fast ein Drittel der Gesamtmasse des Gürtels aus (siehe auch Abb. 2.1).

Abb. 2.11 Der Zwergplanet Ceres im Februar 2015 aufgenommen durch die Raumsonde Dawn kurz bevor sie im März 2015 in eine Umlaufbahn um ihn eintrat (Quelle: NASA/JPL-Caltech/UCLA/MPS/DLR/IDA)

2.5.1   Oberfläche

Ceres ist ein dunkler Körper, zumindest erscheint uns dies so, wenn wir ihn mit Vesta vergleichen, die wir kurz zuvor besucht hatten. Der Zwergplanet ist an seiner Oberfläche sehr kohlenstoffreich und scheint gleichmäßig mit einer Schicht aus Regolith überzogen zu sein. Der Kohlenstoff führt dazu, ähnlich wie bei der namensgebenden Kohle, dass nur wenig des einfallenden Sonnenlichts zurückgestrahlt wird. Ceres Albedo beträgt lediglich 0,09, d. h. nur 9 % des einfallenden Lichts werden zurückgeworfen. Dadurch ist der Zwergplanet auch mit -36 C verhältnismässig warm.

Es gibt jedoch noch viel mehr zu entdecken als seine „Dunkelheit". Der Zwergplanet ist von zahlreichen sehr großen Kratern übersät. Interessant ist dabei, dass die meisten verhältnismäßig flach sind. Vieles spricht daher dafür, dass Ceres Oberfläche nicht sehr hart ist.

Aber nicht nur Krater prägen Ceres Antlitz, seine Oberfläche ist ebenso durchzogen von Canyons, die sich kilometerweit gerade oder nur leicht gekrümmt dahinziehen. Auch hohe Berge existieren, wie der 2015 durch die Raumsonde *Dawn* entdeckte *Ahuna Mons,* der mit fünf bis sechs Kilometern wohl höchste Berge auf Ceres (Abb. 2.12).

Zudem zeigt uns Ceres vereinzelt sehr helle weiße Flecken (Abb. 2.13). Diese Flecken, die erstmals durch Dawn entdeckt wurden, stechen aufgrund ihrer

Abb. 2.12   Die Aufnahme der Raumsonde *Dawn* zeigt den wohl höchsten Berg des Zweigplaneten Ceres: Ahuna Mons (Quelle: NASA/JPL/Dawn Mission)

Abb. 2.13 Die Aufnahme der Raumsonde *Dawn* zeigt einen der weißen Flecken auf dem Zwergplaneten Ceres im Krater Occator (Quelle: NASA/JPL-Caltech/UCLA/MPS/DLR/IDA)

hohen Helligkeit (Albedo 0,4) gegenüber der dunklen Ceresoberfläche deutlich hervor. Die Ursache für diese Flecken ist noch nicht endgültig verstanden. Wahrscheinlich handelt es sich um Eis oder Salze, die sich auf der Oberfläche befinden und das Sonnenlicht besonders gut reflektieren. Hin und wieder, wenn die Sonne besonders intensiv scheint, ist es möglich über einigen dieser Strukturen Nebel oder Dunst zu erkennen. Dies würde die Hypothese von Eis, das bei Sonneneinstrahlung sublimiert, unterstützen.

2.5.2 Innerer Aufbau

Ceres ist ein differenzierter Körper, d. h., wir können zwischen Kruste, Mantel und Kern unterscheiden (wie etwa bei der Erde auch). Der Zwergplanet besitzt einen Gesteinskern. Ob dieser flüssig ist oder fest, konnte noch nicht abschließend ermittelt werden. Über dem Kern liegt ein gut 100 km dicker Mantel aus Wassereis, der etwa 25 % der Gesamtmasse von Ceres ausmacht. Oberhalb des Mantels schliesst sich eine dünne Kruste aus leichten Mineralien und Wassereis an.

2.6 Ida und Dactyl

Bevor wir den Asteroidengürtel verlassen und in das Reich der Gasriesen eindringen, wollen wir noch einen kurzen Zwischenstopp bei dem etwa 2,9 AE von der Sonne entfernten kleinen und unscheinbar wirkenden Asteroiden (243) Ida einlegen. Im Vergleich zu Ceres und Vesta ist dieser mit Abmessungen von etwa $60 \times 25 \times 19$ km ein wahrer Winzling. Was ist also so interessant an ihm, dass wir einen Moment dort verweilen wollen? Er besitzt einen Mond! Ida ist in der Tat der erste Asteroid, bzw. nicht planetare Himmelskörper, bei dem ein Begleiter entdeckt wurde (Abb. 2.14).

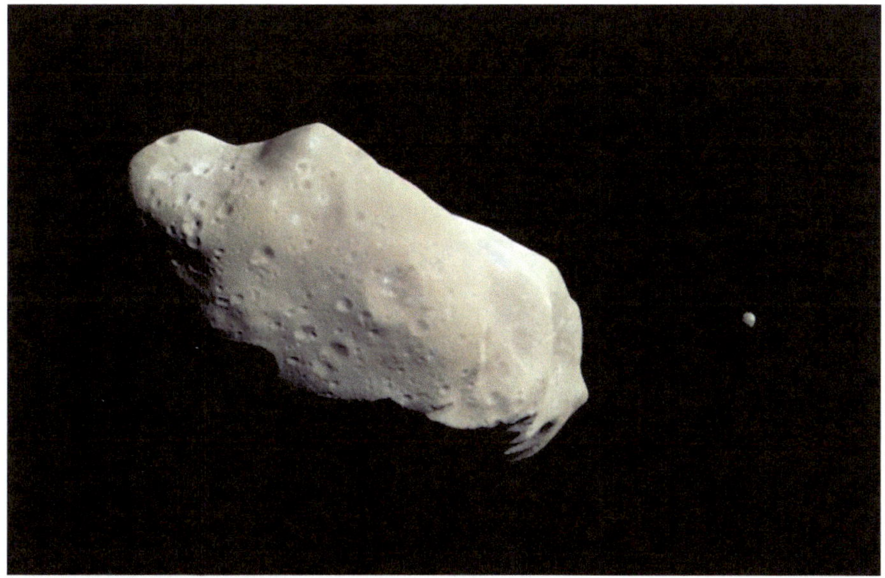

Abb. 2.14 Der kleine Asteroid (243) Ida mit seinem winzigen Mond Dactyl, aufgenommen von der Raumsonde Galileo kurz vor ihrer größten Annäherung an den Asteroiden am 28. August 1993 (Quelle: NASA/JPL)

Abb. 2.15 Die detaillierteste Aufnahme des winzigen Mondes Dactyl, aufgenommen durch die Raumsonde Galileo bei ihrem Vorbeiflog an dem Asteroiden Ida (Quelle: NASA/JPL)

Dactyl, wie der Mond heißt, wurde durch die Raumsonde Galileo im Jahr 1993 entdeckt. Er misst lediglich knapp 1,4 km im Durchmesser (Abb. 2.15).

Abgesehen von seinem Mond weisst der am 29.09.1884 durch den österreichischen Astronomen Johann Palisa (1848–1925) entdeckte Asteroid Ida keine nennenswerten Besonderheiten auf. Wie viele andere auch ist seine Oberfläche durch Krater und das offenliegende Regolith geprägt. Vermutlich entstand sein Mond als Folge einer Kollision mit einem anderen Himmelskörper.

2.7 Hauptgürtelkometen

Verlassen wir nun dieses seltsame Paar und begeben uns weiter in Richtung der Gasriesen, die das äußere Sonnensystem zu dominieren scheinen. Auf dem Weg dorthin „stolpern" wir über seltsam anmutende Himmelsobjekte. Diese gleichen auf den ersten Blick den sie umgebenden Asteroiden, entwickeln jedoch auf bestimmten Bereichen ihrer Umlaufbahn kometenähnliche Aktivität. Astronomen haben daher den Begriff *Hauptgürtelkometen* für sie geprägt.

Der erste Vertreter dieser neuen Kategorie war der 1979 entdeckte „Asteroid" *1979 OW₇*. Zur damaligen Zeit erschien er nur wie einer der vielen anderen Asteroiden im Hauptgürtel. Doch 1996 stellte man etwas sehr merkwürdiges fest. Der Asteroid befand sich gerade in der Nähe seines sonnennächsten Punkts, und er zeigte etwas „Unmögliches". Er hatte einen deutlichen Staubschweif entwickelt (Abb. 2.16). War es dasselbe Objekt? Genauere Untersuchungen bestätigten dies. Der Asteroid erhielt daraufhin die Kometenbezeichnung *133P/Elst-Pizarro*. Als er sein Perihel hinter sich gelassen hatte, verschwand der Schweif wieder. Seither konnte der Schweif bei jedem seiner Periheldurchgänge beobachtet werden.

Im Laufe der Zeit fand man weitere dieser exotischen Objekte. Sie alle bewegen sich in einem Bereich zwischen 2 und 3,2 AE im Asteroidengürtel auf nahezu kreisförmigen, kaum geneigten Umlaufbahnen. Sie unterscheiden sich damit deutlich von zahlreichen „klassischen" Kometen, die in der Regel

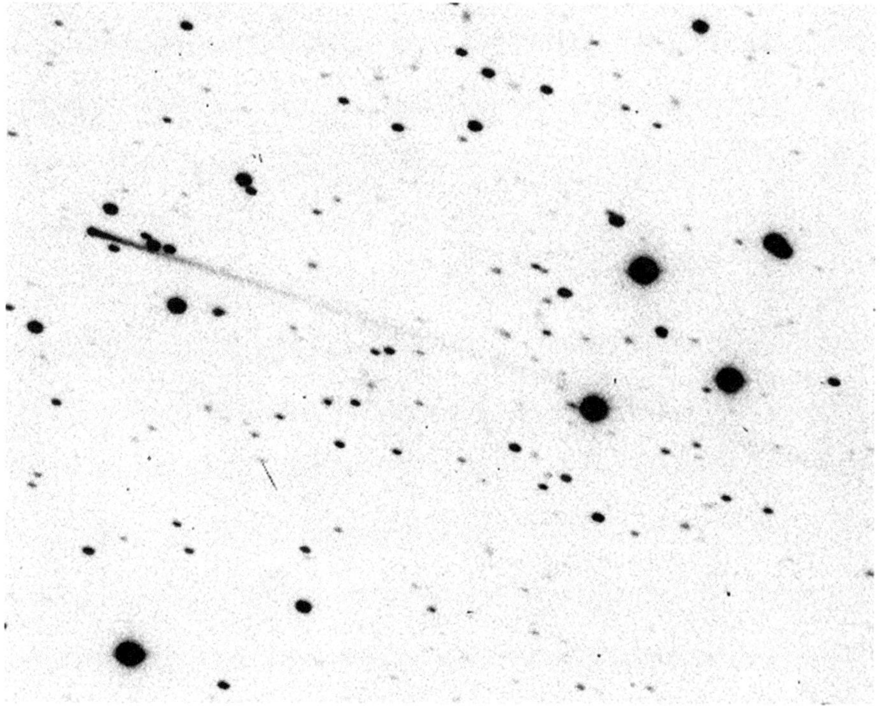

Abb. 2.16 Am 7. August 1996 wird entdeckt, dass *1979 OW₇* einen feinen Staubschweif entwickelt hatte. Eine Koma wie sie bei Kometen normalerweise üblich ist, konnte nicht nachgewiesen werden. Der Asteroid/Komet *133P/Elst-Pizarro* wurde damit zu einem Prototypen für die neue Klasse der Hauptgürtelkometen (Quelle: ESO)

deutlich exzentrischere Bahnen aufweisen. Ihnen ist jedoch allen gemein, dass sie in der Nähe ihres Perihels Kometenaktivität entwickeln.

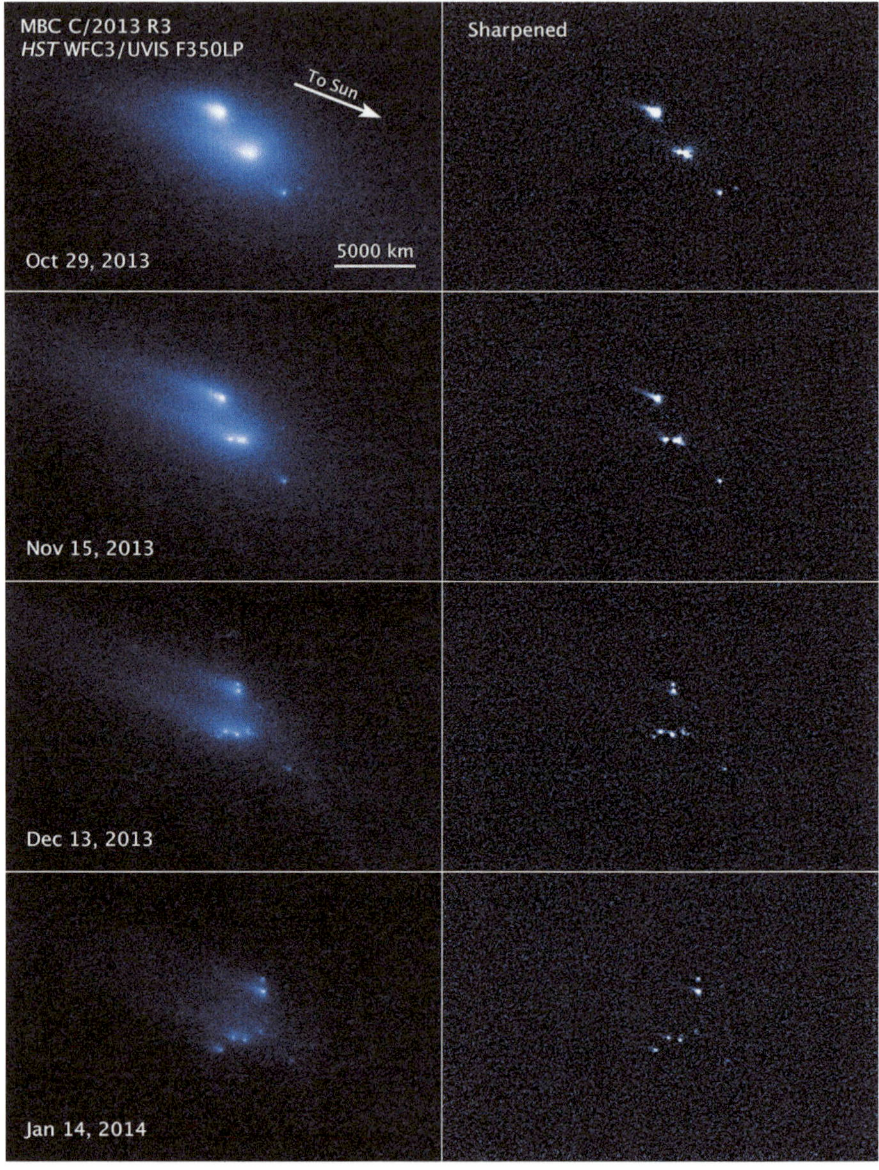

Abb. 2.17 Aufnahmen des Hubble-Weltraumteleskops zeigen wie das Objekt *P/2013 R3* im Laufe mehrerer Monat langsam aber stetig auseinanderbricht (Quelle: NASA, ESA, D. Jewitt (UCLA))

Die Ursachen eines solchen Verhaltens sind nicht bekannt. In der wissenschaftlichen Gemeinde werden eine Reihe von Möglichkeiten diskutiert. Doch keine von ihnen scheint für alle Kandidaten vollkommen passend zu sein. Was könnte also einen solchen Körper veranlassen aktiv zu werden? Vielleicht ist Sublimation, also der Übergang gefrorener Verbindungen hin zum gasförmigen Zustand, ursächlich. Dies würde sich gut mit den bekannten Kometenmechanismen decken. Doch wo ist etwa eine Koma, also eine Gashülle um den Kern, die jeder Komet entwickelt? Eine andere Möglichkeit wäre, dass das Objekt durch seine Rotation instabil ist und dadurch kleinere Bruchstücke fortgeschleudert werden. Doch warum geschieht dies nur in der Nähe des Perihels? Das gleiche Problem stellt sich, nimmt man Einschläge auf deren Oberfläche an, die Staub und Trümmer aufwerfen und anschließend entweichen.

Viertens, könnte die große Nähe zur Sonne eine Rolle spielen. Dadurch würde der Himmelskörper stark erhitzt und Gestein an der Oberfläche könnte aufbrechen. Hierdurch würden wieder Staub und kleinere Trümmerteile freigesetzt, die sich zu einem Schweif entwickeln könnten. Aber warum geschieht das nur bei relativ wenigen Mitgliedern des Asteroidengürtels? Ist die Zusammensetzung des Großteils der Asteroiden so sehr verschieden von den Hauptgürtelkometen.

Eine weitere Möglichkeit wäre wiederum der Einfluss der Sonneneinstrahlung. Diese könnte Staubteilchen von der Oberfläche anheben und sie elektrisch aufladen. Durch das Plasma des Sonnenwinds würden diese geladenen Teilchen dann weggetragen. Allerdings würde man dann in Beobachtungen vielmehr einen Plasma- anstelle eines Staubschweifs erwarten.

Was letztendlich die wirkliche Ursache ist und ob es nur eine oder gar mehrere gibt, bleibt zu klären. Auf jeden Fall sind die Hauptgürtelkometen auch für einige spektakuläre Beobachtungen gut. So entdeckte man 2013, dass *P/2013 R3* langsam aber sicher auseinanderbricht (Abb. 2.17).

Weiterführende Literatur

Peebles, C.: Asteroids: A History. Rowman & Littlefield Publ. (2010)
*Bottke, W.: Asteroids III. University of Arizona Press (2002)
Elkins-Tanton, L.T.: Asteroids, Meteorites, and Comets. Chelsea House (2006)

3

Jupiter

Reisezeit: 1 Jahr 277 Tage. Nachdem wir den Asteroidengürtel hinter uns gelassen haben, verlassen wir das uns vertraute innere Sonnensystem und nähern uns mit unserem Raumschiff rasant einer bizarren und fremden Welt. Unaufhaltsam dringen wir bei etwa 5,2 AE Entfernung von der Sonne in das Reich des Riesenplaneten Jupiter ein. Sein System umfasst mehr als 60 Monde und unzählige kleinere Objekte. Schon früh bemerkt man die gewaltige Anziehungskraft Jupiters. Wir fliegen weiter und vor uns erscheint der gigantische Gasball in voller Pracht: Wolkenbänder und Stürme prägen sein Antlitz (Abb. 3.1). Und er ist groß, einfach sehr groß!

3.1 Ein Riese stellt sich vor

Jupiter, benannt nach dem Göttervater der römischen Mythologie, kann als so etwas wie der „Herrscher" der Planeten unseres Sonnensystems angesehen werden. In praktisch jeder Hinsicht übertrumpft er alle anderen Objekte des Systems mit Ausnahme der Sonne.

Er ist der mit Abstand größte Planet unseres Sonnensystems. Jupiter vereinigt in sich etwa 2,5-mal die Masse aller anderen Planeten zusammengenommen, was ungefähr 318 Erdmassen entspricht. In seinem Äquatordurchmesser von knapp 142.000 km würde unser Heimatplanet Erde 11-mal Platz finden. Der zweitgrößte Planet, Saturn, wird durch Jupiter bereits deutlich deklassiert. Sein Äquatordurchmesser ist zwar lediglich 20.000 km geringer als der des Jupiter – was übrigens immerhin fast zwei Erddurchmessern entspricht –, aber der Ringplanet ist mit 95 Erdmassen erheblich leichter als Jupiter.

© Springer-Verlag GmbH Deutschland, ein Teil von Springer Nature 2019
M. Moltenbrey, *Ausflug ins äußere Sonnensystem*,
https://doi.org/10.1007/978-3-662-59360-8_3

Abb. 3.1 Schon aus einiger Entfernung bietet Jupiter ein prächtiges, farbenfrohes Bild (Quelle: NASA, ESA, und A. Simon (Goddard Space Flight Center))

Aber nicht nur bei Größe und Masse sticht er heraus. Er hat um sich ein System von derzeit 79 Monden versammelt. Viele davon sind mit weniger als 10 km Durchmessern sehr klein. Neben diesen Zwergen existieren jedoch einige große Monde, allen voran die vier Galilei'schen Monde[1] Io, Europa, Ganymed und Kallisto. Ganymed ist mit einem Durchmesser von über 5200 km (etwa das 1,5-fache des Erdmondes) der größte Mond des Sonnensystems.

Jupiter besitzt ferner das ausgedehnteste und stärkste Magnetfeld aller Planeten. Es ist etwa 14-mal so stark wie das unserer Erde. Auf der sonnenzugewandten Seite ragt es, zusammengestaucht durch den aufprallenden Sonnenwind, zwischen 5 und 7 Mio. km ins All. Auf der sonnenabgewandten Seite reicht

---

[1] Sie sind nach ihrem Entdecker, dem italienischen Gelehrten Galileo Galilei (1564–1642) benannt, der sie erstmals im Jahr 1610 beschrieb.

es gar etwa 700 Mio. km hinaus ins All und kommt damit der Umlaufbahn Saturns bereits sehr nahe.

Was uns aber zunächst ins Auge sticht, ist das Fehlen einer sichtbaren Oberfläche. Seine dichte Atmosphäre mit ihren hellen und dunklen Wolkenbändern verbirgt uns sein Innerstes.

3.2   Wolken und Stürme – eine turbulente Atmosphäre

Richtet man bereits ein kleineres Teleskop auf der Erde Richtung Jupiter, erkennt man schnell die unglaubliche Dynamik seiner Erscheinung. Wolkenbänder und Jetstreams rasen in hoher Geschwindigkeit in unterschiedlichen Richtungen permanent um den Planeten. An ihren Berührungszonen entwickeln sich fortlaufend gut sichtbare Turbulenzen. Besonders sticht dies durch das wechselnde Hell-Dunkel-Muster der Wolkenbänder ins Auge.

3.2.1   Eine Frage der Farbe

Wie aber kommen diese Farben zustande? Was passiert dort? Bevor wir diese Fragen beantworten, sollten wir erst eine erste Begriffsbestimmung vornehmen. Bei den helleren „Wolkenstreifen" sprechen wir von *Zonen,* wohingegen wir die dunkleren schlicht als *Bänder* bezeichnen werden.

Betrachtet man Jupiter im visuellen Licht, so ergeben sich eben jene dunklen und hellen Streifen wie wir sie auch in Abb. 3.2 (rechts) erkennen können. Alleine dadurch sind unsere Aussagemöglichkeiten beschränkt. Glücklicherweise stehen uns aber noch andere Bereich des elektromagnetischen Spektrums für Beobachtungszwecke zur Verfügung. Betrachten wir Jupiter nun im infraroten Bereich, d. h., uns interessiert seine thermische Abstrahlung, so ergibt sich ein deutlich anderer Anblick (Abb. 3.2 (links)). Zwar bleibt die Streifenstruktur erhalten, jedoch erkennen wir, dass hellere Bereiche (Zonen) kühler sind als die bräunlichen Bänder.

Wie können wir uns das erklären? Untersuchungen mit Radiowellen und durch Raumsonden haben gezeigt, dass sich in Jupiters Atmosphäre u. a. Ammoniak (NH_3) befindet. Viele der Vorgänge in Jupiters Atmosphäre sind noch nicht vollständig verstanden.

Ein weitgehend akzeptiertes Modell besagt, dass sich die Farbe der Zonen und Bänder durch die unterschiedliche Lichtundurchlässigkeit (Opazität) der jeweiligen Bereiche erklären lässt. Was bedeutet das? In den Zonen konnte man erhöhte Konzentrationen von Ammoniak nachweisen. In ihnen steigt

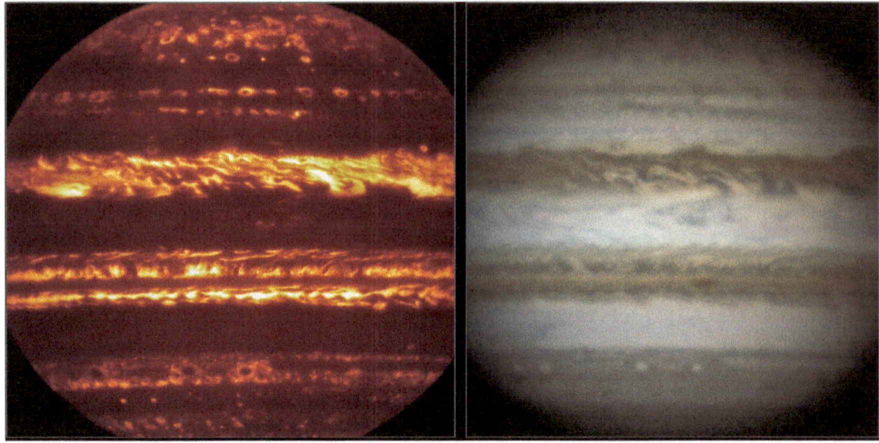

Abb. 3.2 Vergleich des Anblicks Jupiter im infraroten (links) und im visuellen Bereich (rechts). Deutlich ist zu sehen, dass die helleren Bänder kühler sind (Quelle: ESO/L.N. Fletcher/Damian Peach)

Gas (u. a. eben jener Ammoniak) auf. Nehmen wir beispielhaft an, dass dies in Form von Luftpaketen geschieht. Je höher man in der Atmosphäre aufsteigt, desto geringer wird der Druck der auf diese Pakete wirkt. Dadurch expandieren diese und kühlen dabei in einem *adiabatischen* Vorgang ab (siehe Kasten „Adiabatische Zustandsänderungen"). Dabei kann der Ammoniak „kondensieren" und Wolken bilden. Diese dichten und hoch in der Atmosphäre gelegenen Wolken sind hell und relativ lichtundurchlässig. Man sieht also in erster Linie Strahlung aus höheren, kühleren Schichten der Atmosphäre.

Anders sieht es bei den bräunlichen Bändern aus. Dort sinken Gase nach unten in Richtung Planetenkern. Es passiert das Entgegengesetzte zu den Zonen. Da der Druck mit zunehmender Tiefe steigt, werden die Luftpakete zusammengedrückt und erwärmen sich hierbei adiabatisch. Dies führt dazu, dass sich die Wolken auflösen und den Blick auf tiefere und wärmere Schichten der Atmosphäre freigeben. Wir wissen heute noch nicht genau, was der Grund für die dunklere Farbe ist. Vermutlich zeichnen sich Phosphor, Schwefel und Kohlenwasserstoffe dafür verantwortlich.

Adiabatische Zustandsänderungen

Was verstehen wir unter adiabatischen Zustandsänderungen bzw. Vorgängen, wie wir sie auch in Jupiters Atmosphäre vorfinden können? Es handelt sich dabei keineswegs um Abläufe, die nur in fernen Planeten stattfinden. Sie spielen auch in unserem alltäglichen Leben eine wichtige Rolle.

Ein *adiabatischer* Vorgang ist letztendlich ein thermodynamischer Vorgang, in dem ein System von einem Zustand in einen anderen überführt wird, ohne dass ein Austausch von Wärme mit der Umgebung stattfindet.

Wir können dabei in erster Linie zwei Abläufe voneinander unterscheiden: die adiabatische Erwärmung und die adiabatische Abkühlung. Betrachten wir zunächst die Erwärmung. Stellen wir uns vor Luftpakete sinken innerhalb einer Atmosphäre nach unten. So steigt der Druck auf diese Pakete, wodurch sich deren Volumen reduziert. Dieses verringerte Volumen wiederum hat aber, gemäß den Gesetzen der Thermodynamik, ein Ansteigen der Temperatur innerhalb der Luftpakete zur Folge. Die Pakete erwärmen sich also.

Bei der Abkühlung erfolgt der entgegengesetzte Vorgang. Je höher wir in der Atmosphäre aufsteigen, desto geringer wird der Druck, der auf die Luftpakete wirkt. Sie expandieren folglich. Ihr Volumen steigt und damit fällt die Temperatur innerhalb der Luftpakete. Beispielsweise kann in unserer Erdatmosphäre dadurch Wasser kondensieren. Die Folge sind Wolken.

3.2.2 Bänder, Zonen und Jets

Aber nicht nur die Farbunterschiede stechen ins Auge. Auch die Bewegung der der Zonen und Bänder ist bemerkenswert. Als erstes könnte man annehmen, dass sich alle Strukturen gleichförmig mit dem Planeten mitbewegen. Dies ist aber genau nicht der Fall.

Zonen und Bänder bewegen sich mit verschiedenen relativen Strömungsgeschwindigkeiten in Ost- und in Westrichtung um den Planeten. Wir sehen entgegensetzte Bewegungsrichtungen. In der Regel werden die Zonen und Bänder zusätzlich von sogenannten *Jets* begrenzt. Dies sind Wolkenstreifen mit sehr hohen Windgeschwindigkeiten, die sich deutlich von jenen der benachbarten Zonen und Bänder abheben.

Jets, die sich in Ostrichtung bewegen, können wir im Allgemeinen an den Übergängen zwischen Zonen zu Bändern finden. Bei Jets in Westrichtung dementsprechend an den Übergängen von Bändern hin zu Zonen.

Genau diese Übergänge sind es, wo durch die verschiedenen vorherrschenden Windgeschwindigkeiten heftige Turbulenzen (Verwirbelungen) auftreten können. Hochaufgelöste Aufnahmen erstellt mithilfe guter Teleskope oder mittels Raumsonden, lassen diese Strukturen deutlich werden (Abb. 3.3).

3.2.3 Orchestriertes Chaos – Stürme und Wirbel

Mit Zonen und Bändern alleine ist es also, wie wir gerade gesehen haben, nicht getan. Jupiters Atmosphäre hat noch viel mehr zu bieten. Fortlaufend toben Stürme und Wirbel auf dem Planeten.

Abb. 3.3 Diese Aufnahme vom Oktober 2018 der Raumsonde Juno zeigt Verwirbelungen in Jupiters Atmosphäre. Juno war zu diesem Zeitpunkt etwa 7.000 km vom den Wolken entfernt (Quelle: NASA/JPL-Caltech/SwRI/MSSS/Gerald Eichstädt/Seán Doran)

Ähnlich wie auf der Erde kann man zwischen *Zyklonen* und *Antizyklonen* unterscheiden. Zyklone rotieren dabei ähnlich der Rotation des Planeten. In der nördlichen Hemisphäre des Planeten drehen sie sich entgegen dem Uhrzeigersinn, in der südlichen Halbkugel im Uhrzeigersinn. Antizyklone bewegen sich der Rotation des Planeten entgegensetzt. Beide Typen können recht unterschiedliche Lebensdauern haben, die von einigen Jahren, über Jahrzehnte bis hin zu Jahrhunderten reichen.

Viele der Antizyklone sind mit mehr als 2000 km Durchmesser sehr groß. Sie sind, neben den Bändern und Zonen, die wohl beeindruckendsten Strukturen in Jupiters Atmosphäre. Gegenüber Zyklonen, die häufig klein, dunkel und unregelmässig geformt sind, handelt es sich bei den Antizyklonen häufig um

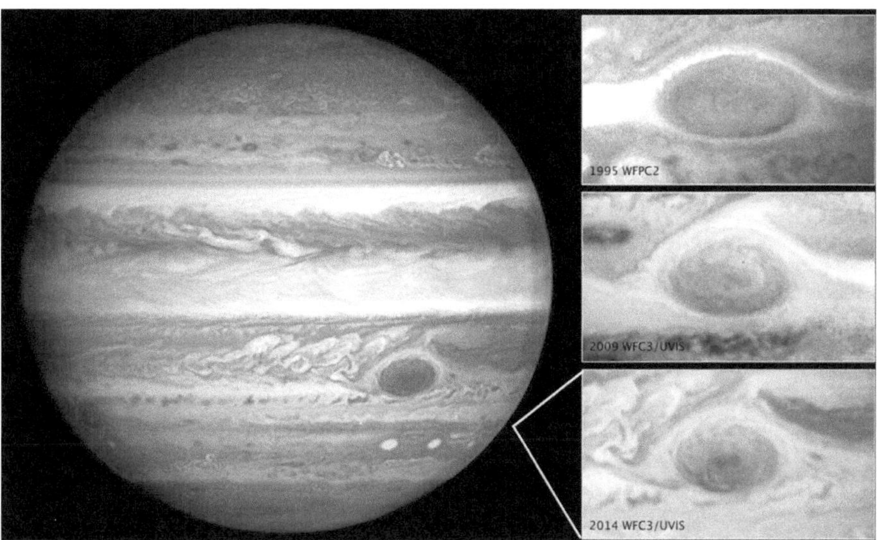

Abb. 3.4 Der Große Rote Fleck scheint zu schrumpfen. Seit Beginn der Beobachtungen scheint er sich fast halbiert zu haben (Quelle: NASA/ESA)

ausgedehnte helle, weiße Ovale. Sie bewegen sich in der Regel stets innerhalb einer Zone, der sie während ihrer gesamten Lebenszeit oft nicht entfliehen können.

Der *Große Rote Fleck* (GRF) ist der wohl bekannteste, aber auch mysteriöseste Vertreter der Antizyklone. Er befindet sich knapp 22 °C südlich des Jupiteräquators und wird nach Norden hin von einem starken und im Süden von einem deutlich langsameren Jet eingegrenzt. Er dreht sich gegen den Uhrzeigersinn und vollendet eine Rotation in etwa sechs Erdtagen.

Anders als seine „Artgenossen" besitzt er eine rötliche Färbung. Während man annimmt, dass das Weiß der übrigen Antizyklone von Ammoniakeispartikeln herrührt, ist die Herkunft der roten Farbe des GRF ungeklärt. Einige Wissenschaftler vermuten, dass in ihm dunkleres Material aus tieferliegenden Schichten des Planeten hochgewirbelt wird.

Der GRF wird schon seit vielen Jahren fortlaufend beobachtet (Kasten „Der Große Rote Fleck"). Er ist ein wahrer Riese, in welchem unsere Erde zwei- bis dreimal Platz finden könnte[2].

Er vermittelt allerdings in den letzten Jahren den Eindruck, dass seine Kraft schwindet. In den letzten Jahrzehnten ist er deutlich geschrumpft (Abb. 3.4).

---

[2]Der GRF besitzt in Ost-Westrichtung eine Ausdehnung von 24.000–40.000 km und in Nord-Südrichtung von 12.000–14.000 km.

Ob es sich dabei um eine vorübergehende Schwäche oder gar um sein nahendes Ende handelt, vermag heute noch niemand zu sagen.

> **Kasten: Der Große Rote Fleck – Wer hat ihn entdeckt?**
> Der Große Rote Fleck auf Jupiter ist eine der markantesten und langlebigsten Strukturen auf dem Riesenplaneten. Seit den 1870er-Jahren wird er fortlaufend beobachtet. Jedoch ist nicht klar, wer den GRF als erstes beschrieben hat und damit als sein Entdecker gelten kann. Neben der Entdeckerehre liesse sich so jedoch auch wissenschaftlicher Nutzen ziehen, da dies eine genauere Datierung des GRF erlauben würde.
>
> Giovanni Domenico Cassini (1625–1712) beschrieb beispielsweise eine ovale, stabile Struktur auf dem Planeten. Die Positionsangaben sind jedoch zu grob als dass sich der GRF damit eindeutig identifizieren ließe. Ferner wird gemutmaßt, dass der englische Naturforscher Robert Hooke (1635–1703) den GRF im Mai 1664 erspähte. Aber auch seine Aufzeichnungen lassen keine zweifelsfreie Identifikation zu. Erste zuverlässige Aufzeichnungen lassen sich auf die 1830er-Jahre datieren.

Es existieren neben dem GRF jedoch noch weitere markante Wirbel in Jupiters Atmosphäre. Allen voran ist hierbei das *weiße Oval* (engl. Oval BA) zu nennen, welches gegen Ende der 90er-Jahre des letzten Jahrhunderts entstand. Hervorgegangen ist es aus der Verschmelzung dreier kleinerer Ovale, die man seit den 1930er-Jahren beobachten konnte. Das weiße Oval zieht immer wieder nahe am GRF vorbei (Abb. 3.5), was Spekulationen über eine bevorstehende Verschmelzung immer wieder aufkommen lässt. Im Jahr 2006 konnte das Hubble-Weltraumteleskop eine Farbveränderung erhaschen. Das weiße Oval wurde rot! Die Ursachen hierfür sind unbekannt. Es ist jedoch naheliegend anzunehmen, dass die gleichen Mechanismen am Werk waren wie beim GRF. Natürlich macht es wenig Sinn, weiter vom weißen Oval zu sprechen, wenn es rot ist. In Anlehnung an den GRF wird es seither häufiger als *Kleiner Roter Fleck* oder *Roter Fleck Junior* geführt.

3.2.4 Aufbau der Atmosphäre

Wir haben jetzt bereits einiges zu Jupiter kennengelernt. Stürme, Wirbel, Zonen und Bänder. All diese Phänomene spielen sich jedoch in einem sehr beschränkten Bereich der Atmosphäre ab. Wie sieht aber die gesamte Atmosphäre des Gasriesen aus? Was sind ihre Besonderheiten?

Ähnlich unserer Erde können wir auf Jupiter vier atmosphärische Schichten[3] unterschieden. Diese sind, von unten aufsteigend, die *Troposphäre, Stratosphäre,*

---

[3] Die Wissenschaftler unterscheiden die verschieden Schichten durch die sich verändernden Druckniveaus.

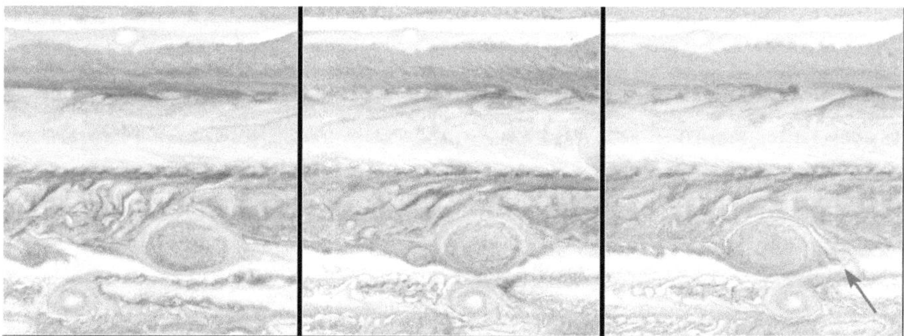

Abb. 3.5 Das weiße Oval (Oval BA) zieht im Jahr 2008 am Großen Roten Fleck vorbei. Eine Verschmelzung der zwei scheint wohl nur eine Frage der Zeit zu sein. Zu sehen ist auch ein weiterer kleiner roter Fleck. Im letzten Bild ist er deformiert zu sehen und mit einem Pfeil markiert (Quelle: NASA, ESA, A. Simon-Miller (Goddard Space Flight Center), N. Chanover (New Mexico State University), and G. Orton (Jet Propulsion Laboratory); Originalbild beschnitten und bearbeitet)

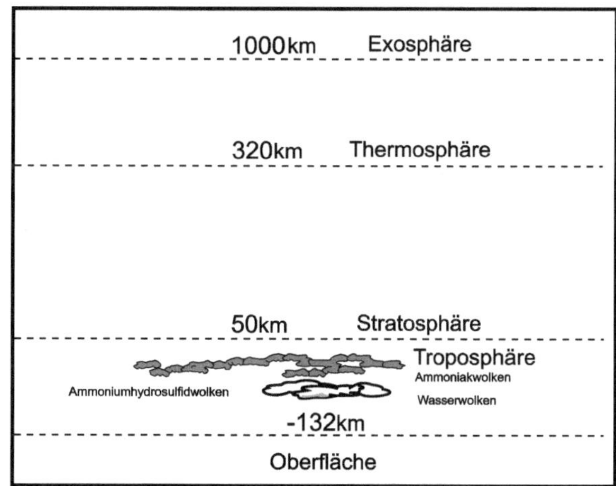

Abb. 3.6 Grober schematischer Aufbau der Jupiteratmosphäre

Thermosphäre und schließlich die *Exosphäre* (Abb. 3.6). Generell gilt, wie auch auf der Erde, dass mit zunehmender Höhe der Atmosphäre der Druck sinkt.

Beginnen wir also unsere Reise in die Atmosphäre und das Innere des Planeten. Die Exosphäre stellt die äußerste Schicht von Jupiters Atmosphäre dar. Es herrscht lediglich ein minimaler Luftdruck und in ihr findet der allmähliche und fließende Übergang in den interplanetaren Raum statt. Hier wirkt das Gravitationsfeld des Planeten am schwächsten innerhalb der gesamten Atmosphäre. Die Teilchendichte ist verhältnismäßig gering, und die Geschwindigkeiten der Teilchen sind hoch. Letzteres führt zu den hohen beobachtbaren

Temperaturen innerhalb der Exosphäre von etwa 1000 K[4]. Sie beginnt bei etwa 1000 km über dem Inneren des Planeten und besitzt nach außen hin keine klare Grenze. Wir werden gleich noch sehen, dass dieses Innere schwerer zu greifen ist, als man sich zunächst vorstellt. Schließlich besitzt Jupiter keine feste Oberfläche.

Steigen wir weiter hinab, so dringen wir in die Thermosphäre vor. Anders als in der Exosphäre spielen sich hier bereits interessante Phänomene wie Polarlichter oder Nachtleuchten ab. Wir werden diese Erscheinungen im Zusammenhang mit dem Magnetfeld Jupiters genauer betrachten. Wir haben in der Thermosphäre nur noch mit Temperaturen um die 700 K zu kämpfen. Aufgeheizt wird sie in erster Linie durch Wechselwirkungen mit Teilchen aus der Magnetosphäre Jupiters und durch die Sonneneinstrahlung. Der Druck steigt immerhin auf bis zu ein Mikrobar (μbar).

Setzen wir unseren Sinkflug fort, so gelangen wir ab etwa 320 km Abstand vom „Boden" in die Stratosphäre. Hier ist es mit Temperaturen zwischen $-130\,°C$ und $-100\,°C$ schon deutlich kühler. Erwärmt wird sie durch das Innere des Planeten und Sonneneinstrahlung. Wir können hier auch erste feine Nebelschwaden aus Methan vorfinden.

Darunter befindet sich die Troposphäre, in der praktisch das gesamte beobachtbare Wettergeschehen stattfindet. Hier entstehen die komplizierten Wolkenstrukturen. Beim Übergang von Strato- zu Troposphäre haben wir die minimale Temperatur der Troposphäre erreicht. Fliegen wir weiter hinab, so steigt auch die Temperatur wieder an, je mehr wir uns dem Ende der Atmosphäre nähern. Methanwolken suchen wir in der Troposphäre vergeblich.

Die Temperaturen sind schlicht zu hoch als dass Methan hier kondensieren könnte. Zunächst stoßen wir jedoch auf Wolken aus Ammoniakeis bei Drücken von 0,6–0,9 bar. Darunter liegen Wolken aus Ammoniumhydrosulfiden und Ammoniumsulfiden (bei 1 bis 2 bar Druck). Noch weiter unten (bei Druckbereichen zwischen 3 und 7 bar) können sich Wolken aus Wasser bilden.

Setzen wir unseren Sinkflug fort, so bemerken wir einen stetigen und raschen Druckanstieg. Doch wo endet die Atmosphäre? Jupiter besitzt keine feste Oberfläche, die als Grenze herhalten könnte. Wir können keinen abrupten Wechsel von gasförmigen Schichten zum „flüssigen" Inneren des Planeten ausmachen. Vielmehr findet, ausgelöst durch hohen Druck und hohe Temperaturen, ein fließender Übergang zwischen diesen beiden Aggregatzuständen statt (kein Phasenübergang).

---

[4]Gemäß der Thermodynamik entsprechen hohe Geschwindigkeiten hohen Temperaturen.

Wissenschaftler haben daher einen Druck von 10 bar als unteres Ende der Troposphäre und damit als „Oberfläche" des Planeten definiert. Wie sieht es aber darunter aus?

3.3 Jupiters Innerstes – eine Frage des Kerns

Wir haben bis zum heutigen Tage noch keine klaren Erkenntnisse über den inneren Aufbau des Planeten. Nur indirekte Hinweise konnten bislang gesammelt werden. Daraus haben Wissenschaftler unterschiedliche Modelle entwickelt. Aber diese variieren bereits sehr stark. Während die einen beispielsweise von einem großen, schweren und festen Planetenkern ausgehen, besitzt Jupiter in anderen überhaupt keinen Kern. Dazwischen werden alle möglichen Abstufungen betrachtet.

Im Jahr 1997 legte eine Analyse gravitativer Messungen der Raumsonde Galileo die Existenz eines Kerns von etwa fünf bis zehn Erdmassen nahe. Ein endgültiger Beweis konnte jedoch nicht erbracht werden. Mit Spannung werden daher die Ergebnisse der Raumsonde Juno erwartet, die im Juli 2016 den Gasriesen erreicht hat. Eine ihrer dringendsten Aufgaben ist es, nach einem Kern zu suchen.[5]

Wir wollen uns im Folgenden ein gängiges Modell zum inneren Aufbau Jupiters anschauen (Abb. 3.7), wohlweißlich, dass dieses durch neue Erkenntnisse Junos und folgender Raumsonden überholt sein könnte.

In diesem Modell befindet sich im tiefsten Inneren des Planeten ein kleiner kompakter Kern aus Stein und Eis, der in etwa der Größenordnung entspricht wie sie durch Galileo nahegelegt wurde. Darüber befindet sich eine dicke Schicht aus metallischem Wasserstoff[6]. Diese Schicht macht etwa 80 % des Jupiterradius aus. Darüber schliesst sich eine Schicht aus molekularem Wasserstoff und Helium an. Hier befindet sich auch gleichzeitig der Übergang zur Atmosphäre. Gemäß diesem Modell entspricht die Massenverteilung im Inneren des Planeten etwa 70 % Wasserstoff, 25 % Helium und 5 % anderen Elementen.

---

[5]Ein fester Kern Jupiters, ob er heute noch existiert oder im Laufe der Zeit verschwunden ist, ist von herausragender Bedeutung. Wir haben in Kap. 1 bei der Entstehung des Sonnensystems gesehen, dass – nach gängigen Modellen – zur Entstehung der Gasriesen Kondensationskeime in Form fester Kerne existiert haben müssen. Gab es keinen Jupiterkern, so stellt dies auch die gängigen Modelle zur Evolution des Sonnensystems infrage.

[6]Durch den sehr hohen Druck, der dort wirkt (ca. 1 Mbar), geht der Wasserstoff in eine elektrisch leitfähige Phase über. Weswegen er als metallisch bezeichnet wird.

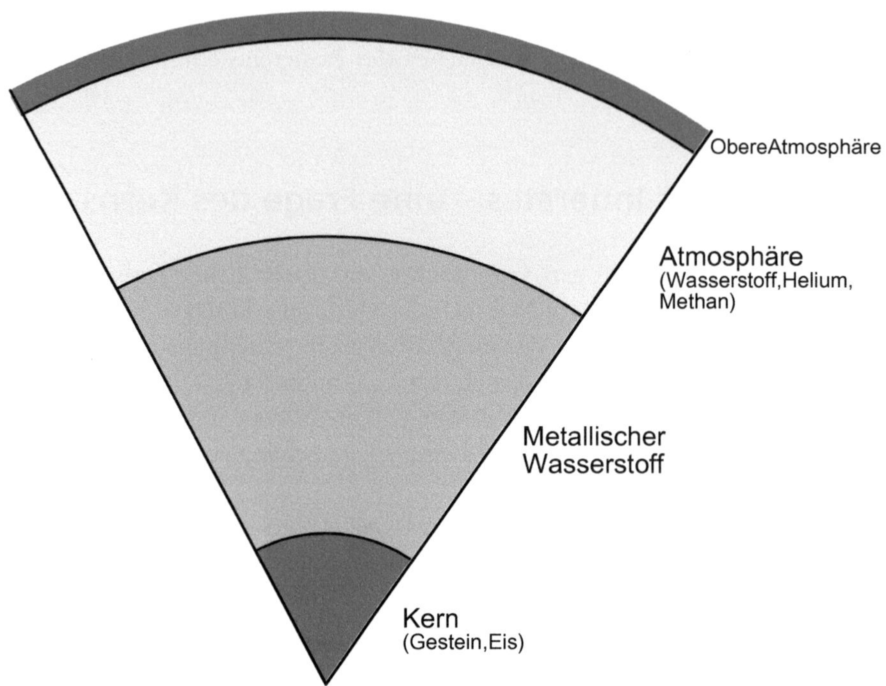

Abb. 3.7 Grober schematischer und nicht dem Maßstab entsprechender Aufbau der Jupiters

3.4 Magnetfeld

Wir haben bereits gesehen, dass Jupiter ein sehr stark ausgeprägtes Magnetfeld besitzt, welches nach dem der Sonne, das mit Abstand stärkste des Sonnensystems ist. Die Magnetosphäre, also der Raum den das Magnetfeld einnimmt, ist von seiner Struktur her ähnlich dem der Erde. Allerdings ist es um ein Vielfaches größer.

3.4.1 Struktur und Ursachen

Auf der sonnenzugewandten Seite wird das Magnetfeld durch den Sonnenwind zusammengestaucht und erreicht im Mittel eine Ausdehnung von etwa 7 Mio. km. Da der Sonnenwind in seiner Intensität schwankt, unterliegt auch die Magnetosphäre Jupiters entsprechenden Schwankungen. Ein starker Wind staucht sie stärker zusammen als ein mäßiger Sonnenwind. Auf der sonnenabgewandten Seite reicht die Magnetosphäre bis zu etwa 700 Mio. km in den Raum und kommt damit der Umlaufbahn Saturns sehr nahe.

Der magnetische Nordpol Jupiters befindet sich nahe seines geografischen Südpols. Seine „magnetische Achse" ist um etwa 10 °C gegenüber der Rotationsachse geneigt, was jedoch nichts Besonderes ist. Auch auf der Erde finden wir eine vergleichbare Abweichung.

Die Wissenschaftler sind sich allerdings, anders als bei unserem Heimatplaneten, noch nicht darüber im Klaren, was denn die Ursachen für Jupiters beeindruckendes Magnetfeld sind. Die schnelle Rotation des Planeten (knapp 10 h) und die dicke Schicht aus metallischem Wasserstoff scheinen dabei eine wichtige Rolle zu spielen. Dies zu untersuchen wird eine weitere wichtige Aufgabe der Raumsonde Juno sein.

3.4.2 Tanz der Teilchen

Jupiters starkes Magnetfeld hat Auswirkungen auf den nahen Weltraum. Kontinuierlich fängt es geladene Teilchen ein, die sich in die Nähe der Magnetosphäre verirren. Woher kommen diese Teilchen? Ist das Weltall nicht leer?

In der Tat befinden sich stets Teilchen im Raum zwischen den Planeten und damit auch innerhalb des Jupitersystems. Eine wichtige Quelle stellt der dauerhaft wehende Sonnenwind dar. Der größte Teil der eingefangen Teilchen stammt jedoch nicht von der Sonne, sondern von Jupiters Monden, allen voran dem Galilei'schen Mond Io. Aber auch Europa liefert seinen Teil.

Warum hat gerade Io einen solchen Einfluss? Wir werden noch sehen, dass Io ein vulkanisch sehr aktiver Mond ist. Permanent werden Moleküle wie Schwefeldioxide in seine dünne Atmosphäre abgegeben und gelangen schließlich in den Raum zwischen dem Mond und Jupiter. Die hochenergetische UV-Strahlung der Sonne führt zu einer Ionisierung der Moleküle. Dabei werden Schwefel und Wasserstoff zu ihren Ionen S^+, S^{2+}, O^+ und O^{2+} umgewandelt. Ionen sind elektrisch nicht mehr neutral, da sie einen Überschuss an positiver bzw. negativer Ladung besitzen. Jetzt können sie in die Fänge des Magnetfelds geraten, welches sie in einen Plasmatorus um Ios Umlaufbahn zwingt (Abb. 3.8).

Auch um Europas Umlaufbahn existiert ein solcher Plasmatorus. Die Ursachen hierfür sind allerdings noch nicht verstanden, denn Europa ist nicht so aktiv wie der Vulkanmond Io.

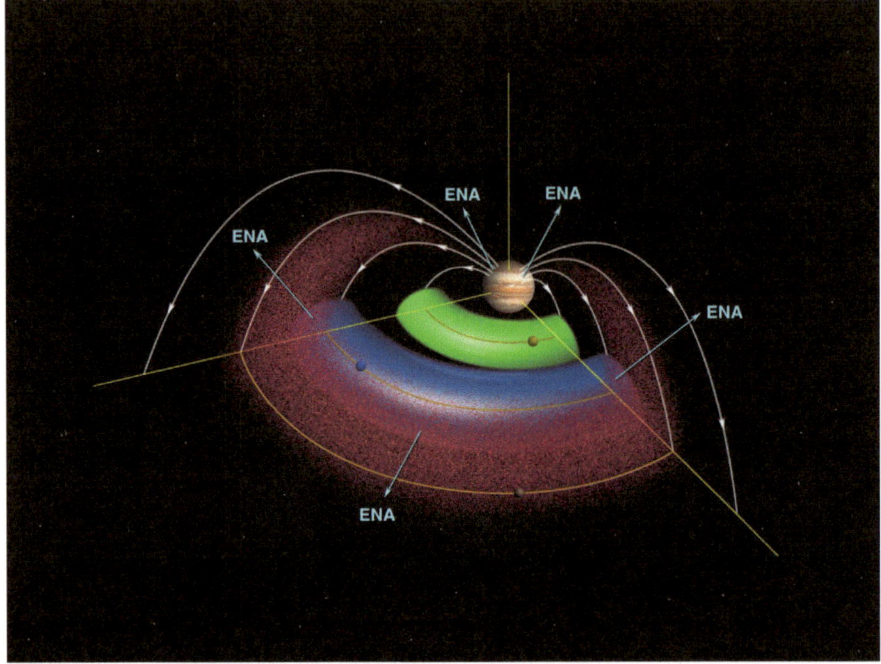

Abb. 3.8 Das Magnetfeld Jupiters ist das größte und stärkste aller Planeten in unserem Sonnensystem. Die Abbildung zeigt die Magnetosphäre Jupiters mit magnetisch gefangenen Ionen (rot) und einem Torus aus neutralem Gas der Monde Io (grün) und Europa (blau). Aus dem Torus um Europa werden elektrisch neutrale Atome (ENA) in den Raum abgegeben. Diese entstehen dadurch, dass gefangene Ionen dort vorhandenen neutralen Gasen Elektronen stehlen und dadurch selbst neutral werden können. Die Daten wurden während eines Vorbeiflugs der Sonde Cassini gewonnen (Quelle: NASA/JPL/Johns Hopkins University Applied Physics Laboratory)

3.4.3 Polarlichter

Wir kennen auf der Erde das faszinierende Phänomen der Polarlichter. Auch auf Jupiter finden wir diese. Sie sind jedoch stärker ausgeprägt als ihre irdischen Pendants.

Die ovalen Lichter an den Polen Jupiters geben aber Rätsel auf (Abb. 3.9). Sie wurden bereits mit dem Hubble-Weltraumteleskop, der Galileo Raumsonde und anderen vorbeifliegenden Sonden beobachtet. Ihre Ursprünge sind noch nicht vollständig verstanden. Polarlichter auf der Erde entstehen durch geladene Teilchen des Sonnenwinds, die durch das Magnetfeld der Erde auf die Atmosphäre unseres Heimatplaneten treffen und dort zu Ionisation führen. Ähnlich geschieht dies sicherlich auch auf Jupiter. Allerdings scheinen ebenso Wechselwirkungen mit seinen großen Monden, allen voran dem Vulkanmond

Abb. 3.9 Polarlichter auf Jupiter, aufgenommen mit dem Hubble-Weltraumteleskop im ultravioletten Spektralbereich. Die Ursachen dieser ovalen Polarlichter sind noch nicht vollständig verstanden. Vermutlich entstehen sie durch Wechselwirkungen zwischen dem starken Magnetfeld Jupiters und seinen großen Monden. Spuren der Monde lassen sich in der Aufnahme erkennen, bspw. von Io (links), Ganymed (in der Nähe der Mitte) und Europa (etwas rechts unterhalb von der Ganymeds) (Quelle: NASA/ESA, John Clarke (University of Michigan); Original beschnitten)

Io, eine tragende Rolle zu spielen, denn Io schleudert große Mengen an geladenen Partikeln ins All, die dann rasch von Jupiters Magnetfeld eingefangen und seiner Atmosphäre zugeführt werden.

3.5 Ein dünnes Ringsystem

Jupiter besitzt ein sehr schwach ausgeprägtes Ringsystem (Abb. 3.10), das in keinem Vergleich zu den prächtigen Ringen des Saturn steht. Es ist so schwach, dass es von der Erde aus kaum beobachtbar ist. Die Partikel, die es ausmachen, sind winzig klein und fein, vergleichbar etwa mit dem Staub einer Zigarette. Da sie zudem nahezu schwarz sind, reflektieren sie das Sonnenlicht so gut wie gar nicht. Erst der Besuch von Voyager 1 im Jahr 1979 erlaubte es, die Ringe erstmals eindeutig zu identifizieren.

Wie sind die Ringe entstanden? Jupiters Ringsystem wird durch seine kleineren Monde gespeist. Einschläge auf deren Oberflächen wirbeln Staub auf, der dann ins All entweichen kann und das Material für die Ringe liefert. Dementsprechend finden wir bei jedem Ring zumindest einen solchen Mond.

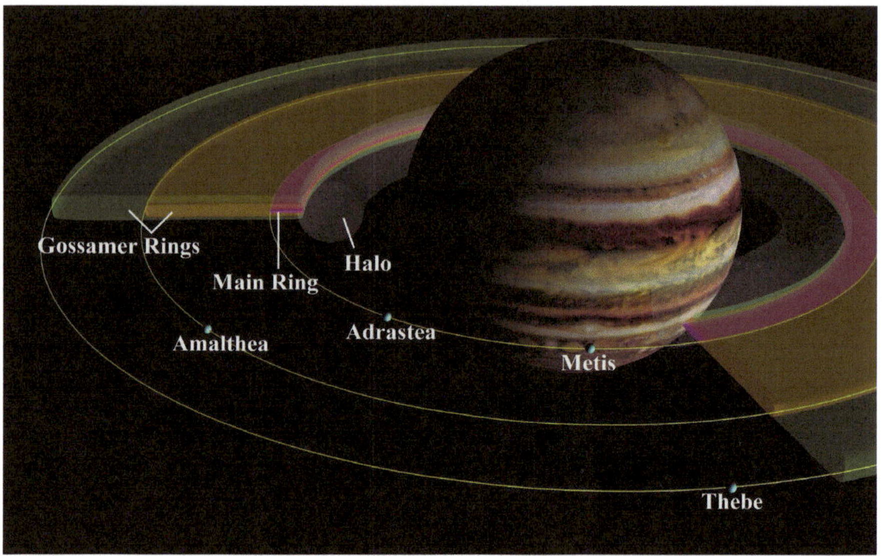

Abb. 3.10 Ringsystem Jupiters (Quelle: NASA/JPL/Cornell University)

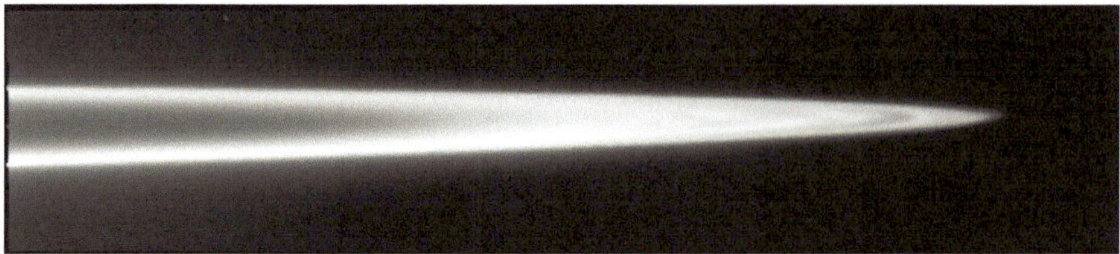

Abb. 3.11 Jupiters Hauptring aufgenommen im Gegenlicht durch die Raumsonde Galileo (Quelle: NASA/JPL)

Der Hauptring (Abb. 3.11) wird durch Staub der Monde Adrasthea und Metis gebildet. Weitere schwächere Ringe durch Monde wie etwa Amalthea.

Anders als bei Saturn ist das Ringsystem nicht stabil, was zum Großteil der Winzigkeit der Partikel geschuldet ist. Der Staub der Ringe befindet auf einer Spiralbewegung nach innen hin zu Jupiter und wird nach etwa 100.000 Jahren von diesem „verschluckt".

Eine Ursache hierfür ist das starke Magnetfeld des Gasriesen. Es kann eine elektrische Aufladung der Staubteilchen bewirken, die dann wiederum mit anderen geladenen Teilchen zusammenstoßen. Dabei werden diese abgebremst und auf immer engere Umlaufbahnen gedrückt.

Zudem spielt der *Poynting-Robertson-Effekt* hier eine wichtige Rolle: Die Staubpartikel bewegen sich auf ihren Bahnen um Jupiter und werden dabei u. a. von der Sonnenstrahlung getroffen. Da sich die Teilchen bewegen, trifft diese schräg von vorne auf sie. Sie werden dann durch den Strahlungsdruck abgebremst und dadurch ebenfalls auf engere Bahnen gezwungen. Die Strahlung wird zwar zumindest teilweise wieder abgegeben, dies erfolgt jedoch gleichmäßig (isotrop), sodass dies die Bewegung nicht weiter beeinflusst.

3.6   Jupiters Rolle im Sonnensystem

Jupiters unglaubliche Masse und seine Wanderbewegungen hatten, wie wir in Kap. 1 gesehen haben, eine bedeutende Rolle bei der Entwicklung unseres Sonnensystems gespielt. Aber auch heute noch beeinflusst er die Vorgänge im Sonnensystem. Fortlaufend gelangen kleine Objekte wie Kometen bei ihrer Wanderung durch das Sonnensystem in den Einflussbereich des Gasriesen. Diese schicksalhaften Begegnungen verändern die Umlaufbahnen dieser Objekte. Zum einen kann Jupiter diese Körper einfangen und auf mehr oder weniger stabile Umlaufbahnen um sich zwingen. Des öfteren kann dies in einem Inferno enden (siehe Kasten „Jupiter unter Beschuss" und Abb. 3.12).

Abb. 3.12   Diese Aufnahme des Hubble-Weltraumteleskops zeigt die Ergebnisse eines Asteroideneinschlags auf Jupiter. Der Einschlag wurde ursprünglich vom australischen Amateurastronomen Anthony Wesley im Juli 2009 entdeckt (Quelle: NASA, ESA, and H. Hammel (Space Science Institute, Boulder, Colo.), and the Jupiter Impact Team; Originalbild bearbeitet)

Zum anderen kann deren Umlaufbahn so verändert werden, dass die Körper ins innere Sonnensystem oder aus dem System geschleudert werden. Natürlich sind auch weniger dramatische Veränderungen der Umlaufbahnen vorstellbar.

Jupiter unter Beschuss

Mit seiner gewaltigen Masse spielt Jupiter schon immer eine herausragende Rolle in unserem Sonnensystem. Jupiter gilt als einer der Hauptgründe, warum sich zwischen seiner Umlaufbahn und der des Mars kein Planet entwickeln konnte und wir stattdessen das „Trümmerfeld" des Asteroidengürtels vorfinden. Seine Wanderungen im frühen Sonnensystem im Zusammenspiel mit Saturn gaben schließlich unserem Sonnensystem sein heutiges Antlitz. Aber auch heute noch beeinflusst er maßgeblich das Schicksal zahlreicher Körper darin. Wenn sie ihm zu nahe kommen, verändert seine gewaltige Gravitation ihre Umlaufbahnen: Aus langperiodischen Kometen können kurzperiodische werden, andere Objekte werden gar aus dem Sonnensystem geschleudert. Immer wieder passiert es aber auch, dass Kleinkörper eingefangen und auf mehr oder weniger stabile Umlaufbahnen gezwungen werden. Dies kann jeweils in einem fulminanten Finale enden, wenn diese Objekte auf Kollisionskurs mit dem Riesen geraten. Am faszinierendsten war der Einschlag des Kometen Shoemaker-Levy 9 im Juli 1994 auf Jupiter. Dies war aber kein isoliertes Ereignis. Weitere Impakte, wenngleich nicht so spektakulär, konnten in den Folgejahren beobachtet werden.

Doch die Gewissheiten über diese Mechanismen geraten zunehmend ins Wanken. Lange Zeit galt es als sicher: Jupiter schützt aufgrund seiner Masse und Position die inneren Planeten und damit auch die Erde vor einer hohen Anzahl von Einschlägen. Jupiter wirke quasi als ein „Staubsauger" für kleinere Objekte im Sonnensystem. Doch diese Sicht der Dinge wird durch neuere Untersuchungen, u. a. von den beiden Astronomen Horner und Jones der Open University, zunehmend infrage gestellt. Die bisherige Annahme ging davon aus, dass vor allem langperiodische Kometen aus der Oort'schen Wolke hauptverantwortlich waren für Zusammenstöße im inneren Sonnensystem. Mittlerweile geht man davon aus, dass diese Objekte nur etwa ein Viertel des Impaktrisikos ausmachen, Kleinplaneten demgegenüber aber zu drei Vierteln beitragen. Auf diese kann Jupiter nicht dieselbe Wirkung entfalten. Die Untersuchungen von Horner und seinem Kollegen kommen zu der überraschenden Erkenntnis, dass Jupiter mit seiner Anwesenheit das Impaktrisiko sogar um ein Vielfaches erhöht gegenüber einem jupiterlosen System.

3.7 Jupiters Vorhof – das Reich der Monde

Bevor wir das Reich Jupiters auf unserer Reise ins äußere Sonnensystem verlassen, wollen wir noch einen Abstecher zu einigen Monden des Gasriesen machen. Jupiter hat die beachtliche Zahl von 79 Monden (Stand: März 2019) um sich versammelt und ist damit der mondreichste Planet unseres Sonnensystems. Die meisten dieser Begleiter sind jedoch mit einem Durchmesser von wenigen Kilometern sehr klein.

In der „Mittelklasse" befinden sich *Metis, Adrastea, Amalthea* und *Thebe*, die sich nahe um den Planeten bewegen. Aber auch sie sind mit Durchmessern von 20 bis 131 km relativ klein.

Ganz anders sieht es bei den vier bekanntesten Vertretern der Jupitermonde aus, die nach ihrem Entdecker Galilei Galilei auch die *Galilei'schen Monde* genannt werden. *Io, Europa, Ganymed* und *Kallisto* sind jeweils mehrere tausend Kilometer groß und bereits in einem guten Fernglas von der Erde aus sichtbar. Sie sind Welten bizarrer, fremdartiger Schönheit wie wir im Folgenden sehen werden.

3.7.1 Amalthea – der Winzling

Bei unserer Abreise von Jupiter stoßen wir zunächst auf den kleinen, unregelmäßig geformten Mond *Amalthea*. Der Mond ist nach einer Nymphe der griechischen Mythologie benannt. Im übrigen sind die meisten der Monde nach Gespielinnen des Göttervaters Jupiter benannt.

Wir können schon von Weitem erkennen, dass die 181.400 km von Jupiter entfernt kreisende Amalthea unregelmäßig geformt ist (Abb. 3.13 Mitte). Sie hat die Form eines Ellipsoiden mit den Maßen 270 × 168 × 150 km und umrundet Jupiter in etwa einem halben Tag. Sie befindet sich, wie alle Monde des Jupiters, die wir noch besuchen werden, in einer gebundenen Rotation mit dem Gasriesen.

Entdeckt wurde Amalthea 1892 durch den amerikanischen Astronomen *Edward E. Barnard* (1857–1923). Sie war nach den Galilei'schen Monden der erste zusätzliche Mond, der bei Jupiter entdeckt wurde und bekam daher auch die offizielle Bezeichnung *Jupiter V*.[7] Sie ist sehr dunkel und strahlt nur etwa 9 % des Sonnenlichts zurück und blieb daher über Jahrhunderte unentdeckt.

Sie ist an ihrer Oberfläche stark verkratert und schimmert rötlich. Einige der Krater dominieren ihr Aussehen deutlich. Auch heute noch finden zahlreiche Einschläge auf ihr statt, wenn auch die meisten lediglich in Form von

---

[7]Die Galilei'schen Monde tragen auch die Bezeichnungen *Jupiter I* bis *IV*.

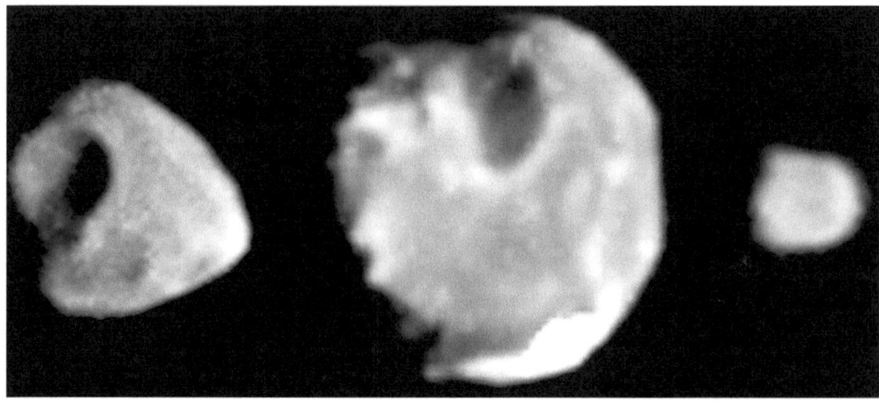

Abb. 3.13 Die Aufnahme zeigt drei der inneren, unregelmäßig geformten Monde Jupiters: Thebe, Amalthea und Thetis (von links nach rechts). Sie wurden von der NASA-Raumsonde Galileo im Jahr 2000 aufgezeichnet und bieten die bisher beste Auflösung dieser kleinen Begleiter Jupiters. Die Aufnahmen zeigen noch Oberflächenstrukturen von etwa 2,5 km Größe und wurden doch aus einiger Entfernung aufgenommen. Bei Thebe war Galileo 193.000 km entfernt, bei Amalthea 148.000 km und bei Metis 293.000 km (Quelle: NASA/JPL/Cornell University)

Mikrometeoriten. Der aufgewirbelte Staub entkommt dem Mond und speist einen der Ringe Jupiters, den *Amalthea-Gussmann-Ring*.

Ihre geringe Dichte (Amalthea: 0,9 g/cm^3; Erde: 5,5 g/cm^3; Mond: 3, 3 g/cm^3) spricht für einen eher porösen Aufbau.

Wie die meisten irregulären Monde, dürfte auch sie nicht im Jupiter-System entstanden sein, wie es etwa bei den Galilei'schen Monden der Fall war, sondern wurde wohl von Jupiter eingefangen und in eine Umlaufbahn um ihn gezwungen.

Verlassen wir nun aber den Winzling und fliegen weiter zu den wirklich großen Monden Jupiters.

3.7.2   Io – der Vulkanmond

Als erstes stoßen wir auf den innersten der vier Gallei'schen Monde: *Io,* benannt nach einer Geliebten Jupiters (Zeus)[8].

Der Vulkanmond umkreist Jupiter mit einem mittleren Abstand von 421.800 km schon deutlich entfernter als die kleine Amalthea. Io benötigt für einen Umlauf um den Gasriesen daher immerhin schon 1,8 Tage. Auch Io

---

[8]Dies gilt für alle vier Galilei'schen Monde. Sie sind jeweils nach Geliebten des Göttervaters benannt. Eine nette Anspielung hierauf ist auch der Name der Raumsonde *Juno,* die momentan Jupiter umkreist, ist sie nach Jupiters Frau benannt. Sie kommt zu Jupiter um bei ihm nach dem Rechten zu sehen.

befindet sich in einer gebundenen Rotation, zeigt Jupiter also stets die gleiche Seite.

Schon beim Verlassen Amaltheas fällt jedoch ihre imposante Größe auf. Immerhin kommt sie bereits auf 3643 km und ist damit der drittgrößte Mond Jupiters und der viertgrößte im Sonnensystem. Deutlicher kann der Unterschied zur kleinen Amalthea wohl kaum sein.

Aber auch der Anblick ist anders. Anstelle einer rötlichen vernarbten Oberfläche sehen wir eine dynamische, farbenfrohe Welt (siehe Abb. 3.14).

Abb. 3.14 Der innerste der Galilei'schen Monde *Io,* aufgenommen von der Raumsonde Galileo im Jahr 1997. Io ist der geologisch aktivste Mond des Sonnensystems. Die unterschiedlichen Farben stammen von Schwefel und verschiedenen Schwefelverbindungen, die sich auf ihrer Oberfläche abgelagert haben (Quelle: NASA/JPL/University of Arizona)

3.7.2.1 Atmosphäre und Oberfläche

Zunächst bemerken wir eine sehr dünne Atmosphäre, die im Wesentlichen aus Schwefeldioxid und in geringen Spuren anderer Gasen besteht. Sie reicht nur etwa 120 km in die Höhe und scheint zu „pulsieren". Bei jedem Umlauf um Jupiter gibt stets nur kurze Phasen der Dunkelheit von etwa zwei Stunden Dauer. In dieser Zeit kühlt Ios Atmosphäre rapide ab, soweit sogar, dass sie einfriert und zu Boden fällt. Beim Wiedereintritt in das Sonnenlicht verdampft die gefrorene Atmosphäre rasch wieder. Ein stetiges Auf und Ab.

Darunter liegt eine junge, dynamische Oberfläche. Ios Antlitz hatte die Astronomen überrascht, als sie zum ersten Mal Nahaufnahmen sahen, die Voyager 1 im Jahr 1979 auf die Erde zurücksandte. Davor waren viele Wissenschaftler davon ausgegangen, dass ihre Oberfläche, ähnlich wie die der anderen bekannten Monde, durch Krater dominiert sein sollte. Doch dem war nicht so. Ihnen offenbarte sich ein vollkommen anderer Anblick. Ein bunte, aktive Welt, geprägt von Schwefel und verschiedensten Schwefelverbindungen.

Vieles spricht dafür, dass Ios Oberfläche in geologischen Maßstäben recht jung ist und lediglich wenige Millionen Jahre alt ist. Den Grund können wir

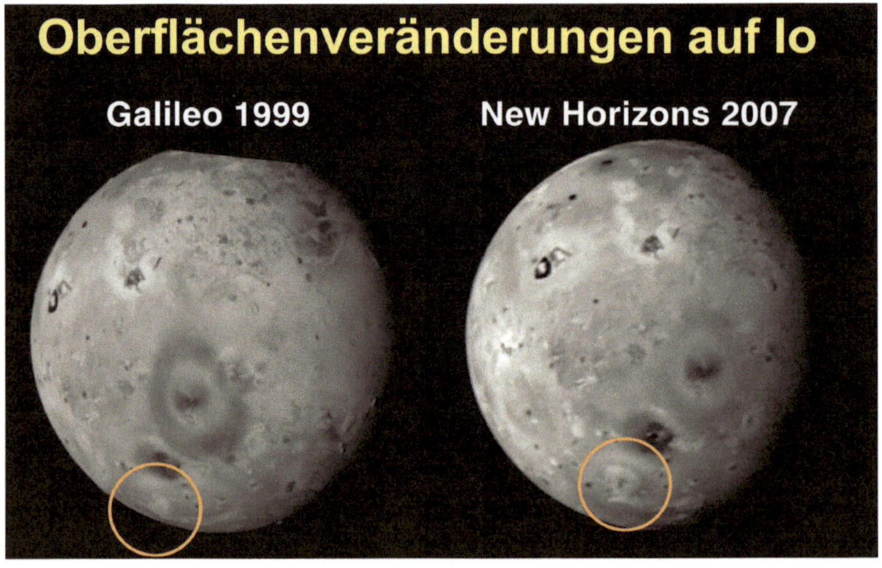

Abb. 3.15 Io ist ein aktiver Mond, dessen Oberfläche fortlaufenden Änderungen unterworfen ist. Zahlreiche aktive Vulkane sind sichtbar, und Lavaströme überziehen den ganzen Mond. Dies zeigt auch der Vergleich zweier Aufnahmen. Die linke wurde von der Raumsonde Galileo im Jahr 1999 aufgenommen, die recht von New Horizons 2007 (Quelle: NASA/Johns Hopkins University Applied Physics Laboratory/Southwest Research Institute; Beschriftungen des Originalbilds ins Deutsche übersetzt)

sehr schnell sehen. Io ist aktiv und verändert sich fortlaufend (Abb. 3.15). Vulkaneruptionen und Lavaströme sind überall auszumachen.

Die Oberfläche ist darüber hinaus auch eben, vergleicht man sie etwa mit der anderer Monde. Es gibt nur sehr wenige Erhebungen, die höher als ein Kilometer sind. Lediglich einige Berge erreichen Höhen von neun Kilometern.

Dominiert wird die Oberfläche vor allem durch gigantische kesselförmige vulkanische *Calderen,* die zum Teil Durchmesser von 400 km besitzen und mehrere Kilometer tief sind. Die irdischen Vulkane wirken im Vergleich hierzu gerade winzig. Der größte europäische Vulkan, der Ätna auf Sizilien etwa, hat gerade einmal einen Kraterdurchmesser von etwas unter einem Kilometer und reicht bei Weitem nicht so sehr in die Tiefe. Es existieren wohl mindestens 400 aktive Vulkane auf Io. Ihre Eruptionen können gewaltig sein. Flüssiger Schwefel und Schwefeldioxid mit Temperaturen von über 1000 °C werden dabei bis zu 300 km in die Höhe gestoßen.

Wir können zudem riesige Lavaströme und Seen aus geschmolzenem Schwefel sehen (Abb. 3.16).

Doch woher kommt die vulkanische Aktivität? Auf der Erde spielt Radioaktivität im Kern eine entscheidende Rolle, die das „Gestein" darin erhitzt und den Kern selbst dadurch aktiv macht. Ein solcher Mechanismus fehlt auf Io. Es muss also eine andere Ursache geben, und diese finden wir in den *Gezeitenkräften,* die aufgrund Ios Umlauf um Jupiter entstehen.

Io hat eine nicht perfekt kreisförmige Umlaufbahn, die dazu führt, dass an unterschiedlichen Positionen die Gravitationskraft Jupiters variiert. Es kommt zu Auswölbungen des Mondes (vgl. mit den Wasserbergen auf der Erde

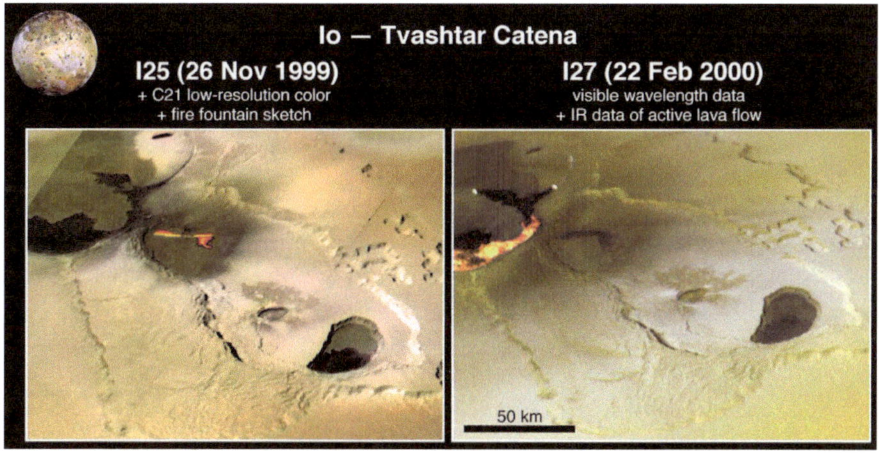

Abb. 3.16 Diese Aufnahme zeigt die Entwicklung von Lavaströme auf Ios Oberfläche (Quelle: NASA/JPL/University of Arizona)

verursacht durch den Erdmond), die stetig entstehen und wieder verschwinden. Io wird dabei regelrecht durchgeknetet und dabei erhitzt. Die Hitze reicht aus, um den Schwefel und dessen Verbindungen zu verflüssigen.

3.7.2.2 Innerer Aufbau

Io ist ein differenzierter Himmelskörper, vergleichbar in Aufbau und Struktur mit den terrestrischen Planeten.

Unter der Oberfläche finden wir in etwa 50 km Tiefe ein großes, den gesamten Mond umspannendes Reservoir an flüssigem Magma. Steigen wir noch tiefer hinab, so finden wir einen Mantel aus silikatischem Gestein.

In seinem Zentrum liegt ein fester Kern aus Eisen bzw. Eisensulfid, der wahrscheinlich einen Durchmesser von 900 km hat und gut 20 % der Gesamtmasse des Mondes ausmacht. Wir können kein inneres Magnetfeld feststellen, was eben nahelegt, dass der Kern in der Tat fest ist und jede Form von Konvektion fehlt.

3.7.2.3 Wechselspiel mit Jupiters Magnetfeld

Besonders interessant ist das starke Wechselspiel des Mondes mit der Magnetosphäre Jupiters. Es prägt deren Gestalt deutlich. Io bewegt sich durch das sehr starke Magnetfeld des Gasriesen. Hierdurch werden elektrische Ströme induziert, die zu einer Ionisation von Molekülen in Ios Atmosphäre führen. Es bildet sich eine etwa 700 km hohe *Ionosphäre* aus, die sich im Wesentlichen aus Schwefel-, Sauerstoff- und Natrium-Ionen zusammensetzt.

Dort verbleiben die Ionen jedoch nicht, sondern werden durch das Magnetfeld dem Mond entrissen. Ios Atmosphäre verliert bei diesem Vorgang etwa eine Tonne Material pro Sekunde. Glücklicherweise liefert der Vulkanismus fortlaufend Nachschub.

Die so entrissen Ionen bilden entlang der Umlaufbahn Ios einen Torus geladener Teilchen um Jupiter herum. Sie werden bei ihrem Umlauf so stark beschleunigt, dass die resultierende Strahlung enorme Ausmaße annimmt. Praktisch keine irdische Elektronik könnte diese überleben. Daher gilt es als überlebensnotwendig für jede Raumsonde, die in das Jupiter-System eindringt, diesen und andere ähnliche Strahlungsgürtel während des Fluges zu vermeiden[9].

---

[9]Auch dies war ein Grund für die recht spezielle Flugbahn der Raumsonde *Juno*. Sie vermeidet so gut wie möglich diese Gürtel, ist daher aber auch kaum in der Lage, den Galilei'schen Monden wirklich nahe zu kommen.

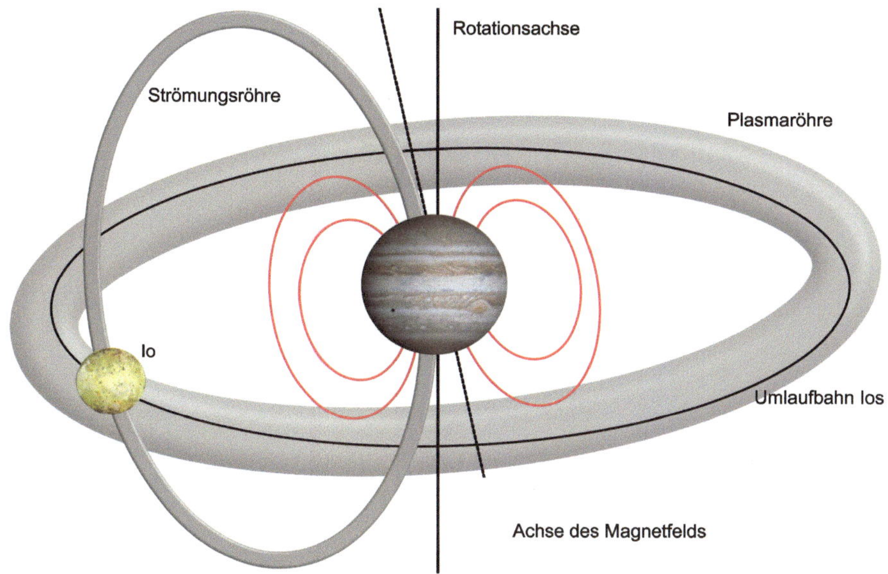

Abb. 3.17 Die Abbildung zeigt schematisch wie die Magnetfeldlinien Jupiters durch den Mond Io dringen und diesen mit einer Strömungsröhre verbinden. Durch diese Röhre gelangt Material vom Mond zu Jupiters Polen, was zu Polarlichtern dort führen kann

Ferner ist Ios Atmosphäre durch Jupiters Magnetfeldlinien, die den Mond durchlaufen, mit den Polen des Gasriesen verbunden (Abb. 3.17). Durch diese Strömungsröhre (engl. *flux tube*) können elektrisch geladene Teilchen, bspw. durch Vulkaneruptionen auf Ios Oberfläche freigesetzt, in die oberen Atmosphärenschichten Jupiters an seinen Polen gelangen und dort Polarlichter verursachen. Es entstehen dabei die charakteristischen „Fingerabdrücke" des Mondes (Abb. 3.9).

3.7.3 Europa – Welt der Ozeane

Verlassen wir nun aber Io und widmen uns unserem nächsten Ziel, Jupiter II, auch genannt *Europa*. Sie ist mit einer mittleren Entfernung von 670.900 km der zweitnächste Mond zu Jupiter, aber mit einem Durchmesser von 3121 km auch der kleinste der vier großen Monde. Europa umläuft Jupiter einmal alle 3,6 Tage. Auch sie weist wieder eine gebundene Rotation auf.

Anders als Io, welche den terrestrischen Planeten ähnelt, handelt es sich bei Europa um einen klassischen *Eismond*. Es herrschen frostige Temperaturen, die zwischen $-160\,°C$ am Äquator und $-220\,°C$ an den Polen schwanken.

Abb. 3.18 Vollbild des Mondes Europa (Quelle: NASA/JPL/University of Arizona)

Es fällt sofort auf, dass Europa anders ist. Sie besitzt nicht die Farbenvielfalt Ios, sondern ist durch weiße und rötliche Farbtöne geprägt (Abb. 3.18). Mit einer Albedo von 0,64 ist Europa auch ein sehr heller Mond, was wohl dem vielen Eis auf ihrer Oberfläche geschuldet ist.

3.7.3.1 Atmosphäre und Oberfläche

Wie schon bei Io, stoßen wir auch bei Europa auf eine sehr dünne, undifferenzierte Atmosphäre, die sich zum Großteil aus Sauerstoff zusammensetzt. Der Sauerstoff ist allerdings – anders als auf der Erde – nicht biologischen Ursprungs, sondern ist das Ergebnis chemischer und physikalischer Prozesse auf ihrer Oberfläche. Dort finden wir große Mengen an Wassereis, die fortlaufend der einfallenden Sonnenstrahlung ausgesetzt sind. Die dabei zugeführte Energie führt zu einer Spaltung des Wassers in seine Bestandteile Wasserstoff und Sauerstoff. Der deutlich flüchtigere Wasserstoff kann dabei der Anziehungskraft des Mondes entweichen, wohingegen der massereichere Sauerstoff „festgehalten" wird und so die Atmosphäre bildet.

Was Europas Oberfläche selbst angeht, so bietet auch sie ein völlig anderes Bild als man es vermuten könnte. Sie zeichnet sich fast vollständig durch das Fehlen von Kratern aus. Selbst wenn man Krater vorfindet, sind sie sehr klein. Überhaupt hat man bisher lediglich drei entdecken können, die größer als fünf Kilometer sind (Abb. 3.19)

Das Fehlen von Kratern spricht dafür, dass Europas Oberfläche noch sehr jung ist bzw. auch ständigen Veränderungen unterliegt, wie es bei Io der Fall ist. Wäre Europa inaktiv wie unser Mond, müsste ihre Oberfläche durch den

Abb. 3.19 Der Krater Pywll ist einer der wenigen bekannten großen Krater auf dem Eismond Europa (Quelle: NASA/JPL/University of Arizona)

steten Einfall kleinerer und größerer Objekte mit zunehmendem Alter mehr und mehr verkratert sein. Europas Oberfläche ist daher keinesfalls langweilig. Sie ist geprägt von unzähligen Furchen und Gräben, auch *Lineae* genannt, von denen die breitesten mehr als 20 km Durchmesser haben können. Außerdem ist Europa noch viel ebener als die ohnehin schon flache Io. Die höchsten Erhebungen sind lediglich einige hundert Meter hoch.

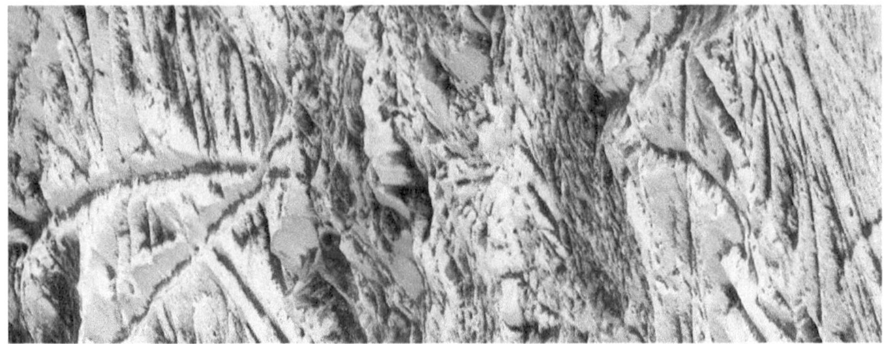

Abb. 3.20 Hochauflösende Aufnahme von Europas Oberfläche, die gut die Gräben, Furchen und Verwerfungen in den Eisfeldern des Mondes zeigt (Quelle: NASA/JPL)

Vieles an Europas Oberfläche erinnert an die irdischen arktischen Eisfelder, die ebenso von Rissen durchzogen sind (Abb. 3.20). In der Tat scheint das wohl eine gute Analogie zu sein. Es ist eine dicke Eisschicht, die Europas Oberfläche dominiert und eine gewisse Dynamik an den Tag legt. Die Verwerfungen und Risse entstehen hier jedoch vor allem durch die von Jupiter verursachten Gezeitenkräfte, die ähnlich wie bei Io den Mond stetig durchkneten. Aber auch Kryovulkanismus oder Geysire kommen als Ursache infrage.

Neben den *Lineae* finden wir auch fleckige Objekte, die *Lenticulae*. Es handelt sich dabei um kreis- und ellipsenförmige Erhebungen oder Vertiefungen auf der Oberfläche, die wahrscheinlich das Resultat von aus der Tiefe aufsteigendem wärmerem Eis sind. Besonders schön kann man diese Element auf Abb. 3.21 erkennen.

3.7.3.2 Innerer Aufbau

Unterhalb der sichtbaren Oberfläche finden wie eine „zweigeteilte" Kruste vor. Die äußere Schicht besteht vornehmlich aus festem Eis und dürfte zwischen 80 und 170 km dick sein. Die innere Schicht wird durch einen Ozean aus flüssigem, möglicherweise auch salzigem, Wasser gebildet. Dieser etwa 100 km tiefe Ozean umspannt den gesamten Mond und enthält damit mehr Wasser als die irdischen Ozeane zusammen. Es gibt einige Indizien, dass plattentektonische Aktivitäten auf Europa stattfinden.

Unterhalb dieser Kruste befindet sich ein dicker Mantel aus silikatischen Gesteinen, der den Großteil des Volumens des Eismondes einnimmt. In ihrem Zentrum existiert ein möglicherweise flüssiger Kern aus Eisen oder Eisensulfid (Abb. 3.22).

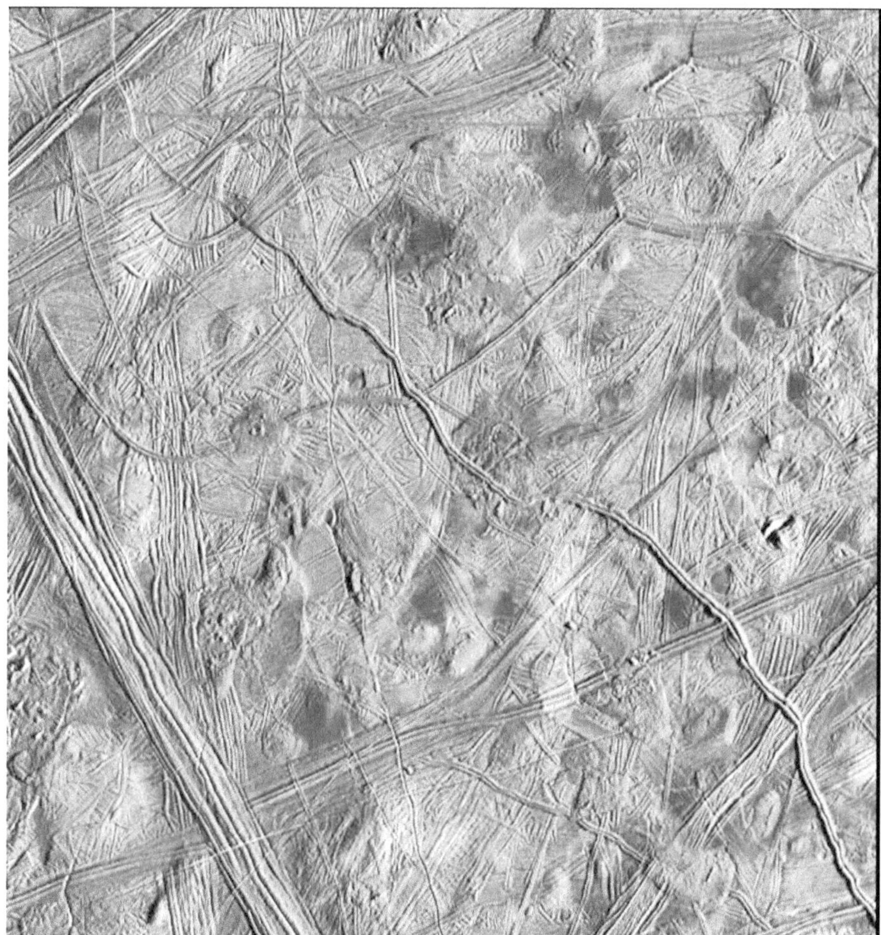

Abb. 3.21 Details der Oberfläche Europas mit Lineae und Lenticulae (Quelle: NA-SA/JPL/University of Arizona)

3.7.3.3 Leben im Ozean?

Die Entdeckung eines möglichen Ozeans aus flüssigem Wasser auf Europa nährt Spekulationen über vorhandenes Leben. Aber kann Leben wirklich existieren in einer so lebensfeindlichem Umgebung in ewiger Dunkelheit? Man kann es sich schwer vorstellen, aber selbst auf unserer Erde existieren vergleichbare Bereiche, wie etwa in der Tiefsee oder bei den sogenannten schwarzen Rauchern, die vergleichbar lebensfeindlich sind: kein Sonnenlicht, zum Teil sogar fehlender Sauerstoff. Wissenschaftler waren sich lange sicher: dort kann es kein Leben geben. Wie wir heute jedoch wissen, lebt dort eine Vielzahl von

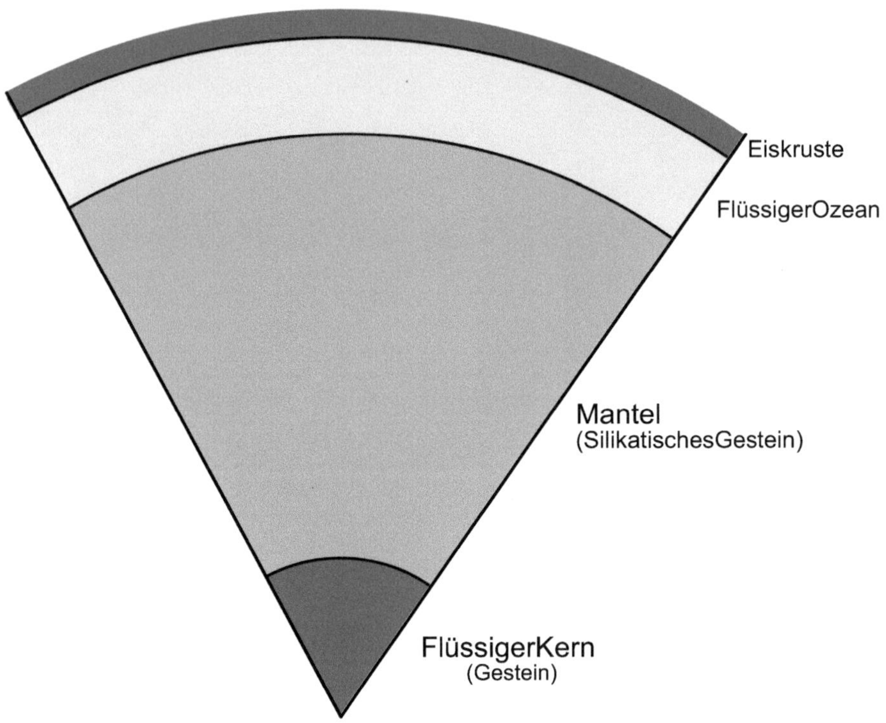

Abb. 3.22 Schematische Darstellung des vermuteten inneren Aufbaus des Eismonds Europa

Lebewesen. Warum sollte es daher nicht auch auf der fernen Europa möglich sein? Wärme wäre durch die wirkenden Gezeitenkräfte wohl vorhanden.

Letztendlich beweisen ließe sich die Existenz nur mit einer Mission dorthin. In den letzten Jahren kamen zahlreiche Konzepte auf und wurden wieder verworfen. Eine Möglichkeit wäre mit autonomen U-Booten den Ozean Europas zu erkunden. Zahlreiche Herausforderungen stellen sich dabei. Wie kann man die dicke Eisschicht darüber unbeschadet durchdringen? Wie behält man dabei noch Kontakt zur Erde oder einer Relais-Sonde? Und falls Leben dort existieren sollte, wie kann man eine Kontamination mit irdischen Keimen verhindern?

Die Lösungen werden nicht einfach sein. Aber verschiedene Projekte sind angelaufen, und es wird hoffentlich nur noch eine Frage der Zeit sein, bis eine erfolgversprechende Europamission startet, um die alte Frage zu beantworten: Sind wir alleine da draußen?

3.7.4 Ganymed – der Riese

Auf zu unserem nächsten Ziel, den 5262 km großen Mond *Ganymed*, der Jupiter in einer mittleren Entfernung von 1.070.400 km in 7,2 Tagen umkreist. Es dürfte keine große Überraschung sein, dass auch er sich in gebundener Rotation mit Jupiter befindet.

Ganymed ist der größte Mond des Sonnensystems und sogar größer als der sonnennächste Planet Merkur, der es lediglich auf 4878 km Durchmesser bringt. Obwohl Ganymed größer ist als Merkur, besitzt er durch seine geringere Dichte lediglich 45 % der Masse des Planeten, denn Ganymed ist ein Eismond, dessen Oberfläche zum überwiegenden Teil durch Wassereis dominiert wird.

3.7.4.1 Atmosphäre und Oberfläche

Auch wenn Ganymed ein Eismond ist, so ist sie doch in vielen Bereich anders als seine „Nachbarin" Europa.

Die dünne Sauerstoffatmosphäre Ganymeds ist in ihrer Struktur und Entstehung sehr ähnlich zu der Europas. Aber hier enden schon die Gemeinsamkeiten.

Ganymeds Oberfläche besteht aus hunderten Kilometer dickem Eis. Wir können jedoch zwei unterschiedliche Gebiete ausmachen. Europas Antlitz war in dieser Hinsicht homogener. Zum einen finden wir eine geologisch sehr alte Region, die sich durch eine dunklere Farbe abzeichnet. Zum anderen existiert eine etwas jüngere, aber dennoch sehr alte, hellere Region (siehe Abb. 3.23).

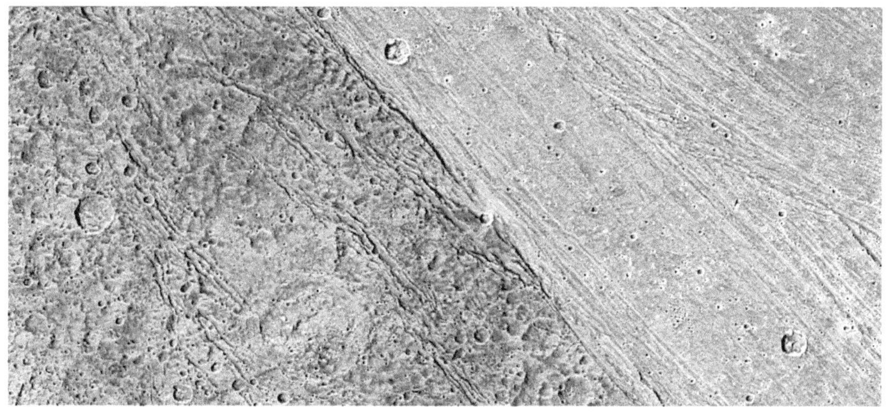

Abb. 3.23 Auf Ganymeds Oberfläche finden wir zwei unterschiedliche Regionen. In der Aufnahme der Raumsonde Galileo sehen wir links die geologische ältere und dunklere Region, die von zahlreichen Kratern übersät ist. Rechts daneben liegt die geologisch jüngere Region, die heller und von weniger Kratern gezeichnet ist (Quelle: NASA/JPL/DLR)

Es gibt zwei tektonische Platten, die sich unabhängig voneinander bewegen. Tektonische Aktivitäten prägen daher ebenso das Aussehen des Mondes wie die unzähligen Einschlagskrater. Beim Aufeinandertreffen der Platten entstehen Verwerfungen, ganz ähnlich irdischen Gebirgen etwa den Alpen, die durch das Aufeinanderprallen der afrikanischen mit der europäischen Kontinentalplatte entstanden sind.

Anhand der Einschlagskrater können wir davon ausgehen, dass Ganymeds Oberfläche zwischen 3 und 3,5 Mrd. Jahren alt sein dürfte.

Die größte zusammenhängende Struktur des ganzen Mondes finden wir auf der Jupiter abgewandten Seite. Es ist die kraterreiche Ebene *Galileo Regio* mit einem Durchmesser von etwa 3200 km. Sie ist auch im oberen Bereich der Abb. 3.24 als dunkler Fleck zu erkennen.

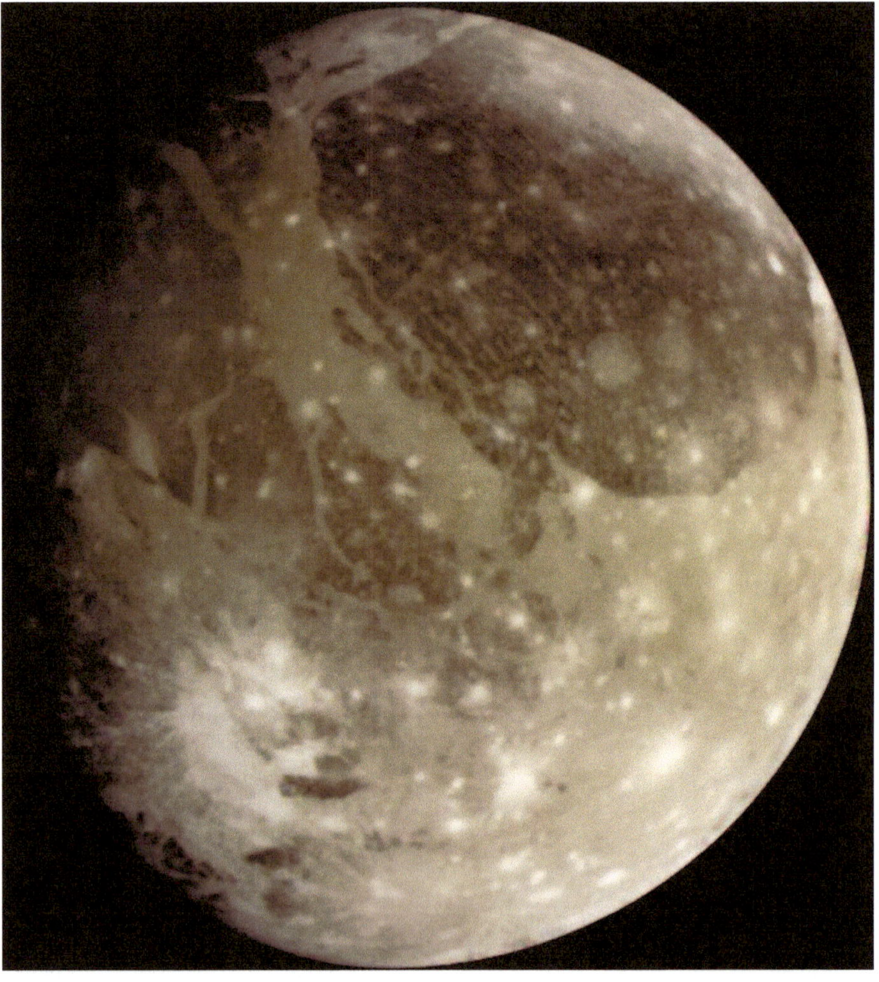

Abb. 3.24 Der größte Mond Jupiters Ganymed in Vollansicht (Quelle: NASA/JPL)

3.7.4.2 Innerer Aufbau

Ganymed ist ebenso wie Io und Europa ein differenzierter Körper, dessen schalenartiger Aufbau aus vier Schichten besteht. Außen finden wir eine harte, feste Eiskruste. Neue Modelle schlagen vor, dass sich unterhalb der Eisschicht der Oberfläche ebenso wie bei Europa ein Ozean aus leicht salzhaltigem flüssigen Wasser gebildet haben könnte. Harte Belege hierfür gibt es jedoch noch nicht. Lediglich gravimetrische Messungen der Raumsonde Galileo geben erste Indizien.

Unter der Kruste liegt eine etwa 800 km dicke Schicht aus weichem Wassereis, gefolgt von einem dicken Mantel silikatischen Gesteins. In Ganymeds Inneren finden wir schließlich einen gut 500 km großen, möglicherweise flüssigen Eisenkern vor. Die Raumsonde Galileo hat ein inneres Magnetfeld vorgefunden. Dies spricht dafür, dass Ganymeds Kern flüssig ist.

3.7.5 Kallisto – die Eisige

Kommen wir nun zum letzten der vier Galilei'schen Monde: *Kallisto* (Abb. 3.25). Sie ist der zweitgrößte Mond Jupiters mit einem Durchmesser von 4820 km und damit nur geringfügig kleiner als Merkur. Der Eismond umkreist Jupiter in einem mittleren Abstand von 1.882.700 km in 16,7 Tagen. Auch bei ihm finden wir wieder eine gebundene Rotation vor. Kallisto ist eine sehr dunkle Welt.

3.7.5.1 Atmosphäre und Oberfläche

Wie auch schon bei den drei vorherigen Monden finden wir bei Kallisto eine Atmosphäre vor. Dieses Mal besteht sie jedoch nicht aus Sauerstoff, sondern aus Kohlenstoffdioxid.

Kallisto ist von einer nahezu unüberschaubaren Menge von Einschlagskratern übersät. Sie hat die höchste Kraterdichte aller bekannten Objekte im Sonnensystem. Dies spricht dafür, dass ihre Oberfläche sehr alt ist. Man vermutet, dass sie etwa 4 Mrd. Jahre alt ist und damit praktisch fast so alt wie unser Sonnensystem. Seither hat sich auf ihr wenig getan. Kallisto scheint demzufolge nicht aktiv zu sein.

Größere Erhebungen wie Gebirge sind nicht auszumachen. Alles scheint sehr flach zu sein. Ihre Oberfläche besteht daher wohl größtenteils aus Wassereis und weniger aus Gestein. Die Eiskruste hat dann wohl im Laufe der Zeit nachgegeben und dadurch ältere Krater und Gebirgszüge eingeebnet.

Abb. 3.25   Kallisto (Quelle: NASA/JPL)

Neben den Kratern finden wir nur noch verschiedene konzentrische Kreisstrukturen, die sich vermutlich in Folge von Verwerfungen nach Einschlägen gebildet haben.

Bis auf zwei riesige Einschlagsbecken, *Valhalla* und *Asgard,* bietet Kallistos Oberfläche dadurch einen einheitlichen Eindruck. Valhalla ist mit 600 km Durchmesser das größere von beiden (Abb. 3.26). Konzentrische Ringe breiten sich vom hellen Zentrum aus bis 3000 km davon entfernt aus. Asgard ist mit einer Gesamtausdehnung von etwa 1600 km etwas kleiner (Abb. 3.27).

Abb. 3.26   Das Valhalla-Kraterbecken ist ein 600 km großes Einschlagsbecken, welches wohl schon seit Urzeiten auf Kallisto existiert (Quelle: NASA)

3.7.5.2   Innerer Aufbau

Im Aufbau unterscheidet sich Kallisto von ihren drei Nachbarn. Während Io, Europa und Ganymed differenzierte Körper sind, ist Kallisto lediglich teildifferenziert. Was bedeutet das?

Kallisto besitzt eine 80 bis 150 km dicke Kruse aus vornehmlich Wassereis. Einige Astronomen vermuten, dass sich darunter ein Ozean aus flüssigem Wasser von etwa 50 bis 200 km Dicke befinden könnte. Von einem differenzierten Körper würden wir nun einen Mantel und einen darunterliegenden Kern erwarten. Dem ist jedoch bei Kallisto nicht so.

Unter der Kruste, bzw. dem Ozean, finden wir eine kompakte Mischung aus Eis und Gestein vor, die sich bis zum Zentrum hin fortsetzt. Der Anteil des Gesteins bei dem Gemisch nimmt dabei mit zunehmender Tiefe ebenfalls zu.

Wie kann es aber zu einer solchen Teildifferenzierung gekommen sein? Die anderen großen Monde Jupiters scheinen ja voll differenziert zu sein. Eine wichtige Voraussetzung hierfür ist, dass der Mond niemals hoch genug erwärmt wurde, um das gefrorene Eis vollständig zu schmelzen. Wir können daher vermuten, dass Kallisto sich durch eine vergleichsweise langsame Akkretion entwickelte. Andernfalls, bei schnellerer Anlagerung, wäre sie zu warm geworden, denn durch den Aufprall der anderen Objekte wäre Energie freigesetzt worden.

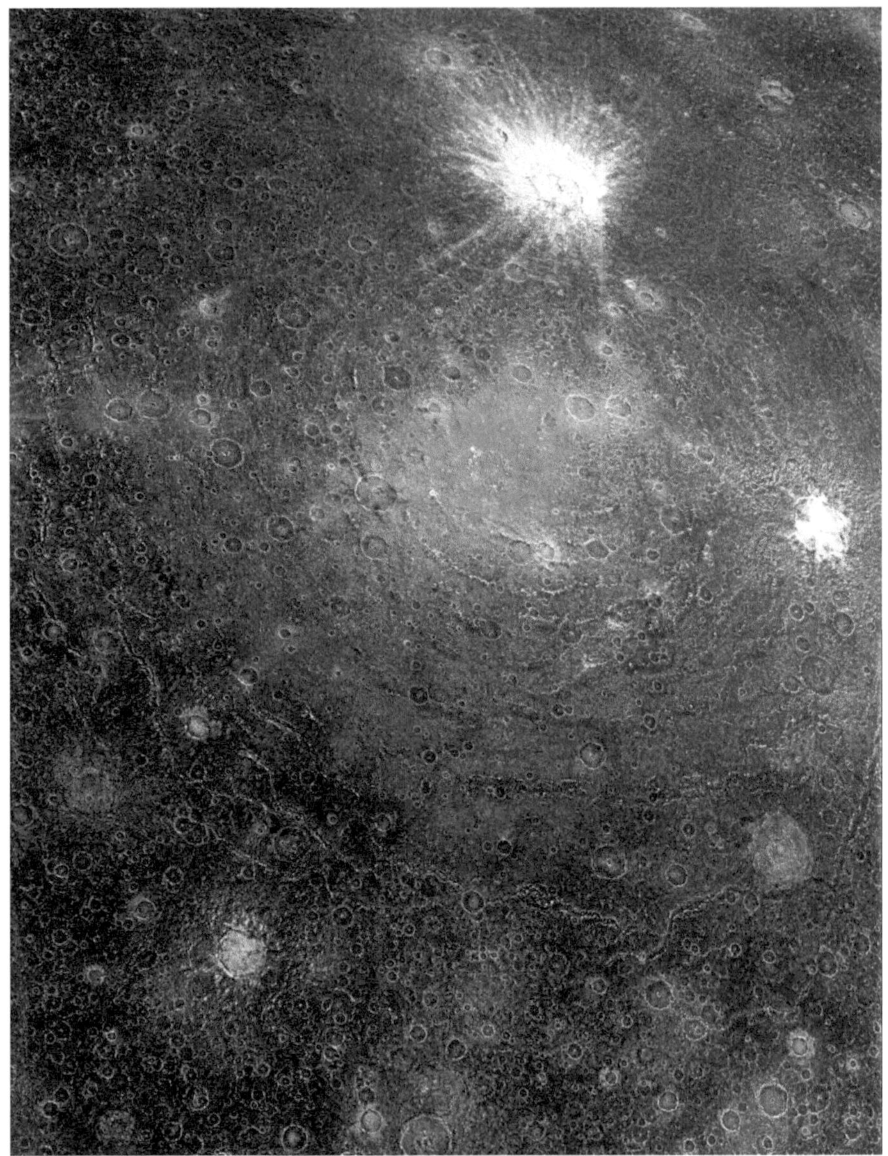

Abb. 3.27 Asgard-Einschlagsbecken, aufgenommen von der Raumsonde Galileo (Quelle: NASA/JPL/ASU)

Anschließend hat sicherlich eine Erwärmung durch radioaktiven Zerfall stattgefunden, wie wir es von den meisten differenzierten Himmelskörpern kennen. Gleichzeitig muss aber noch ein anderer Prozess entgegengewirkt haben. Kallisto gab Wärme an der Oberfläche ins All ab. Diese beiden Vorgänge, Erwärmung und Abkühlung, müssen sich in etwa die Waage gehalten haben, um den Status Quo eines teildifferenzierten Körpers zu erhalten.

Weiterführende Literatur

Bagenal, F., Dowling, T., McKinnon, W.: Jupiter: The Planet, Satellites and Magnetosphere. Cambridge University Press, Cambridge (2004)
Dambeck, T.: Planetenwelten: In den Tiefen des Sonnensystems. Franckh Kosmos Verlag, Stuttgart (2017)
McAnally, J.: Jupiter and how to observe it. Springer, London (2008)
*de Pater, I., Lissauer, J.: Planetary Sciences. Cambridge University Press, Cambridge (2015)

4

Trojaner und Zentauren

Beim Verlassen von Jupiters Vorhof können wir in einiger Entfernung noch weitere seltsame Objekte ausmachen, die es sich zu besuchen lohnt. Wir wollen uns zunächst jenen widmen, die sich mit Jupiter eine Umlaufbahn um die Sonne teilen. Danach wenden wir uns ferneren Objekten zu.

4.1 Trojaner

Trojaner befinden sich konzentriert an bestimmten Punkten auf Jupiters Bahn und zwar etwa 60 Grad vor ihm und 60 Grad dahinter (Abb. 4.1). Kann das ein Zufall sein? Wir sind bereits in Kap. 1 über diese beiden markanten Punkte gestolpert: die Lagrange-Punkte L_4 und L_5.

Wir wollen uns nochmal die Bedeutung dieser Punkte im Raum vor Augen führen. Wie wir in Abb. 4.1 sehen können, umkreist Jupiter die Sonne. Genauer gesagt umkreisen beide Himmelskörper ihren gemeinsamen Schwerpunkt. Dieser ist jedoch aufgrund des deutlichen Massenunterschieds nahe am Zentrum der Sonne.

Dies ist nicht immer der Fall, wie wir im weiteren Verlauf unserer Reise noch exemplarisch am System Pluto-Charon kennenlernen werden.

Ein drittes Objekt, welches von der Masse her deutlich kleiner ist als Jupiter und Sonne vermag sich stabil auf derselben Umlaufbahn wie Jupiter bewegen, wenn es sich an eben jenen beiden Punkten L_4 und L_5 befindet. Denn hier sind die Abstände zu den beiden großen Massen Jupiter und Sonne gleich groß (gleichschenkliges Dreieck). Damit wirkt die resultierende Kraft direkt durch den Schwerpunkt des Systems, was die Umlaufbahn des Objekts stabilisiert.

© Springer-Verlag GmbH Deutschland, ein Teil von Springer Nature 2019
M. Moltenbrey, *Ausflug ins äußere Sonnensystem*,
https://doi.org/10.1007/978-3-662-59360-8_4

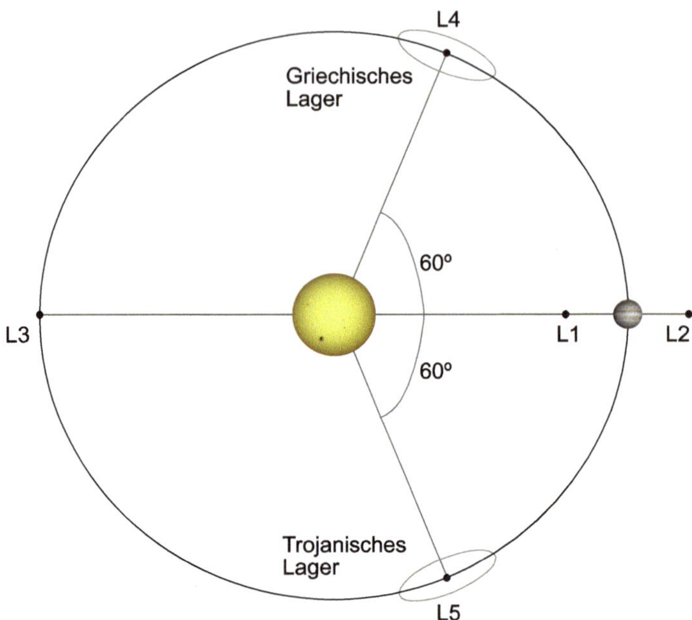

Abb. 4.1   Die Abbildung zeigt die Lagrange-Punkte im Sonne-Jupiter System mit den beiden Lagern, in denen sich Trojaner in großer Zahl finden lassen

An allen anderen Orten auf der Umlaufbahn kommt es zu ungleichmäßigen gravitativen Wechselwirkungen, die die Bahn des Kleinkörpers stören und dessen Umlaufbahn um die Sonne destabilisieren. Nur an den beiden Punkten L_4 und L_5 können sie verhältnismäßig langen ungestört ihre Bahnen um die Sonne ziehen.

An genau diesen, von Joseph-Louis Lagrange (1736–1813) berechneten Punkten finden wir nun große Ansammlungen kleiner Objekte, die sich wie in einer mandelförmigen Wolken darum bewegen.

Bei der Klassifikation dieser Objekte, bei denen es sich im Wesentlichen um Asteroiden handelt, hat man sich der griechischen Mythologie bemüht. Man zog den Mythos des Trojanischen Krieges heran und definierte den Punkt L_4 als *griechisches Lager* und L_5 als *trojanisches Lager*. Demzufolge sollen Objekte des ersteren Bereichs mit Namen griechischer Helden und solche des zweiten mit trojanischen benannt werden. Diese Regel findet auch heute noch Anwendung.

Lediglich zwei Ausnahmen existieren. So befindet sich der Trojaner *Hektor* im griechischen Lager und der Grieche Patroclus hat sich in das trojanische Lager eingeschlichen. Dies hat man jedoch nicht mangelndem Geschichtsverständnis zuzuordnen, sondern ist vielmehr der Tatsache geschuldet, dass beide Objekte bereits vor Festlegung der Namenskonvention entdeckt wurden.

4.1.1 Struktur und Ursprung

Wir wissen heute noch sehr wenig über die Trojaner. Viele von ihnen sind sehr klein und lichtschwach. Eine direkte Beobachtung ist schwierig. Wenn uns schon eine Auflösung der Asteroiden im Asteroidengürtel in modernen Teleskopen schwierig ist, so grenzt dies bei den noch weiter entfernten und vielmals kleineren Trojanern an die schiere Unmöglichkeit. Wir werden auf absehbare Zeit nicht in der Lage sein mit optischen Teleskopen, irgendwelche Oberflächendetails direkt zu beobachten. Daher hat die amerikanische Raumfahrtbehörde NASA beschlossen eine Raumsonde, *Lucy,* auf eine Mission zu den Jupiter-Trojanern zu schicken. Diese soll im Jahr 2021 starten und ab 2025 nacheinander sechs Trojaner, darunter Patroclus, besuchen.

Bis dahin müssen wir uns anderer Techniken bedienen. Allen voran die Spektroskopie und die beobachtbare Farbe. Die allermeisten der derzeit etwa 7000 bekannten Trojaner Jupiters (Stand: Ende 2018) sind dunkle, rötliche irregulär geformte Objekt, die von unter einem Kilometer Durchmesser bis hin zu einigen Dutzend Kilometern reichen.

In ihrer Farbgebung unterscheiden sie sich deutlich von den transneptunischen Kuiper-Gürtel-Objekten, die wir im weiteren Verlauf noch kennenlernen werden. Vielmehr weisen sie Ähnlichkeit mit Asteroiden des D-Typs auf, die wir in den äußeren Regionen des Asteroidengürtels zwischen Mars und Jupiter finden.

Doch wie gelangten diese Asteroiden an ihre heutige Stelle? Vermutlich geschah dies in der Frühphase unseres Sonnensystems während der planetaren Migration. In ihrem Verlauf wurden unzählige Asteroiden gestreut. Einige von Ihnen landeten daraufhin an ihrer gegenwärtigen Position.

Ähnlich dem Asteroidengürtel können wir auch bei den Trojanern Familien ausmachen, wie etwa die Hektor-Familie. Allerdings teilen sich die Trojaner einen viel engeren Raum und oszillieren ständig um ihren jeweiligen Lagrange-Punkt. Dabei kommt es zu Überlappungen von Familien oder gar zu Verschmelzungen. Die Trojanerfamilien sind daher wesentlich dynamischer als diejenigen des Astreoidengürtels.

4.1.2 Auf Besuch bei Hektor und Patroclus

Wir wollen nun einmal zwei Bekannte Vertreter der Jupiter-Trojaner besuchen. Unser erstes Ziel ist *624 Hektor.* Bei diesem handelt es sich um den größten derzeit bekannten Trojaner des Jupitersystems. Entdeckt wurde er 1907 durch den deutschen Astronomen August Kopff (1882–1960).

Damals war noch nicht bekannt, dass Hektor zusätzlich zu dem unerwarteten Ort, an dem er gefunden wurde, auch noch eine seltsame Form aufweist. Er ist ein sehr länglich gestreckter Körper. Seine Längsseite misst im Mittel etwa 430 km wohingegen die Querseite mit 201 km nicht einmal die Hälfte aufweist. Es gibt nicht viele solcher bekannten länglichen Objekte in unserem Sonnensystem. Im weiteren Verlauf unserer Reise in unser äußeres Sonnensystem wird uns noch ein weiteres begegnen.

Wie kommt jedoch eine solche „Zigarrenfom" zustande? Durch eine langsame Akkretion von Partikeln ist dies kaum vorstellbar. Heute gehen wir daher davon aus, dass es sich bei Hektor wahrscheinlich um einen Doppelasteroiden („contact binary") handelt. Hierbei werden zwei eigentlich unabhängige Asteroiden durch ihre gegenseitigen gravitativen Einflüsse zusammengehalten.

Die Zigarre rotiert mit knapp sieben Stunden relativ schnell. Spektroskopische Untersuchungen legen zudem nahe, dass beide Teile Asteroiden vom D-Typ sind, wie sie typischerweise in den äußeren Bereichen des Asteroidengürtels zwischen Mars und Jupiter vorkommen.

Zudem umkreist ein 12 km kleiner Mond, *Skamandrios,* Hektor innerhalb von knapp drei Tagen in einer Entfernung von 620 km.

Ebenfalls von dem Heidelberger Astronomen Kopff entdeckt, wurde unser nächstes Ziel: *617 Patroclus.* Der knapp 120 km messende Trojaner befindet sich im L_5-Punkt, also im trojanischen Lager. Er bewegt sich stark geneigt gegenüber der Ekliptik.

Auch er weisst eine Mond wie Hektor auf. Diesem wurde der Name *Menoetius* gegeben. Er ist mit 104 km Durchmesser fast so groß wie Patroclus und befindet sich in etwa 680 km Entfernung von diesem.

Bei Patroclus handelt es sich wohl um eine sehr eisige Welt und der Wassereis dominiert. Lediglich etwa ein Drittel dürften aus Gestein bestehen.

4.1.3   Es gibt noch mehr

Bevor wir unsere Reise fortsetzen, soll jedoch nicht verschwiegen werden, dass nicht nur bei Jupiter Trojaner gefunden wurden, sondern diese auch bei anderen Planeten vorkommen, wenn auch nicht in so großer Zahl. Da aber über diese noch weniger bekannt ist, wollen wir sie bei unserer weiteren Reise außen vor lassen.

Uns sind derzeit (Stand: Ende 2018) ein Erdtrojaner, vier Marstrojaner und ein temporärer Venustrojaner bekannt.

Uranus besitzt zwei bekannte Trojaner an seinem L_4-Punkt: 2011 QF_{99} und 2014 YX_{49}. Ersterer dürfte knapp 60 km Durchmesser besitzen, letzterer knapp um die 100 km.

Bei Neptun wurden bisher 22 Trojaner entdeckt (19 bei L_4 und drei bei L_5). Diese erscheinen uns deutlich rot. Sogar etwas roter als die Objekte des Kuiper-Gürtels, den wir noch besuchen werden. Es wurde vorgeschlagen sie aus den aus der griechischen Mythologie bekannten Amazonen zu benennen. Bisher wurde jedoch nur ein Name vergeben: *Ortera*. Aufgrund ihrer großen Entfernung und ihrer winzigen Größe ist es praktisch unmöglich, mit den heute zur Verfügung stehenden Techniken weitere Informationen über diese zu gewinnen.

4.2 Zentauren

Verlassen wir nun aber die Trojaner und setzen unsere Reise fort. Dabei stoßen wir schon bald, bei etwa 8 AE, auf ein „streunendes" Objekt: *52872 Okyrhoe*. Dieses etwa 50 km große Objekt wurde im September 1998 entdeckt. Es umkreist die Sonne jenseits von Jupiter und kreuzt zeitweilig die Umlaufbahn des Ringplaneten Saturn (Abb. 4.2).

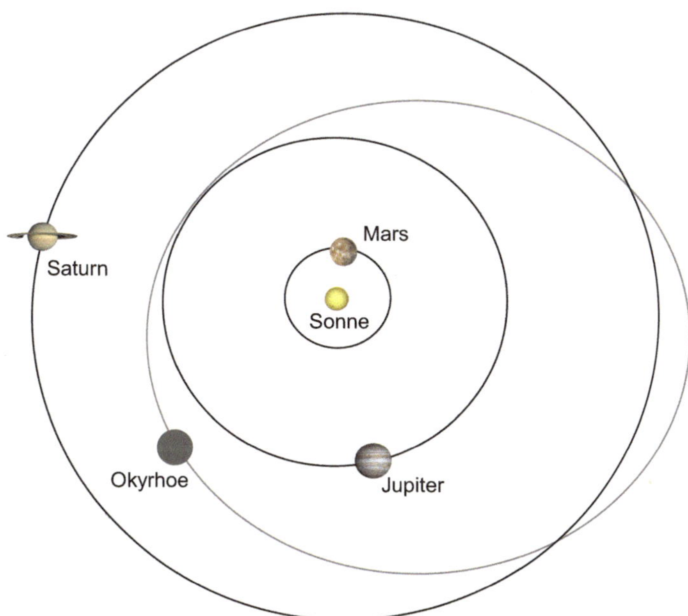

Abb. 4.2 Der Zentaur Okyrhoe umkreist die Sonne jenseits von Jupiter und kreuzt zeitweilig die Bahn Saturns. Die Planeten sind nicht maßstäblich abgebildet (Quelle der Planetenbilder: NASA/JPL)

Auf den ersten Blick scheint es sich hierbei lediglich um einen sich auf Abwegen befindlichen Asteroiden zu handeln. Allerdings zeigte Okyrhoe bei ihrem Periheldurchgang im Jahr 2008 leichte Kometenaktivität, was nun wieder gegen einen Asteroiden spräche. Solche Zwitterobjekte sind den Astronomen schon seit Ende der 1970er-Jahre bekannt: *Zentauren*.

Der Name Okyrhoe entstammt der griechischen Mythologie. Sie ist die Tochter von Chiron und Chariklo, womit wir schon bei den beiden bekanntesten Vertretern der Zentauren sind. Wir wollen uns beide im Folgenden etwas genauer anschauen. Insbesondere Chiron, mit dem alles begann.

4.2.1 Wie alles begann: der Fall Chiron

Im November 1977 entdeckte der amerikanische Astronom Charles Kowal (1940–2011), den damals am weitesten entfernten Asteroiden: *1977 UB*. Glücklicherweise ließ sich dieser auf alten Aufnahmen bis ins Jahr 1895 zurückverfolgen, was erlaubte, seine genaue Umlaufbahn zu bestimmen. Dieser etwa 218 km große *(2060) Chiron* umkreist die Sonne in einer mittleren Entfernung von knapp 13,6 AE (Abb. 4.3).

Soweit so gut. Vermutlich wäre Chiron damals lediglich aufgrund seiner Entfernung in die Geschichte eingegangen, wenn Anfang 1988 nicht etwas Seltsames geschehen wäre. In einer Entfernung von gut 12 AE von der Sonne wurde er plötzlich um mehr als ein Dreiviertel heller. Wie konnte das sein? Kurz darauf konnten Astronomen nachweisen, dass Chiron eine Kometenkoma entwickelt hatte, einen „Wolke" aus Gasen und Staub um ihn herum. Im Jahr 1993 konnte gar ein Schweif nachgewiesen werden.

Hatte man sich also all die Jahre geirrt, und Chiron war in Wirklichkeit ein Komet? Er erhielt daraufhin die Kometenklassifikation *95P/Chiron*. Aber für einen Kometen war er merkwürdig groß. Ein typischer Komentenkern misst in der Regel nur wenige Kilometer im Durchmesser. Doch dieser hier war mindestens um den Faktor 10 größer. Auch die Zusammensetzung seiner Koma war atypisch. Das dort häufig vorhandene Wasser war nicht da. Vielmehr bestand sie aus anderen Komponenten.

Im Laufe der Jahre entdeckte man einen scharf abgrenzten Ring, der sich in gut 320 km Entfernung um Chiron befand. Je länger man ihn beobachtete, desto klarer wurden den Astronomen, dass es sich hier wohl um eine neue Klasse von Objekten handelte: einer Mischung aus Komet und Asteroid. Man entschied sich, ihnen den Namen *Zentauren* zu geben in Anlehnung an die Wesen der griechischen Mythologie, die eine Mischung aus Mensch und Pferd waren.

Doch Chiron sollte nicht der einzige Zentaur bleiben.

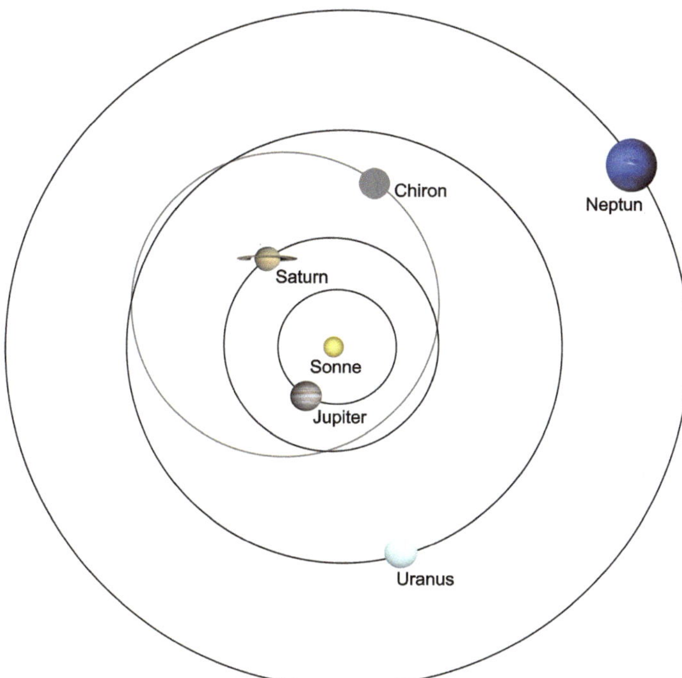

Abb. 4.3 Der Zentaur Chiron umkreist die Sonne auf einer elliptischen Umlaufbahn. Er gilt als der erste entdeckte Zentaur. Die Planeten sind nicht maßstäblich abgebildet (Quelle der Planetenbilder: NASA/JPL)

4.2.2 Chariklo

Etwas weiter außerhalb stoßen wir in einer mittleren Entfernung von etwa 15,8 AE von der Sonne auf den derzeit mit 250 km Durchmesser größten bekannten Zentaur: *10199 Chariklo.* Benannt ist dieses Objekt nach der Nymphe Chariklo, der Gefährtin Chirons und Mutter der Okyrhoe. Entdeckt wurde sie 1997 durch James Scotti.

Chariklo bewegt sich auf einer elliptischen Umlaufbahn zwischen Saturn und Uranus, wobei sie stellenweise der des Uranus recht nahe kommt. 2014 wurden bei einer Sternbedeckung zwei Ringe um diesen Kleinkörper entdeckt. Die beiden Ringe Oiapoque und Chui befinden sich etwa 396 km bzw. 405 km von Chariklo entfernt und sind mit 7n bzw. 3,5 km Breite recht stark abgrenzt (Abb. 4.4). Chariklo ist derzeit eines der kleinsten Objekte in unserem Sonnensystem, bei welchem Ringe entdeckt werden konnten.

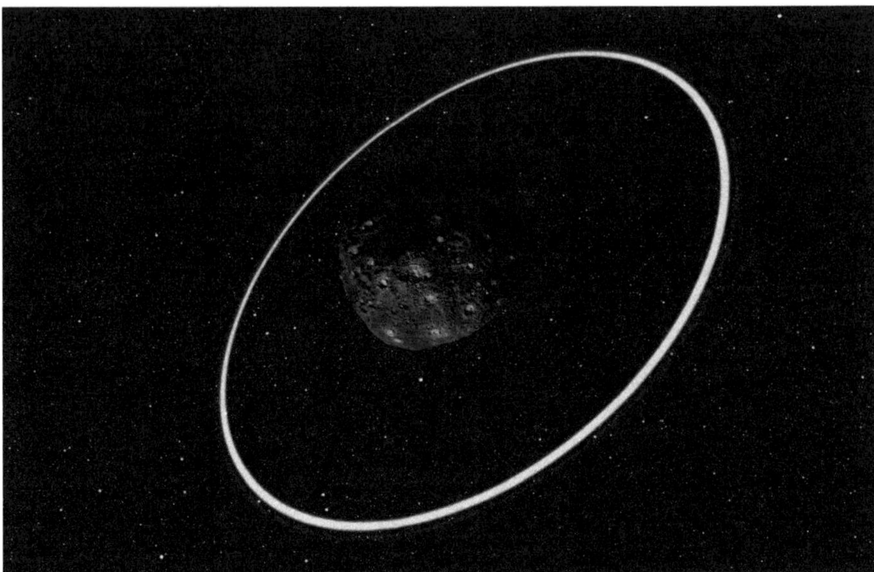

Abb. 4.4 Künstlerische Darstellung des Zentauren Chariklo mit seinen beiden Ringen Oiapoque und Chui, die sich in einer Entfernung von etwa 396 km und 405 km von Chariklo befinden (Quelle: ESO/L. Calçada/M. Kornmesser/Nick Risinger (www.skysurvey.org))

Entdeckung von Ringen

Wie kann man nun aber bei solch kleinen Objekten wie den Zentauren eine noch viel winzigere Struktur wie die weniger als 10 km breiten Ringe Chariklos bestimmen? Eines muss uns dabei klar sein: eine direkte Beobachtung ist nicht möglich. Wir können jedoch ein Hilfsmittel heranziehen: *Lichtkurven*. Hierfür messen wir das Licht, das wir von dem Objekt empfangen. Ist der Körper nicht gleichmäßig geformt, wird auch die Helligkeit des Objekts schwanken. Je nachdem, ob es uns eine größere oder kleinere Fläche zeigt.

Zusätzlich können wir die günstige Gelegenheit einer Sternbedeckung nutzen. Hierbei zieht das zu beobachtende Objekt an einem weit entfernten Stern vorbei und verdeckt diesen kurzzeitig. Man kann sich das gut vorstellen wie wenn man einen Finger an einer Glühbirne vorbeiziehen lässt. Die normale Helligkeit des Sterns bzw. Glühbirne ist bekannt. Zieht nun ein Objekt vorbei, wird der Stern verdunkelt. Je nach Länge und Stärke der Verdunklung können wir Rückschlüsse auf die Größe des vorbeiziehenden Objekts ziehen. Je größer es ist, desto länger wird die Verdunklung dauern. Dies ist in folgendem Schema exemplarisch dargestellt.

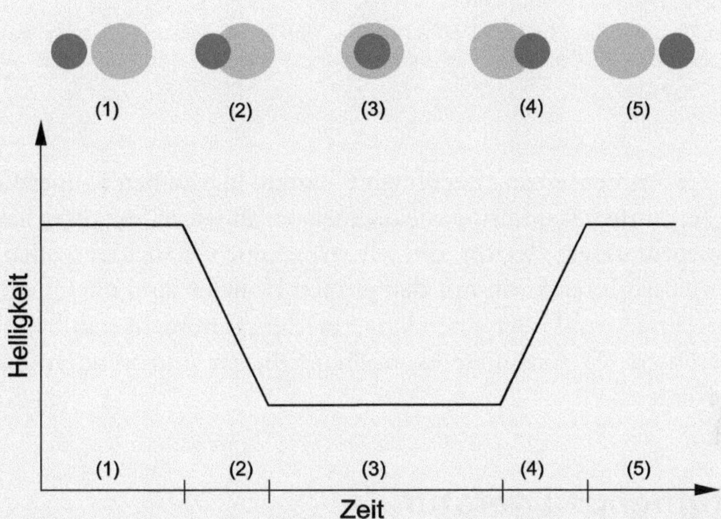

In Phase (1) ist das Licht des Sterns (hellgrau) noch unbedeckt, erreicht uns also ungehindert. Dies ändert sich jedoch in (2). Das vorbeiziehende Objekt schiebt sich allmählich vor den Stern, die empfangene Helligkeit sinkt bis zu einem Minimum (3), wenn der Stern maximal verdeckt ist. Danach steigt sie wieder beim Verlassen des Objekts an (4), bis der Stern schließlich wieder in seiner vollen Helligkeit erstrahlt.

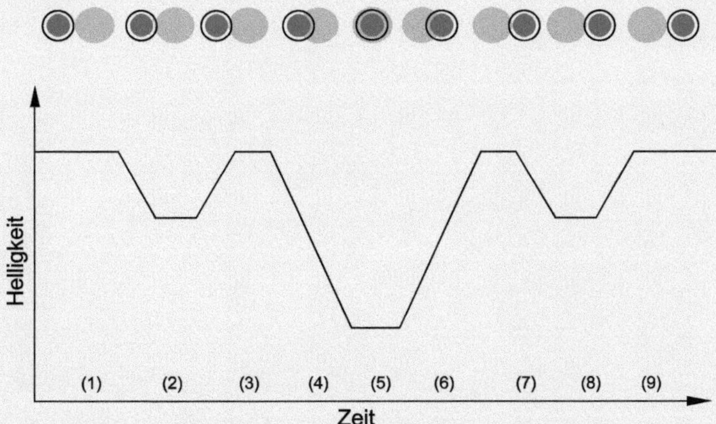

In der zweiten Abbildung können wir etwas Ähnliches beobachten. Unser vorbeiziehendes Objekt hat hier jedoch einen Ring. Unsere gemessene Helligkeitskurve sieht nun geringfügig anders aus. Schiebt sich der Ring vor den Stern, verringert sich die Helligkeit minimal (2). In der Lücke zwischen Ring und Objekt steigt sie wieder auf ihre normale Höhe an (3). Danach können wir das gleiche Verhalten wie im obigen Fall beobachten.

> Beobachten wir einen solchen ersten Helligkeitsabfall, können wir vereinfacht vermuten, dass ein Ring existiert. So schön die Idee in der Theorie ist, so schwierig ist es in der Realität. Der Abfall ist minimal und kann leicht in Messungenauigkeiten untergehen.

Von seiner Zusammensetzung her ähnelt Chariklo klassischen Kuiper-Gürtel-Objekten. Vermutlich stammt sie wie die meisten anderen Zentauren aus eben jener transneptunischen Region, die wir später noch besuchen wollen. Aufgrund ihrer nahen Interaktion mit den großen Planeten sind die Umlaufbahnen der Zentauren wohl über einen längeren Zeitraum nicht stabil.

Doch verlassen wir nun diese exotischen Objekte und wenden uns dem Herrn der Ringe zu.

Weiterführende Literatur

*Jewitt, D., Delsanti, A.: The Solar System Beyond The Planets. Springer-Praxis Ed., Berlin (2006)

*Robutel, P., Souchay, J.: An introduction to the dynamics of trojan asteroids. In Dvorak, R., Souchay, J. (Hrsg.), Dynamics of Small Solar System Bodies and Exoplanets, Lecture Notes in Physics, 790, Springer, Berlin

5

Besuch beim Herrn der Ringe

Reisezeit: 3 Jahre 92 Tage. Kaum haben wir den Giganten des Sonnensystems, Jupiter, die Trojaner und Zentauren hinter uns gelassen, nähern wir uns auch schon mit hoher Geschwindigkeit einem anderen erstaunlichen Objekt von wundervoller Schönheit: Saturn, dem Herrn der Ringe. Schon aus größerer Entfernung erstrahlt Saturn mit seinen Ringen in voller Pracht (Abb. 5.1). Wir wollen uns zunächst mit dem Planeten selbst befassen und passieren sein Ringsystem rasch. Letzteres und seine Monde werden Ziel bei unserer Abreise aus dem Saturnsystem sein.

5.1 Der Herr der Ringe gibt sich die Ehre

Bei unserer Ankunft am Ringplaneten befinden wir uns bereits in einem Abstand von knapp 9,5 AE von der Sonne. Die Kraft unseres Zentralgestirns lässt allmählich nach, und die Welt um uns herum wird immer kälter. Saturn benötigt immerhin schon fast 30 Jahre (29,46 Jahre um genau zu sein) für einen Umlauf um die Sonne. Auch er ist ein Gasriese wie sein Nachbar Jupiter. Mit einem Äquatordurchmesser von etwa 120.000 km ist er deutlich kleiner und damit der zweitgrößte Planet unseres Sonnensystems. Auch er zeigt, wie Jupiter und seine weiter draußen liegenden Geschwister Uranus und Neptun, eine deutlich Abplattung (siehe Kasten „Wie kommt es zur Abplattung"). An den Polen besitzt er nur einen Durchmesser von knapp über 100.000 km.

© Springer-Verlag GmbH Deutschland, ein Teil von Springer Nature 2019
M. Moltenbrey, *Ausflug ins äußere Sonnensystem,*
https://doi.org/10.1007/978-3-662-59360-8_5

Abb. 5.1 Diese Aufnahme des prachtvollen Ringplaneten Saturn gelang der Raumsonde Cassini im Juli 2008 (Quelle: NASA/JPL-Caltech/Space Science Institute)

Wie kommt es zur Abplattung?

Es ist interessant zu sehen, dass die Gasplaneten eine *Abplattung* besitzen, also am Äquator ausgebeult sind. Dieses Phänomen existiert aber keineswegs nur bei den Gasriesen. Vielmehr kommt es sehr häufig vor. Auch unsere Erde besitzt keine exakte Kugelgestalt. Doch woher resultiert dies?

Betrachtet man lediglich die Gravitation, so sollte sich stets eine Kugelgestalt ergeben. Es müssen also noch andere Faktoren und Kräfte beteiligt sein. In erster Linie ist dies die Fliehkraft F, die sich bei rotierenden Körpern auswirkt. Sie ist proportional zur Masse des Objekts m, dem Quadrat seiner Winkelgeschwindigkeit ω und dem Abstand zu seiner Rotationsachse r.

$$F = m \cdot \omega^2 \cdot r$$

Weil r an den Polen gleich null ist und bis zum Äquator immer größer wird, steigt gleichzeitig die Fliehkraft. Deshalb wird die Materie am Äquator stärker nach außen gedrückt, was zu einer Ausbauchung führt und es ab den Polen kommt zu einer Abplattung kommt. Das heißt aber auch, dass ein Körper, der schneller rotiert einer stärkeren Abplattung unterliegt, als derselbe Körper bei langsamer Rotation.

Die Abplattung f kann dann mittels

$$f = \frac{a - b}{a}$$

bestimmt werden, wobei a dem Radius am Äquator und b der an den Polen entspricht.

Bildlich können wir uns das mit einem Ballon gefüllt mit Wasser vorstellen. Drehen wir diesen schnell, so verformt sich auch dieser entsprechend.

Saturn besitzt damit etwa 57 % des Volumen Jupiters, ist aber nur 95 Erdmassen leicht, was etwa 30 % der Masse Jupiters entspricht, der immerhin etwa 318 Erden in sich vereint. Saturn ist daher ein leichter Planet mit einer sehr geringen Dichte. Er besitzt sogar eine geringere Dichte als Wasser im Normalzustand und ist mit diesem Wert Spitzenreiter im Sonnensystem. Was bedeutet das? Stellt man sich einen gigantischen Ozean aus Wasser vor, der groß genug wäre Saturn aufzunehmen, so würde dieser an seiner Oberfläche schwimmen wie ein Korken.

Neben dem beachtlichen Ringsystem mit mehr als 100.000 Einzelringen, umkreisen 62 Monde den Planeten. Diese können sehr groß sein, wie etwa Titan mit knapp 5200 km Durchmesser, oder so klein wie Pan mit seinen 30 km. Doch jeder von ihnen erfüllt eine bestimmte Rolle im komplexen System des Ringplaneten wie wir im Folgenden noch sehen werden.

5.2 Atmosphäre

Nähern wir uns dem Planeten weiter und tauchen in seine Atmosphäre ein. Wir können in ihr zahlreiche Phänomene wiederfinden, die wir bereits bei Jupiter kennengelernt haben. Dies liegt vor allem daran, dass Saturn ebenso ein Gasriese ist wie der größere Nachbarplanet. Viele der Merkmale wie Bänder und Stürme sind allerdings nicht so deutlich ausgeprägt wie bei Jupiter.

Die Zusammensetzung von Saturns Atmosphäre scheint auf den ersten Blick nicht außergewöhnlich zu sein. Sie besteht im Wesentlichen aus Wasserstoff, Helium und Spuren anderer Gase wie Methan und Ammoniak. Rätsel geben jedoch die jeweiligen Anteile der Bestandteile auf. So sind über 90 % der Atmosphäre aus Wasserstoff und etwa 7 % aus Helium zusammengesetzt. Jetzt kann man sich natürlich die Frage stellen, warum das interessant ist. Helium und Wasserstoff kommen überall im Sonnensystem vor, auch in der Sonne und Jupiter. Sie waren auch bereits Bestandteil der Urwolke und der protoplanetaren Scheibe, aus der sich die Planeten entwickelt haben. Wir haben das bereits in Kap. 1 kennengelernt.

Aber genau hier ist der springende Punkt. Der Teufel liegt im Detail. Das vorgefundene Wasserstoff-Helium-Verhältnis ist anders als dasjenige in Jupiters Atmosphäre oder in der Sonne, wo der Heliumanteil deutlich höher liegt. Auch die vermutete Zusammensetzung der Urwolke entsprach eher der der Sonne und Jupiters. Wie kommt es also zu dieser Abweichung bei Saturn, wenn dieser doch hauptsächlich aus Gasen der protoplanetaren Scheibe besteht? Das Problem ist noch nicht endgültig gelöst. Es existieren zahlreiche Modelle. Guillot und seine Kollegen gehen beispielsweise davon aus, dass sich das „fehlende Helium" in tieferen Schichten des Planeten befindet, die wir (noch) nicht beobachten können. Dies lässt sich vermutlich erst durch eine Sonde klären, die vergleichbar der Galileo-Mission bei Jupiter in die Tiefen von Saturns Atmosphäre abtauchen wird.

5.2.1 Wolken über Wolken

Saturn wirkt auf den ersten Blick anders als ein großer Nachbar Jupiter. Letzterer schimmert in dunkleren und helleren Brauntönen und ist durch das streifige Bild seiner Bänder geprägt. Aus der Ferne wirkt Saturn merkwürdig gelblich und strukturlos. Doch rasch erkennt man, dass auch der Herr der Ringe von feinen Bändern geziert ist. Diese sind jedoch schwächer ausgeprägt als bei Jupiter. Wir haben schon gesehen, und da folgt Saturn ganz seinem großen Nachbarn, dass sich die Zusammensetzung bzw. Struktur der Atmosphäre mit zunehmender Tiefe verändert. Je weiter wir uns nämlich in ihr nach unten bewegen, desto höher wird der Druck, und die Temperatur steigt.

Am schönsten lässt sich dies bei den Wolken sehen. Ja, auch Saturns Atmosphäre ist von verschiedenen Arten von Wolken durchzogen. Eine Erkenntnis, die uns wohl nicht besonders überrascht, wenn auch viele Details uns bis heute verborgen bleiben.

Gleich zuoberst stoßen wir in einem Temperaturbereich von 100 K bis etwa 160 K auf dichtere Wolken aus Ammoniakeis. Die Temperaturen sind noch niedrig genug, um Ammoniak zu gefrieren. Unterhalb dieser finden wir Wolken aus Wassereis vor. Innerhalb dieser Zone zieht ein schmales Band aus Schwefelwasserstoffwolken seine Kreise um den Planeten. Die unterste, zumindest der derzeit bekannten Schichten, bilden Wolken aus Wassertropfen. Die Temperatur ist bis hierhin schon merklich auf etwa 270 bis 330 K angestiegen.

5.2.2 Stürme und andere Extreme

Nicht nur Wolken prägen das Bild von Saturns Atmosphäre. Stürme und damit verbundene Wirbel toben hier ebenso wie auf Jupiter, wenn auch weniger markant. Von Zeit zu Zeit lassen sich selbst von der Erde aus langlebige ovale Strukturen entdecken. Besonders ins Auge sticht ein Sturm in Form eines großen weißen Flecks, der gelegentlich in der Nähe von Saturns Äquator auftaucht. So gelang es dem Hubble-Weltraumteleskop 1990 diesen Fleck detailliert zu untersuchen, ebenso der Raumsonde Cassini im Jahr 2011 (Abb. 5.2). Beim Besuch der Voyagersonden war von ihm jedoch keine Spur zu finden.

Abb. 5.2 Saturns Großer Weißer Fleck aufgenommen durch die Raumsonde Cassini im Jahr 2011 (Quelle: NASA/JPL-Caltech/Space Science Institute)

Historische Aufzeichnungen erdgebundener Beobachtungen offenbaren Erstaunliches. Der Fleck kehrt in schöner Regelmäßigkeit immer wieder zurück. Es sollte ein Leichtes sein, ihn mit Teleskopen von der Erde aus beim nächsten Mal zu erhaschen. Leider wird sich zu diesem Zeitpunkt keine weitere Raumsonde mehr in Saturns System befinden, die ihn sehr genau aus nächster Nähe untersuchen könnte.

Daneben gibt es zahlreiche weitere kleinere Sturmgebiete, die ganzjährig in Saturns Atmosphäre wüten. Damit ist es aber noch nicht getan. Der Herr der Ringe hält noch zwei weitere phantastische Phänomene für uns bereit. Sie befinden sich an den beiden Polen.

Wenden wir uns zunächst dem Südpol zu, so können wir einen gigantischen, stabilen Wirbelsturm sehen, der nahezu die gesamte Polregion ausfüllt (Abb. 5.3). Die „Luftmassen" zirkulieren hier in atemberaubender Geschwindigkeit um den Pol. Der Sturm ist seit Jahrzehnten beobachtbar und scheint ähnlich stabil zu sein wie der Große Rote Fleck auf Jupiter.

Weitaus interessanter ist jedoch ein Gebilde an Saturns Nordpol (Abb. 5.4). Ein riesiges, stabiles Hexagon mit einer Kantenlänge von etwa 13.800 km rotiert hier in knapp 10,5 h. Entdeckt wurde dieses Sechseck 1981/1982 durch die Voyagersonde. Auch Cassini konnte kürzlich eine detaillierten Blick darauf werfen. Die Ursache seiner Entstehung und Stabilität liegen im wahrsten Sinne des Wortes noch im Dunkeln. Lediglich Vermutungen hierzu existieren (siehe

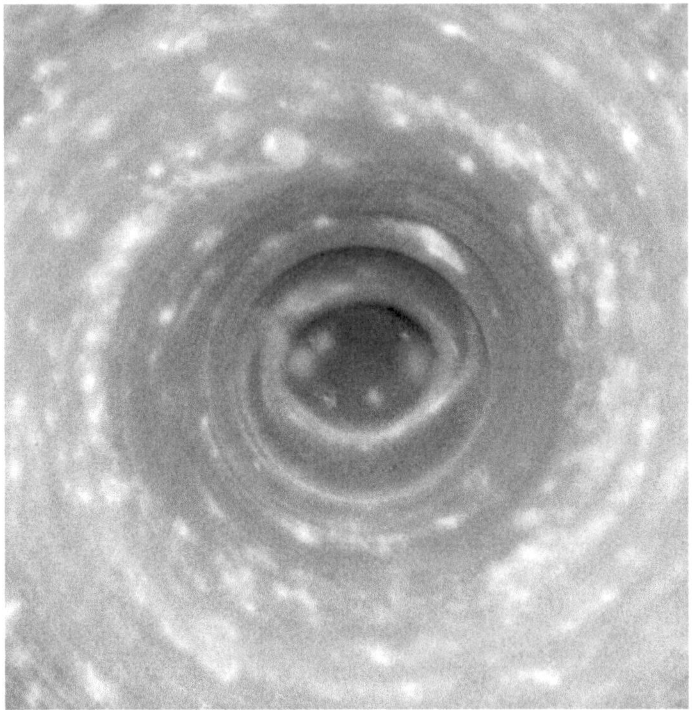

Abb. 5.3 Ein Blick auf einen riesigen Wirbelsturm, vergleichbar einem Hurrikan, am Südpol Saturns (Quelle: NASA/JPL-Caltech/Space Science Institute)

Kasten „Das Rätsel des Hexagons"). Doch keine konnte bisher vollkommen schlüssig dieses Phänomen enträtseln.

Das Rätsel des Hexagons

Der riesige Wirbel an Saturns Nordpol in Form eines Hexagons, gibt seit seiner Entdeckung 1981/1982 durch Voyager Rätsel auf. Bis heute ist noch nicht abschließend verstanden, was die Ursachen für seine Entstehung sind und wodurch er angetrieben wird. Klar ist jedoch, dass man eine solche Struktur noch auf keinem anderen Planeten beobachtet hat. Der Physikerin Ana Aguiar und ihrem Kollegen Peter Read von der Universität Oxford gelang es, eine ganz ähnliche Struktur im Labor nachzubilden. Hierfür verwendeten sie einen mit 30 l Wasser gefüllten Zylinder, der sich langsam auf einem Labortisch drehte. In ihm befand sich zusätzlich ein frei drehbarer Innenring, dessen Geschwindigkeit sich von außen steuern ließ. Bewegte sich dieser schneller als der Zylinder, so entstand ein Strömungsgradient im Wasser, der zur Herausbildung eines Wirbels führte. Je schneller sich der Innenring drehte, desto größer wurde der Gradient und desto ausgeprägter war der entstehende Wirbel. Er blieb jedoch lange Zeit kreisförmig. War das Experiment gescheitert? Keineswegs mit weiterer Steigerung der Geschwindigkeit bildeten

Abb. 5.4   Das Hexagon in Saturns Nordpolregion aufgenommen durch die Raumsonde Cassini aus einer Entfernung von knapp 1,2 Mio. km im September 2016 (Quelle: NASA/JPL-Caltech/Space Science Institute)

sich weitere kleine Wirbel entlang seiner Kanten, die langsam aber sicher größer und ausgeprägter wurden. Diese zwangen schließlich das Wasser innerhalb des Rings in die Form eines Polygons. Durch die Änderung der Drehgeschwindigkeit des Ringes konnten die beiden Wissenschafter schließlich die verschiedensten Formen erzeugen, darunter eben auch ein Sechseck, welches demjenigen auf Saturn verblüffend ähnlich sah. War damit die Lösung gefunden? Wie lässt sich dieser Mechanismus auf den Gasriesen übertragen? All das sind offene Fragen.

5.3   Der harte Kern

Tauchen wir nun weiter in der Atmosphäre ab, gelangen wir schließlich am „Boden" an. Ähnlich wie bei Jupiter und sämtlichen Gasplaneten des äußeren Sonnensystems existiert natürlich kein fester Übergang. Wir stoßen nicht, wie etwa auf der Erde, auf eine feste Oberfläche. Es ist lediglich eine mehr oder weniger willkürlich festgelegte Grenze, was wir als Oberfläche bezeichnen.

Der Aufbau dieses Kerns ist hierbei vermutlich vergleichbar zu dem Jupiters, wenn er denn existiert. Aber auch wie bei diesem fehlt der letztendliche Beweis. Unsere Vorstellungen vom Inneren Saturns beruht in erster Linie auf Modellannahmen, die durch Sondenmessungen entwickelt wurden.

Der Druck steigt mit zunehmender Tiefe und damit auch die Temperatur. Schließlich geht Wasserstoff in seine metallische Form über und schwimmt unter Umständen auf einem festen Kern.

Doch auch hier wartet Saturn noch mit einem zusätzlichen Rätsel auf. Der Planet gibt etwa zweieinhalbmal so viel Energie ins All ab wie er durch Sonneneinstrahlung aufnimmt. Es müssen also in seinem Inneren Vorgänge existieren, die die entsprechende „Wärme" freisetzen. Kontraktion durch Schwerkraft kann eine mögliche Erklärung sein, ebenso wie das Sedimentieren von Heliumtropfen in den Kern. Letztendlich bleiben aber bis zum heutigen Zeitpunkt viele Fragen offen.

5.4   Magnetfeld

Wir wollen nun diese unwirtliche Region verlassen und uns näher das Saturnsystem anschauen. Beim Verlassen der Atmosphäre können wir ein gleichzeitig vertrautes und dennoch fremdartiges Schauspiel beobachten: *Polarlichter.* Die Entstehungsmechanismen auf Saturn sind vergleichbar mit jenen auf unserem Heimatplaneten oder denen, die wir auf Jupiter kennengelernt haben und hängen mit dem vom Planeten aufgespannten Magnetfeld zusammen.

Die Intensität der Polarlichter ist jedoch ungleich größer als auf der Erde. Ganz ähnlich wie die Galilei'schen Monde auf Jupiter, hinterlassen auch einige seiner größeren Monde, wie *Enceladus,* eine Art magnetischen Fußabdruck in der Atmosphäre (Abb. 5.5).

Wie sieht nun das Magnetfeld des Ringplaneten aus? Es ist zunächst einmal in seiner Grundform ein einfacher Dipol angetrieben durch eine Art Dynamo metallischen Wasserstoffs in seinem Inneren. Ganz typisch für einen Gasplaneten befindet sich der magnetische Nordpol in der nördlichen Hemisphäre, der magnetische Südpol in der südlichen. Die beiden sich diametral gegenüber liegenden Pole sind bildlich gesprochen über eine Achse miteinander verbunden. Soweit unterscheidet sich das Magnetfeld nicht wesentlich von dem unserer Erde bzw. Jupiters.

Es ist dabei nicht einmal besonders stark ausgeprägt. Es ist etwas schwächer als das der Erde. Dafür ist es aber fast 600-mal so ausgedehnt wie dieses. Die

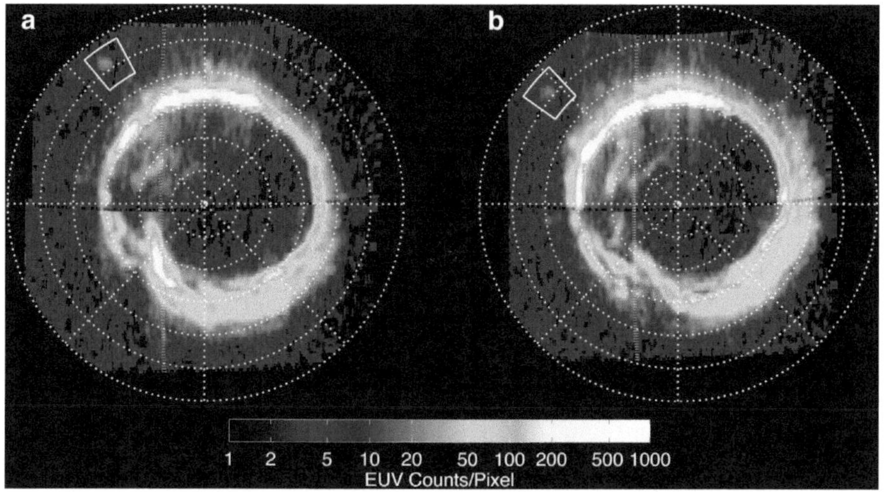

Abb. 5.5 Am Nordpol Saturns ist (eingerahmt) ein magnetischer Fußabdruck des Mondes Enceladus zu sehen (Quelle: NASA/JPL/University of Colorado/Central Arizona College)

durch das Magnetfeld aufgespannte Magnetosphäre, d. h. die Einflusszone des Magnetfelds, wird auch hier ganz typisch vom Sonnenwind und der solaren Strahlung geprägt.

Auf der sonnenzugewandten Seite wird es auf eine Ausdehnung von etwa 16 bis 27 Saturnradien zusammengestaucht, auf der abgewandten Seite ist es lang und ausgedehnt.

Anders als bei Jupiter finden wir im Saturnsystem nur sehr schwache Strahlungsgürtel vor. Eine wichtige Rolle spielen auch hier die Monde (allen voran Enceladus, Dione und Titan) und sonstigen Partikel des Systems. Die vielen Monde und Partikel in Saturns Ringsystem absorbieren das vorhandene Plasma. Hierdurch ist nahezu der gesamte Ringbereich praktisch plasmafrei.

Von herausragender Bedeutung ist der Saturnmond *Enceladus,* den wir später noch besuchen wollen. Der Mond ist die stärkste Quelle für neues Plasma. An seinem Südpol werden gigantische Fontänen aus Wasserdampf, Kohlenstoffdioxid und Stickstoff aus Rissen in der Oberfläche ins All geblasen. Teile der Gase interagieren mit der solaren UV-Strahlung, werden dabei ionisiert und als neues Plasma weggetragen.

5.5 Die Wunderwelt der Ringe

Kommen wir jetzt zu dem wohl faszinierendsten Element Saturns: seinem Ringsystem. Kein anderer Planet des Sonnensystems hat auch nur ansatzweise etwas so ausgeprägtes. Bereits in einem kleinen Teleskop sticht es sofort ins Auge, auch wenn sich dem Beobachter seine wahre Natur erst in größeren Instrumenten offenbart (siehe Kasten „Die Entdeckung der Ringe").

Die Entdeckung der Ringe

Lange Zeit blieb der Menschheit die atemberaubende Schönheit von Saturns Ringsystem verborgen. Das sollte sich erst im Jahr 1610 ändern, als Galileo Galilei sein Fernrohr erstmalig auf Saturn richtete. Die optische Güte seines Instruments und damit dessen Vergrößerung und Auflösungsvermögen waren jedoch nicht besonders hoch. Weswegen Galilei wahlweise von drei Planeten, die in einer Reihe stünden, sprach oder von einem Planeten mit Ohren. Er konnte sich den Anblick nicht erklären. Das Jahr 1612 versetzte ihn in Erstaunen. Die „Ohren" waren verschwunden. Als sie gut ein Jahr später, 1613, wieder auftauchten, war der italienische Gelehrte vollends verwirrt. Was war das? Was Galilei nicht wusste, war, dass sich der Blick der Erde auf Saturn verschoben hatte. Die Erde schaute nun direkt parallel zur dünnen Ebene auf die Ringe, was sie visuell verschwinden ließ. Erst später hatte sich der Blickwinkel geändert, und die Ringe erschienen wieder. Die wahre Natur der Ringe sollte Galilei jedoch zeitlebens verschlossen bleiben.

Erst im Jahr 1655, also mehr als ein Jahrzehnt nach Galileis Tod, schlug der niederländische Astronom Christiaan Huygens vor, dass es sich bei dem beobachteten Phänomen um einen Ring handeln könnte.

Zwanzig Jahre später, 1675, entdeckte der Italiener Giovanni Cassini eine Spalte im Ring, die fortan seinen Namen tragen sollte *(Cassini-Teilung)*. Es schien also mehrere Ringe zu geben.

Der französische Gelehrte Pierre-Simon Laplace äußerte 1787 die Vermutung, dass es sich um eine Vielzahl kleiner, fester Ringe handeln müsse, die um Saturn herumlägen.

Erst 70 Jahre später, im Jahr 1859, gelang es James Clerk Maxwell, diese Behauptung teilweise zu widerlegen. Die Ringe konnte nach seinen Berechnungen *keine* festen Strukturen sein. Andernfalls wäre die Stabilität des gesamten Systems nicht gewährleistet gewesen. Er schloss daher korrekt, dass sich jeder Ring aus einer Vielzahl von losen, kleinen Partikeln zusammensetzen müsse.

Heute besitzen wir, nicht zuletzt auch durch den Besuch von Raumsonden, detaillierte Erkenntnisse über Saturns Ringe und deren Zusammensetzung.

5.5.1 Die Struktur der Ringe

Das Ringsystem Saturns ist keineswegs so homogen, wie es auf den ersten Blick wirken mag. Beobachtet man Saturn von der Erde aus, so wirken die Ringe wie eine mächtige, massive Struktur oder Scheibe, die sich in der Äquatorialebene um den Planeten legt. Nähert man sich jedoch dem Planeten, offenbart sich ein gänzlich anderer Anblick. Von einem massiven Objekt kann nicht mehr die Rede sein. Jeder der Ringe zerfällt in eine lose Ansammlung kleiner und kleinster Partikel. James Clerk Maxwell hatte mit seinen Berechnungen also vollkommen recht.

Wir haben es mit Myriaden von Kleinobjekten zu tun, die ihre Bahnen um Saturn ziehen und die Grundlage für die Ringe bilden. Durch Wechselwirkung der Teilchen mit Monden und untereinander haben sich verschiedene Ringe herausgebildet. Im Wesentlichen unterscheiden wir heute die folgenden Ringe: D, C, B, A, F, G und E (Abb. 5.6). Die Buchstaben geben dabei die Reihenfolge ihrer Entdeckung wider. Die Ringe A, B und C werden dabei häufig als *Hauptringe* bezeichnet, da die verbleibenden in ihrer Intensität deutlich abfallen.

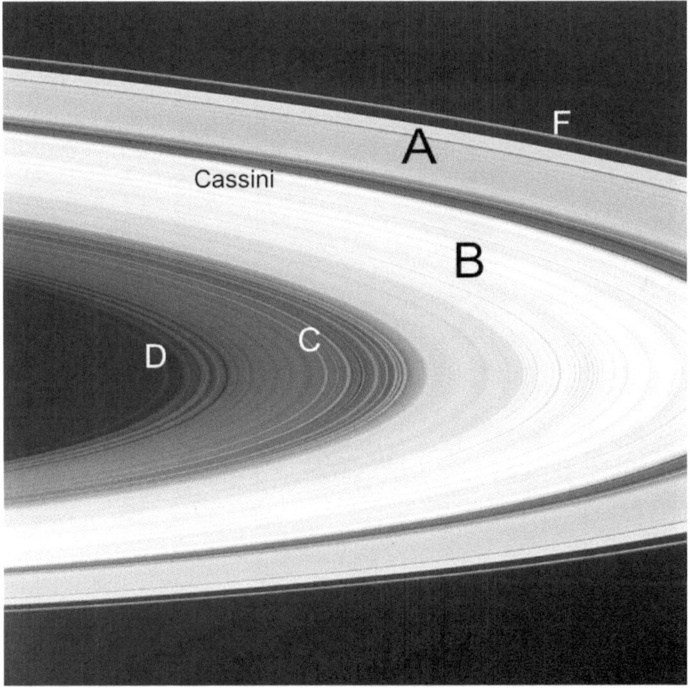

Abb. 5.6   Die Hauptringe des Saturn sind in erster Linie die Ringe A, B und C (Quelle: NASA/JPL-Caltech/Space Science Institute; modifiziert)

5.5.2 Eine Größe, die keine ist

In welchen Dimensionen können wir uns nun aber die Ringe vorstellen? Wie dick ist ein solcher Ring? Wie weit dehnt sich das Ringsystem aus?

Der optische Eindruck aus der Ferne täuscht nicht nur bei ihrer Zusammensetzungen, sondern vor allem auch im Hinblick auf die Dimensionsabschätzung. Es stimmt, dass sich das Ringsystem weit ins All hinausstreckt. Die äußere Grenze des E-Ringes liegt bei über 1.000.000 km, mehr als dem doppelten Abstand des Erdmonds. Hier stimmt unsere Intuition noch. Wie sieht es aber bei der vertikalen Dicke aus? Man könnte versucht sein, diese zu hoch einzuschätzen. In Wirklichkeit reicht sie von einigen hundert Metern bis hin zu etwa 1,5 km. Recht dünn, wenn man sich vor Augen hält, dass Saturn selbst eine „Höhe" von knapp über 100.000 km besitzt.

Trotz dieser Dünne werfen die Ringe einen sichtbaren Schatten auf Saturns Oberfläche (Abb. 5.7). Die geringe Dicke entsteht hierbei durch gegenseitige Wechselwirkungen der Partikel untereinander. Jedes der Partikel bewegt sich

Abb. 5.7 Diese Aufnahme der Raumsonde Cassini zeigt eindrucksvoll, wie dünn die Ringe des Saturn sind. Schön zeichnet sich der Schatten der Ringe auf dem Planeten ab. Im Vordergrund befindet sich Saturns größter Mond Titan (Quelle: NASA/JPL-Caltech/Space Science Institute/J. Major)

Tab. 5.1 Eine Übersicht über die Hauptringe Saturns

Ring	Ausdehnung (km)	Dicke	Partikelgröße
D	65.000–74.500		$100\,\mu$m
C	74.500–91.975	$<4\,$m	mm
B	91.975–117.507	$<100\,$m	$1\,$cm $-\,10\,$m
Cassini	117.507–122.340	$<50\,$m	$1\,$cm $-\,10\,$cm
A	122.340–136.780	$<100\,$m	$1\,$cm $-\,10\,$m
F	140.600		μm $-$ cm
G	166.000–175.000		μm $-$ cm
E	180.000–700.000		μm

selbst um Saturn und kann dabei mit anderen Partikeln zusammenstoßen. Es kommt zu einer Dämpfung der Bewegung, in deren Folge die Umlaufbahn eines einzelnen Partikels zunehmend flacher wird. Eine Übersicht der wichtigsten Ringe ist in Tab. 5.1 dargestellt.

Die berühmte Cassini-Teilung befindet sich zwischen dem B- und dem A-Ring. Neben den genannten Ringen existieren noch mehr als 100.000 deutlich kleinere Ringe bzw. Ringstrukturen. Jeder der Ringe weist dabei eine unterschiedliche Zusammensetzung und damit einhergehende Farben auf.

Aufnahmen zeigen, dass die einzelnen Ringe zudem scharf voneinander abgegrenzt sind. Wie kommt es dazu? Die Lücken sind auf gravitative Wechselwirkungen mit Monden und den Ringen selbst zurückzuführen. Ähnlich wie wir es im Asteroidengürtel schon gesehen haben, kommt es zu Resonanzen, die bestimmte Bereich „freiräumen". Aber auch hier darf man nicht von vollkommen leeren Bereichen ausgehen. Die Cassini-Teilung wird beispielsweise durch den Mond Mimas verursacht.

Ferner befinden sich in einigen dieser Lücken kleinere Monde, sogenannte *Schäfermonde*. Diese räumen ebenfalls die Lücken frei und stabilisieren dabei zusätzlich die Ränder der jeweiligen Ringe. Dabei kann es zu wellenförmigen Strukturen an den Rändern kommen. Gelangt ein Partikel in die Nähe eines solchen Schäfermondes, so wird es in seiner Bahn gestört und typischerweise auf eine exzentrischere Umlaufbahn geworfen, die es in den Ring treibt. Dort kommt es zur Wechselwirkung mit anderen Partikeln, was die exzentrische Bahn wieder dämpft. Abb. 5.8 zeigt ein mögliches Ergebnis.

5.5.3 Ein neuer Ring

Auch wenn die Astronomen schon viel über Saturns Ringsystem erfahren hatten, waren sie auf die Ereignisse des Jahres 2009 nicht vorbereitet. Sie wussten,

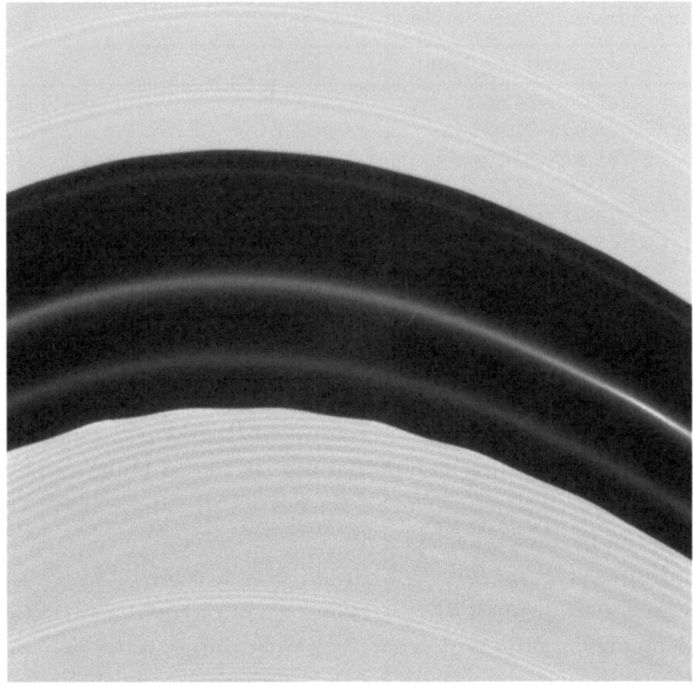

Abb. 5.8 Die Encke-Lücke zwischen Saturns Ringen. Die wellige Struktur am Rand des Ringes wird durch den kleinen Mond Pan verursacht, der sich innerhalb der Lücke bewegt (Quelle: NASA/JPL-Caltech/Space Science Institute)

wie wir jetzt auch, dass Saturn die Heimat abertausender Ringe war. Man ging davon aus, dass das System bis auf einige weitere kleine Ringe weitestgehend bekannt war.

Doch in diese Situation hinein platzten Ergebnisse des Weltraumteleskop Spitzer: Da war ein bislang unbekannter Ring! Aber es war kein kleiner – ganz im Gegenteil. Schnell stellte sich heraus, dass dieser neue Ring, der größte unter Saturns Ringen war (Abb. 5.9).

Sein Innenradius ist dabei 6 Mio. km von Saturn entfernt und reicht bis zu 12 Mio. km ins All hinaus. Er ist jedoch recht dünn besetzt, was seine späte Entdeckung erklären kann. Als Quelle der Ringpartikel haben die Astronomen den Mond *Phoebe* ausgemacht.

Der 1898 vom amerikanischen Astronomen W.H. Pickering (1858–1938) entdeckte Mond zieht in einer mittleren Entfernung von etwa 13 Mio. km einmal alle 550 Tage um Saturn. Mit einem Durchmesser von 213 km gehört er bereits zu den größeren Vertretern seiner Zunft im Saturnsystem (Abb. 5.10).

Einschläge auf ihm setzen vermutlich diejenigen Partikel frei, die dann die Grundlage für den Phoebe-Ring bilden.

Abb. 5.9   Künstlerische Darstellung des Phoebe-Rings und seiner Einbettung in das Saturnsystem (Quelle: NASA/JPL-Caltech; geringfügig modifiziert)

5.5.4   Seltsame Phänomene

Noch etwas anderes fällt uns ins Auge. Immer wieder gibt es teils riesige radiale, speichenartige Strukturen, die sich von innen nach außen über die Ringe erstrecken (Abb. 5.11). Es sind flüchtige Phänomene, die auftauchen und wieder verschwinden. Bis heute ist noch nicht endgültig verstanden, was ihre Ursachen sind. Eine mögliche Erklärung geht davon aus, dass die Speichen, aus winzigen geladenen Staubpartikeln bestehen. Diese wechselwirken mit der einfallenden solaren UV-Strahlung und werden dabei in eine Art Schwebezustand gebracht und angehoben. Diese Wechselwirkung hängt mit dem Einfallswinkel der UV-Strahlung zusammen und ändert sich daher mit dem Umlauf des Saturns um die Sonne. Es kommt somit währenddessen zu Phasen der Speichenentstehung und zu speichenfreien Phasen.

Verlassen wir nun aber die Ringe und wenden uns den Monden zu.

Abb. 5.10 Aufnahme des Saturnmondes Phoebe durch die Raumsonde Cassini im Jahr 2004. Phoebe gilt als Hauptquelle für die Partikel des 2009 neu entdeckten Phoebe-Rings (Quelle: NASA/JPL/Space Science Institute)

5.6   Das Reich der Monde

Wie alle Gasriesen des äußeren Sonnensystems besitzt Saturn eine Vielzahl von Monden. Derzeit zählen wir 62 Monde unterschiedlichster Größe. Die meisten davon sind klein. Lediglich 13 haben einen Durchmesser von mehr als 50 km und nur sieben sind groß und massereich genug, um annähernd Kugelgestalt zu besitzen. Nur zwei von ihnen, Titan und Rhea, scheinen sich im hydrostatischem Gleichgewicht zu befinden.

Die Monde des Saturns sind nach Figuren der griechischen und römischen Mythologie benannt. Vorgeschlagen wurde dies durch Wilhelm Herschel im Jahr 1847. Seiner Meinung nach sollten die Monde im Zusammenhang mit

Abb. 5.11 Voyager 2 gelang diese Aufnahme von speichenartigen Strukturen im B-Ring (Quelle: NASA/JPL-Caltech)

der römischen Gottheit Saturn sein. Die Monde wurden daher nach Titanen und Riesen benannt.

Wir wollen uns bei unserer Reise auf die sieben großen Monde beschränken. Die verbleibenden 55 können wir uns als kleine, unregelmäßig geformte und vollkommen vernarbte Objekte vorstellen. Sie sind nicht vergleichbar mit dem, was uns die großen, allen voran Titan, bieten.

5.6.1 Mimas

Unser erstes Ziel ist der 1789 von Wilhelm Herschel entdeckte Mond *Mimas,* der in einem mittleren Abstand von etwa 185.000 km seine Bahnen um Saturn zieht. Mimas ist mit einem Durchmesser von gerade einmal knapp unter 400 km der kleinste bekannte Körper des Sonnensystems, der aufgrund seiner Eigengravitation nahezu Kugelform hat (Abb. 5.12).

Mimas besitzt nur eine vergleichsweise geringe Dichte ($\approx 1,2\,\mathrm{g/cm^3}$), woraus wir schließen können, dass er wohl zu großen Teilen aus Wassereis und nur

Abb. 5.12 Aufnahme des Saturnmondes Mimas durch die Raumsonde Cassini im Jahr 2010 aus knapp 9.500 km Entfernung. Gut zu erkennen ist der Herschelkrater, der einen großen Teil von Mimas Oberfläche dominiert (Quelle: NASA/JPL/Space Science Institute)

einem kleinen Anteil Gestein besteht. Durch seine Nähe zu Saturn unterliegt der Mond starken Gezeitenkräften, die seine Gestalt prägen. Tatsächlich ähnelt Mimas eher einem fast runden Ei als einer Kugel.

Herausstechendstes Merkmal des Mondes ist der *Herschel-krater,* der mit einem Durchmesser von 130 km und einer Tiefe von bis zu 10 km, das Antlitz des Mondes klar dominiert. Er ist durch einen gewaltigen Einschlag entstanden, der auf der gegenüberliegenden Seite des Mondes ebenso seine Spuren in Form von Rissen und Zerwürfnissen hinterlassen hat. Abgesehen davon bietet sich, wie bei den meisten Kleinkörpern des Sonnensystems, ein typisch vernarbter Anblick durch eine Vielzahl von Kratern.

5.6.2 Enceladus – der Wasserspucker

Interessanter ist unser nächster Stopp: *Enceladus.* Wir sind schon im Zusammenhang mit Saturns Magnetfeld auf ihn gestoßen. Schon aus einiger Entfernung kann man die Fontänen aus Wasserdampf sehen, die an seiner Südpolregion ins All gestoßen werden und den E-Ring fortwährend mit neuem Material speisen.

Was ebenso sofort auffällt, ist seine gleißende Helligkeit. Er reflektiert nahezu das gesamte einfallende Sonnenlicht. Da hierbei nur wenig Energie auf dem Mond verbleibt, ist es auf ihm mit durchschnittlich −198 °C auch sehr kalt.

Enceladus ist mit einem Durchmesser von immerhin fast 500 km der sechstgrößte Mond Saturns und umkreist seinen Planeten in einem Abstand von etwa 238.000 km. Entdeckt wurde er von Wilhelm Herschel im Jahr 1789.

5.6.2.1 Die Oberfläche

Wir können verschiedene Oberflächenstrukturen auf Enceladus unterscheiden. Dominant sind vor allem stark verkraterte Regionen und Bereiche in denen es eine Vielzahl von Verwerfungen und Zerklüftungen gibt. Daneben gibt es aber auch scheinbar sehr glatte Ebenen (Abb. 5.13).

Gerade Letztere bieten für uns ein Indiz, dass es sich um geologisch gesehen junge Bereiche handeln muss. Andernfalls müssten wir mehr Krater auf ihnen ausmachen können. Wenn diese aber jung sind (im Vergleich zu den anderen Regionen), so muss es auf Enceladus Mechanismen geben oder in jüngerer Vergangenheit gegeben haben, die die Oberfläche erneuerten. Einiges spricht hier für tektonische Aktivitäten und Kryovulkanismus. Auch die zerklüfteten Regionen mit Aufwerfungen und Canyons auf Enceladus Oberfläche deuten auf tektonische Aktivitäten hin.

Abb. 5.13 Der Mond Enceladus offenbart ein vielfältiges Antlitz mit Kratern, Verwerfungen und flachen Ebenen (Quelle: NASA/JPL-Caltech/Space Science Institute)

Abb. 5.14 Am Südpol des Mondes Enceladus werden Wasserdampf und andere Gase durch große Fontänen ins All gestoßen (Quelle: NASA/JPL-Caltech/Space Science Institute; modifiziert)

Die Südpolregion ist bis heute geologisch sehr aktiv. Wir haben schon über die dort vorhandenen Fontänen gesprochen (Abb. 5.14). Aus Rissen in der Oberfläche dringt Wasser nach außen und wird in das umgebende All abgegeben. Das Fehlen einer Atmosphäre auf Enceladus begünstigt dies.

Damit aber Wasserdampf abgegeben werden kann, muss es irgendwo in flüssiger Form oder gasförmig vorliegen. Aber wie kann es sein, dass auf einem so kalten Mond Wasser auf solche Weise vorhanden ist? Dies bringt uns dazu, den inneren Aufbau des Mondes genauer zu betrachten.

5.6.2.2   Innerer Aufbau

Was wissen wir also über den inneren Aufbau des Eismondes? Seine mittlere Dichte von etwa $1,6\,\mathrm{g/cm^3}$ deutet darauf hin, dass er einen höheren Gesteins- bzw. Silikatanteil besitzt als bspw. Mimas. Einiges spricht für das Vorhandensein eines Gesteinskerns. Darüber hinaus haben wir gesehen, dass es an der Oberfläche eine Kruste aus Wassereis gibt. Doch was liegt dazwischen? Irgendwoher muss das flüssige Wasser bzw. der Wasserdampf kommen, der abgegeben wird.

In der Tat gibt es eine ganze Reihe von Hinweisen, die für die Existenz eines großen, den ganzen Mond umspannenden unter der Oberfläche befindlichen Ozean aus flüssigem Wasser sprechen. Das erste und augenfälligste Indiz sind die bereits erwähnten Fontänen am Südpol. Gravimetrische Messungen, die die Raumsonde Cassini bei ihren Vorbeiflügen vorgenommen hat, deuten ebenfalls darauf hin. Beobachtet man ferner die Rotation des Mondes und seinen Umlauf um Saturn, so können wir beobachten, dass er etwas zu taumeln scheint. Die Eiskruste sollte daher vom festen Kern gelöst sein.

Warum? Wir können uns dies veranschaulich. Dreht man ein rohes Ei auf dem Tisch, sieht man ein ähnliches Bewegungsmuster. Vergleicht man dies mit einem fest gekochten drehendem Ei, so unterscheiden sich die beiden Bewegungsmuster deutlich voneinander. Das Flüssige im Inneren des rohen Eis nimmt deutlichen Einfluss auf die Bewegung. Ganz so wie ein flüssiger Ozean unterhalb der Eiskruste von Enceladus.

Messungen deuten auf einen salzigen Ozean von 26 bis 31 km Tiefe hin. Doch was hält das Wasser in dieser kalten Region flüssig? Wahrscheinlich spielen hier dieselben Mechanismen wie auf Jupiters Eismonden eine Rolle: Gezeitenkräfte, die den Mond durchkneten und möglicherweise noch Wärme die durch radioaktiven Zerfall freigegeben wird. Letztendliche Gewissheit fehlt jedoch.

5.6.3   Tethys

Wiederum ein anderes Bild liefert die 1684 von Giovanni Cassini entdeckte *Tethys* (Abb. 5.15). In einem mittleren Abstand von 295.000 km zieht der fünftgrößte Mond Saturns mit einem Durchmesser von knapp über 1000 km seine nahezu perfekten Kreise um den Ringplaneten.

Tethys ist wie Enceladus sehr hell (Albedo von 0,8). Allerdings ist ihre Dichte mit knapp 1 g/cm^3 ein gutes Stück geringer als auf dem Nachbarmond. Sie dürfte daher vornehmlich nur aus Eis bestehen und nur zu einem geringen Anteil aus silikatischem Gestein.

Tethys besitzt zwar eine hohe Albedo. Dies gilt jedoch nicht gleichmäßig über den gesamten Mond. Die führende Hemisphäre ist etwas heller als die auf ihrem Umlauf rückwärtige Seite. Ein Grund für die hohe Gesamtreflektivität ist der Beschuss durch Wassereispartikel des E-Rings. Da aufgrund der gebundenen Rotation Tethys stets dieselbe Seite nach vorne weist, prallen die Partikel vornehmlich auf diese immer gleiche führende Halbkugel. Man stelle sich nur vor man spaziert bei starkem Wind von vorne mit einem Schirm durch den Regen. Der Regen prasselt dabei auf uns in Laufrichtung, der Rücken bleibt hingegen weitestgehend trocken.

Abb. 5.15 Aufnahme des Mondes Tethys durch die Raumsonde Cassini aus dem Jahr 2015 (Quelle: NASA/JPL-Caltech/Space Science Institute)

Diese führende Seite räumt sozusagen die Bahn von den Eispartikeln frei. Für die Rückseite bleiben nur wenige übrig. Ähnlich wie Enceladus ist es daher auf Tethys mit etwa $-190\,°C$ sehr kalt.

Visuell wird ihre Oberfläche durch unzählige Krater und tiefe, lange Risse und Gräben geprägt. Zwei unterschiedliche geologische Regionen stechen beim Betrachten des Mondes sofort ins Auge, die sich durch die Anzahl an Kratern deutlich unterscheiden. Gerade dies spricht auch hier für das Vorhandensein geologischer Aktivitäten.

Zwei sehr auffällige Strukturen sind ebenfalls zu erkennen. Deutlich hebt sich der *Odysseus-Krater* in der westlichen Hemisphäre ab, der mit einem Durchmesser von etwa 400 km nahezu 4 % der Gesamtoberfläche ausmacht.

Ein riesiges Tal von 2000 km Länge, das *Ithaca Chasma,* läuft um fast drei Viertel des Mondes herum. Es ist dabei bis zu 100 km breit und bis zu 5 km tief (Abb. 5.16).

Wie sieht es nun aber unterhalb der Oberfläche aus? Wenig ist darüber bekannt. Vermutlich handelt es sich bei Tethys um keinen differenzierten Körper. Einiges spricht dafür, dass ihr Inneres homogen ist. Anders als auf Enceladus ist daher wohl kein unterirdischer Ozean vorhanden.

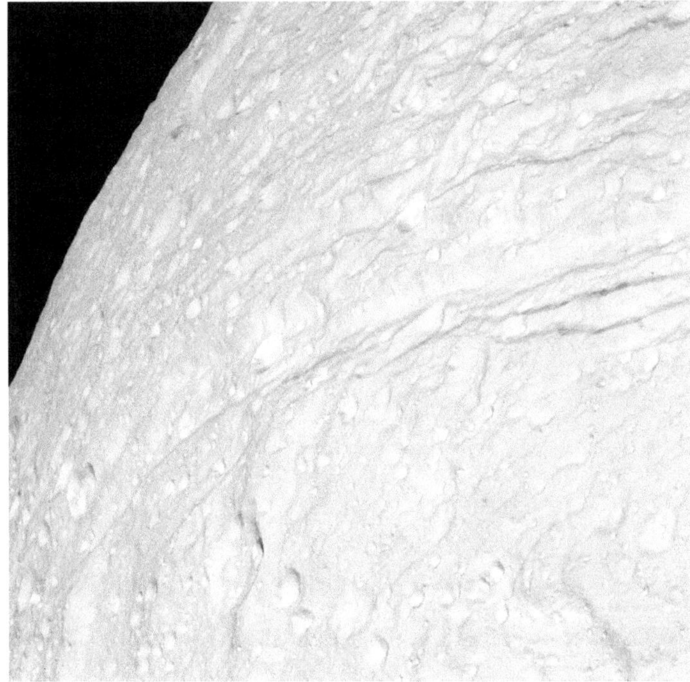

Abb. 5.16 Die Cassini-Aufnahme zeigt Teile des Ithaca Chasma, eines riesigen Tal- und Grabensystems auf dem Mond Tethys (Quelle: NASA/JPL-Caltech/Space Science Institute)

5.6.4 Dione

Mit knapp 1100 km Durchmesser noch etwas größer als Tethys ist die ebenfalls von Cassini 1684 entdeckte *Dione* (Abb. 5.17), die sich in einem Abstand von 377.000 km von Saturn befindet.

Sie besteht überwiegend aus Wassereis. Ihre Dichte von knapp $1,5\,\mathrm{g/cm^3}$ deutet jedoch darauf hin, dass sich in ihrem Inneren noch ein größerer Anteil von silikatischem Material befinden muss. Vermutlich besitzt auch sie einen unterirdischen Ozean, was auch durch Messungen der Raumsonde Cassini nahegelegt wird.

Durch ihre gebundene Rotation weist stets dieselbe Seite in Richtung Saturn. Dies bedeutet aber auch, dass immer die gleiche Hemisphäre beim Umlauf um den Ringplaneten nach vorne weist und dementsprechend die andere nach hinten. Beide Hemisphären unterscheiden sich durch ihr Aussehen. Während die „führende" stark verkratert ist, sind auf der Rückseite weniger Krater. Sie wartet jedoch mit einem Netz heller Streifen auf dunkler Oberfläche auf, deren Herkunft noch unklar ist. Der mit 350 km Durchmesser größte Krater

Abb. 5.17 Die Cassini-Aufnahme zeigt den Mond Dione aus einer Entfernung von etwa 560.000 km (Quelle: NASA/JPL-Caltech/Space Science Institute)

des Mondes trägt den Namen *Evander* und befindet sich im Süden des von Saturn abgewandten Teils der führenden Hemisphäre.

Möglicherweise besitzt Dione eine sehr dünne, flüchtige Atmosphäre aus ionisierten Sauerstoffatomen.

5.6.5 Rhea

Der Mond *Rhea* befindet sich mit einem mittleren Abstand von gut 527.000 km noch etwas weiter entfernt von Saturn (Abb. 5.18). Rhea wurde 1672 ebenfalls durch Giovanni Cassini entdeckt. Mit 1530 km Durchmesser ist sie sogar noch ein gutes Stück größer als ihre „Nachbarinnen" Dione und Tethys.

Ihre mittlere Dichte von $1{,}2\,\mathrm{g/cm^3}$ legt nahe, dass sie zu 25 % aus Gestein und 75 % aus Wassereis besteht. Astronomen diskutieren derzeit intensiv, ob es sich bei dem Mond um einen differenzierten Körper wie etwas Enceladus handelt oder eben einen undifferenzierten wie Mimas oder vermutlich Dione. Messungen der Raumsonde Cassini aus dem Jahr 2005 konnten leider keine Klarheit schaffen. Sie scheinen auf ein homogenes Inneres hinzudeuten, sind aber mit großen Unsicherheiten behaftet. Ziemlich sicher existiert jedoch kein Ozean aus flüssigem Wasser.

Abb. 5.18   Die Cassini-Aufnahme zeigt den Mond Rhea aus einer Entfernung von etwa 570.000 km (Quelle: NASA/JPL-Caltech/Space Science Institute)

Abgesehen davon ähnelt ihr Antlitz dem von Dione, die wir gerade besucht hatten. Auch auf Rhea unterscheiden sich die folgende und die führende Hemisphäre auf ähnliche Weise. Dies spricht dafür, dass beide Monde die gleichen Phasen der Entwicklung durchlaufen haben.

Zusätzlich können wir auf Rhea zwei geologische Terrains ausmachen, die sich durch verschiedene Kratergrößen unterscheiden. Während eine fast ausschließlich Krater mit Durchmessern jenseits der 40 km aufweist, finden wir in der anderen durchwegs kleinere Krater. Es muss folglich eine Form geologischer Aktivität gegeben haben, die die Oberfläche in dieser Weise gestaltete.

Die Raumsonde Cassini konnte eine sehr dünne, flüchtige Atmosphäre aus Sauerstoff und Kohlenstoffdioxid nachweisen. Ursache hierfür sind wohl Ausgasungen an der Oberfläche.

5.6.6   Titan – der Verhüllte

Wenden wir uns nun aber dem größten und wohl auch spannendsten Mond des Saturnsystems zu: *Titan* (Abb. 5.19). Der 1655 von Christiaan Huygens (1629–1695) entdeckte Mond umläuft Saturn in einem mittleren Abstand von 1,2 Mio. km. Mit einem Durchmesser von 5151 km ist Titan sogar größer als Merkur. Aber seine Größe ist nicht das entscheidende Merkmal, das Titan so besonders macht. Der Jupitermond Ganymed ist schließlich noch größer.

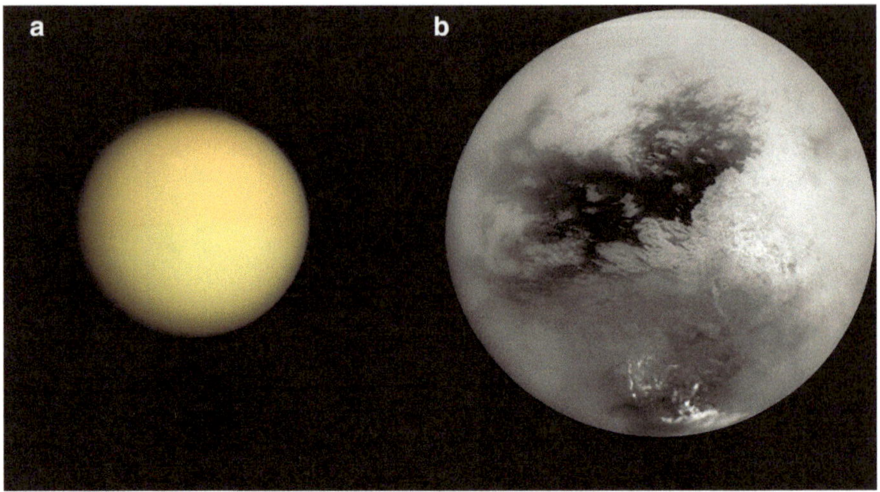

Abb. 5.19 Zwei Gesichter Titans: Der Mond wird durch eine dichte Atmosphäre verhüllt (a). Das Bild (b) zeigt ein Komposit der darunterliegenden Oberfläche. Beide Aufnahmen stammen von der Raumsonde Cassini (Quelle (beide Teilbilder): NASA/JPL-Caltech/Space Science Institute)

Allerdings ist Titan der einzige Mond des Sonnensystems, der eine dichte und wohl auch stabile Atmosphäre besitzt.

5.6.6.1 Eine dichte Atmosphäre

Die Atmosphäre Titans ist sehr dicht. Es herrschen bis zu 1,5 bar, was einem 50 % höheren Druck als auf der Erdoberfläche entspricht, und die Atmosphäre ist bis zu zehnmal so weit ins All ausgedehnt wie etwa die irdische.

Titans Atmosphäre ist in vielerlei Hinsicht bemerkenswert. Der Mond besitzt nachweislich kein Magnetfeld, das sie schützen könnte. Der Sonnenwind sollte folglich unablässig die Gashülle abtragen. Dass sie bis heute noch nicht verschwunden ist, hat Titan in erster Linie dem Schutz durch Saturns Magnetosphäre zu verdanken. Zudem wird sie durch Ausgasungen und andere Vorgänge an der Oberfläche kontinuierlich wieder aufgefüllt.

Außergewöhnlich ist ferner ihre Zusammensetzung. Kein anderer Körper unseres Sonnensystems neben unserer Erde besitzt eine so klar von Stickstoff dominierte atmosphärische Gashülle (ca. 98,4 %). Den Rest machen Helium, Kohlenstoffdioxid, Wasser und verschiedene organische Verbindungen aus. Freier Sauerstoff ist jedoch nicht nachweisbar und ist, wenn überhaupt, lediglich in winzigen Spuren vorhanden.

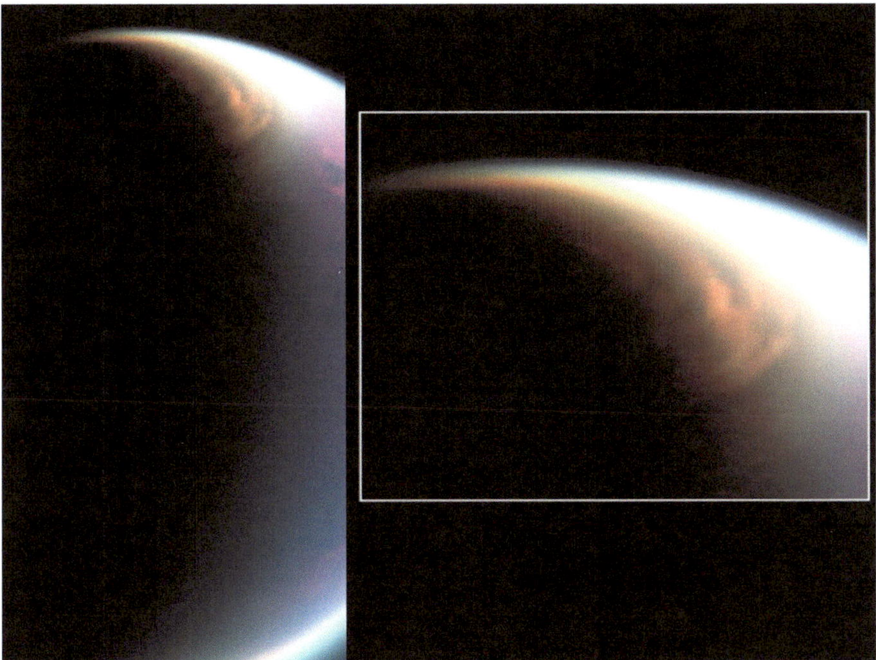

Abb. 5.20   An Titans Nordpol hat sich ein riesiges Wolkensystem gebildet. Solche Systeme entwickeln sich – ähnlich wie auf der Erde – immer wieder in Titans dynamischer Atmosphäre (Quelle: NASA/JPL/University of Arizona/LPGNantes)

Wir finden hier eine äußerst dynamische Gashülle mit einer Vielzahl unterschiedlichster Wetterphänomen vor (Abb. 5.20). In den obersten Schichten (bei etwa 1000 km Höhe) können wir ein deutliches Leuchten ausmachen. Astronomen und Planetologen gehen davon aus, dass das Leuchten durch Kollisionen von Molekülen der Atmosphäre mit dem Sonnenwind oder Teilchen der Magnetosphäre erzeugt wird. Es ist aber nicht das einzige Leuchtphänomen, welches wir beobachten können. In tieferen Schichten, bei etwa 300 km über der Oberfläche, existieren ebenfalls Leuchterscheinungen. Der Sonnenwind oder Partikel der Magnetosphäre scheiden aufgrund der Tiefe als Ursachen aus. Wahrscheinlich spielen chemische Reaktionen innerhalb der Atmosphäre bzw. kosmische Strahlung, die tiefer einzudringen vermag, eine entscheidende Rolle.

Daneben bilden sich Wolken und Nebel aus Methan, Ethan oder anderen Kohlenwasserstoffen (Abb. 5.21). Sie befinden sich durch zum Teil sehr starke Winde fortlaufend in Bewegung und regnen schließlich auf die Oberfläche ab.

In den oberen Schichten der Atmosphäre finden wir größere Mengen an Methan, welches einen ausgeprägten Treibhauseffekt verursacht.

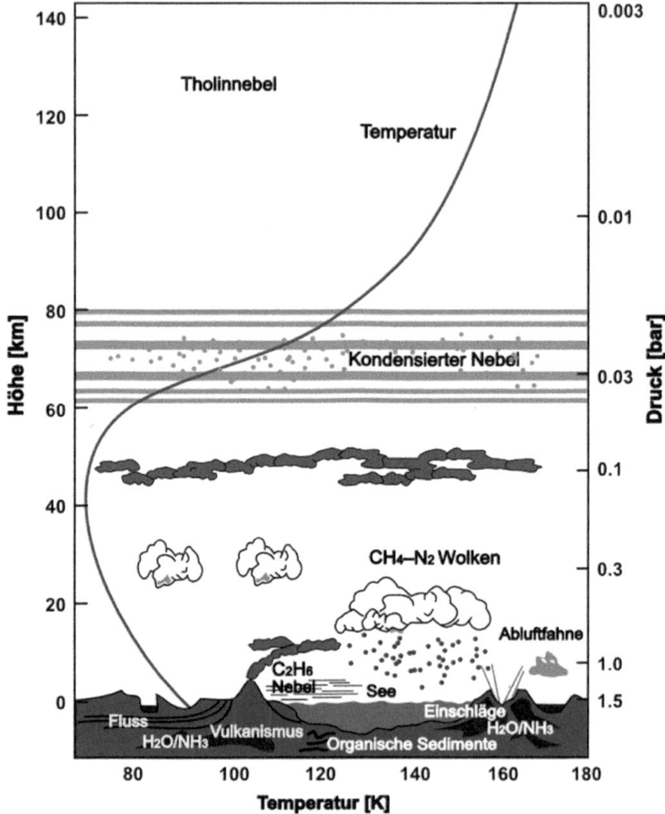

Abb. 5.21 Titans Atmosphäre ist komplex aufgebaut und ähnelt der der Erde (Modifiziert aus Quelle: NASA/JPL)

5.6.6.2 Die Oberfläche

Die Oberfläche steckt hinter der Atmosphäre in keiner Weise zurück. Wir finden eine feste, aber auch in weiten Teilen sehr flache Oberfläche vor. Erhebungen von 150 m Höhe oder mehr sind sehr selten zu finden.

Daher sticht eine etwa 4500 km lange Gebirgsregion entlang des Äquators deutlich heraus (Abb. 5.22). Ihre Bergrücken erreichen Höhen von bis zu 2000 m. Anders als etwa Gebirge auf der Erde besteht dieses *Xanadu* genannte Gebilde nicht aus Gestein, sondern Wassereis. Bei den sehr niedrigen Temperaturen, die auf Titan vorherrschen (etwa −160 °C), verhält sich Wassereis fast wie Gestein und erlaubt das Auftürmen solch gigantischer Strukturen. Etwas ganz Vergleichbares werden wir etwas später auf unserer Reise beim Zwergplaneten Pluto vorfinden.

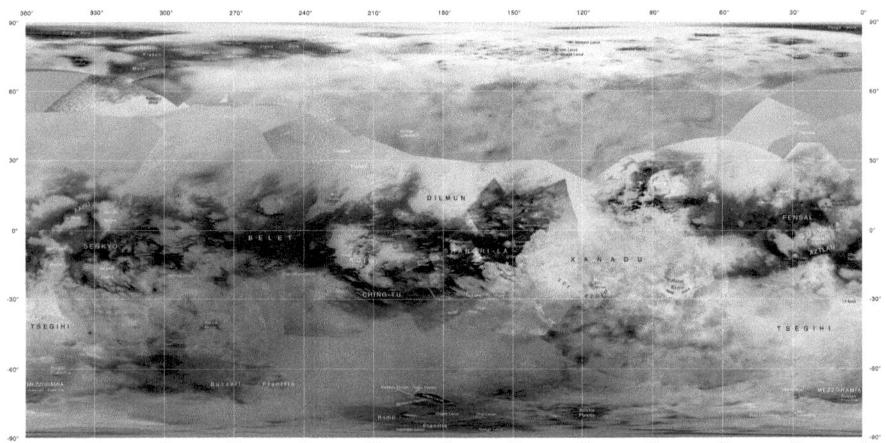

Abb. 5.22 Oberflächenkarte Titans zusammengesetzt aus Aufnahmen der Raumsonde Cassini-Huygens (Quelle: NASA/JPL-Caltech/Space Science Institute/USGS)

In der äquatorialen Zone liegen große Wüstengebiete, in denen sich bis zu 150 m hohe Dünen befinden. Diese bestehen aus feinen Partikeln, deren Herkunft aber noch nicht abschließend geklärt ist.

Im Kontrast hierzu existieren in beiden Polregionen größere Seen aus flüssigem Methan, die unterschiedlich große Flüsse aus Methan speisen.

Zudem gibt es überall auf dem Mond klare Anzeichen für Kryovulkanismus. Was jedoch nahezu gänzlich fehlt, sind Einschlagskrater. Die dichte Atmosphäre lässt viele einfallende Meteoriten noch vor Erreichen der Oberfläche verglühen. Sie verhält sich nicht anders als der irdische atmosphärische Schutzmantel. Winde und Regen führen zudem zu einer der Erde vergleichbaren Erosion, was die wenigen Krater, die entstehen konnten, im Laufe der zeit verschwinden lässt.

5.6.6.3   Innerer Aufbau

Titans hohe Dichte von $1{,}88\,\mathrm{g/cm^3}$ deutet daraufhin, dass der Mond mindestens aus 50 % Gestein besteht. Dies ist ein beachtlicher Unterschied zu allen anderen Saturnmonden, die sich vornehmlich aus Eis zusammensetzen.

Astronomen sind sich sicher, dass Titan ein differenzierter Körper mit einem großen Gesteinskern ist. Dieser harte Kern wird von mehreren Schichten aus Wassereis umgeben (Abb. 5.23). Zwischen diesen Schichten könnte sich ein Ozean aus flüssigem Wasser befinden, was Spekulationen über mögliches Leben nährt.

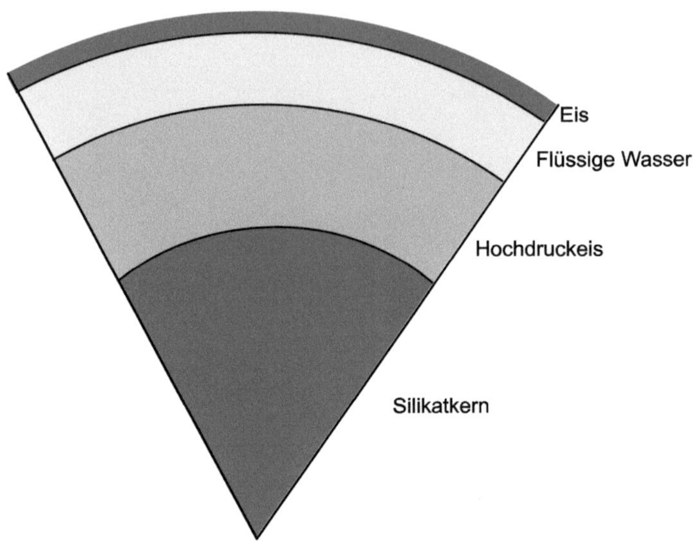

Abb. 5.23 Schematische Darstellung von Titans Innerem Aufbau

5.6.6.4 Gibt es dort Leben?

Immer wieder kommen Spekulationen über Leben oder Vorstufen desselben auf Titan auf. Eines ist klar: Saturn und damit natürlich auch Titan befinden sich weit ab der sogenannten habitablen Zone des Sonnensystems, in der Leben möglich ist. In Saturns Entfernung von der Sonne ist es schlicht zu kalt. Allein daher ist es unwahrscheinlich, dass sich auf Titan wirklich Leben entwickelt hat, das dem auf der Erde ähnelt. Sollte es Leben auf Titan geben, so müsste es ein anderes Lösungsmittel als Wasser nutzen.

Dennoch könnten die vorliegenden Bedingungen unter Umständen die Entstehung von Lebensvorstufen begünstigen. Forscher der Universität von Arizona hatten im Jahr 2010 die Atmosphäre Titans im Labor nachgestellt. Diese setzten sie einer auf dem Mond tatsächlich vorhandenen starken Strahlung aus. Die Wissenschaftler waren überrascht zu beobachten, dass sich die Aminosäuren Glycin und Alanin bildeten. Beides sind wichtige Bausteine irdischer Proteine. Zudem entwickelten sich Cytsoin, Adenin, Thymin, Guanin und Uracil. Aus diesen fünf Stoffen setzten sich DNA und RNA zusammen. Vielleicht liefen oder laufen daher Vorgänge vergleichbar der irdischen Ursuppe auf Titan ab.

Letztendlich wissen wir aber noch viel zu wenig über die genauen Vorgänge auf diesem interessanten Mond, um klare Aussagen treffen zu können.

5.6.7   Iapetus

Fast haben wir das Saturnsystem nun hinter uns gelassen. Bevor wir uns endgültig aus ihm verabschieden und Kurs Richtung Uranus setzen wollen, soll der Mond *Iapetus* unser letztes Ziel sein. Der Mond wurde 1671 durch Giovanni Cassini entdeckt.

Dieser etwa 1436 km große Brocken umkreist Saturn in einem Abstand von ungefähr 3,5 Mio. km. Iapetus ist damit der drittgrößte Mond Saturns und weist ein interessantes Phänomen auf.

Wie einige der anderen Saturnmonde, die wir bereits besucht haben, besitzt auch Iapetus zwei sehr unterschiedlich ausgeprägte Hemisphären. Beide unterscheiden sich deutlich in ihrer Helligkeit (Abb. 5.24). Die führende Seite, *Cassini Regio,* ist fast pechschwarz und reflektiert nur 3–5 % des einfallenden Lichts. Die Rückseite strahlt die Hälfte zurück und ist damit deutlich heller. Wir kennen derzeit keinen Körper des Sonnensystems, der auch nur annähernd einen solchen großen, flächigen Helligkeitsunterschied besitzt.

Wissenschaftler rätseln noch, woher das dunkle Material kommt. Es gibt hierzu verschiedene Theorien. Zum einen könnte es sich um Ablagerungen organischer Verbindungen handeln, die bspw. in Form von Meteoriten auf den

Abb. 5.24 Deutlich sind auf Saturns Mond Iapetus die beiden unterschiedlich hellen Hemisphären zu erkennen (Quelle: NASA/JPL-Caltech/Space Science Institute)

Mond gelangt sind. Genauso gut wäre es aber auch möglich, dass das Material aus dem Inneren des Mondes stammt. Seit der Entdeckung des Phoebe-Rings 2009 wir auch spekuliert, ob es sich nicht um Material eben dieses Rings handelt.

Neben diesem Rätsel bereitet den Astronomen auch eine mindestens 1300 km lange, 20 km breite und bis zu 13 km hohe Gebirgskette in der Cassini Regio Kopfzerbrechen (Abb. 5.25). Bis jetzt ist unklar, wie sie entstanden sein könnte. Tektonische Aktivitäten alleine scheinen nicht ausreichend zu sein.

Zumindest sind sich die Astronomen im Hinblick auf seine Dichte sicher, dass es sich bei Iapetus um keinen differenzierten Körper handelt. Er dürfte vollständig aus Wassereis mit geringen Mengen an silikatischem Gestein bestehen.

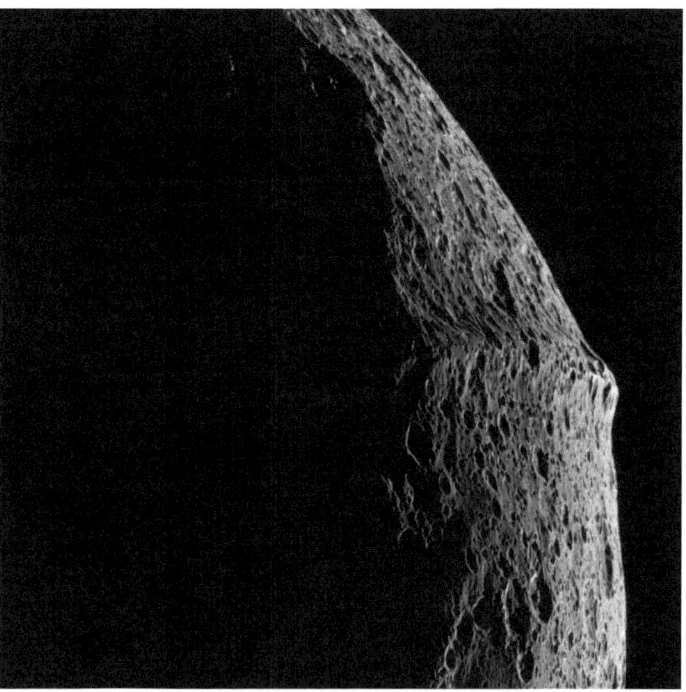

Abb. 5.25   Eine 13 km hohe und mindestens 1.300 km lange Gebirgskette in der Cassini Regio gibt bis heute Rätsel auf (Quelle: NASA/JPL-Caltech/Space Science Institute)

Weiterführende Literatur

*Baines, K.H., et al.: Saturn in the 21st Century. Cambridge University Press, Cambridge (2018)
*de Pater, I., Lissauer, J.: Planetary Sciences. Cambridge University Press, Cambridge (2015)
Lovett, L., et al.: Saturn: A New View. Harry N. Abrams, New York (2006)
Meltzer, M.: The Cassini-Huygens Visit to Saturn: An Historic Mission to the Ringed Planet. Springer, New York (2015)
NASA: The Saturn System Through The Eyes Of Cassini. 12th Media Services (2018)

6

Uranus – Eintritt in die Welt der Eisriesen

Reisezeit: 6 Jahre 183 Tage. Wir haben nun den faszinierenden Herrn der Ringe hinter uns gelassen und können noch einen letzten Blick auf diesen gelblichen Riesen mit all seiner Pracht werfen. Es bleibt jedoch kaum Zeit zu verweilen, immer weiter dringen wir in das faszinierende und gleichsam fremdartig werdende äußere Sonnensystem vor.

Vor uns erscheint ein ein fahler, bläulicher Punkt, der rasch zu einer Scheibe heranwächst. Wir nähern uns dem siebten Planeten unseres Sonnensystems – Uranus (Abb. 6.1). Mit unserem Besuch bei diesem Riesenplaneten dringen wir nun in das Reich der sogenannten „Eisriesen" vor.

6.1 Ein kurzer Überblick

Uranus ist mit etwa 51.000 km Durchmesser deutlich kleiner als die beiden Gasriesen Jupiter und Saturn, die uns auf unserer Reise bereits begegnet sind, aber immerhin noch etwa viermal so groß wie unsere Erde. Er befindet sich bereits 19,2 AE von der Sonne entfernt, was knapp 2,9 Mrd. km entspricht. Dementsprechend benötigt er für einen Umlauf um die Sonne stolze 84 Erdjahre. Wir erinnern uns, sein direkter Nachbar Saturn, umrundet die Sonne in etwas weniger als 30 Jahren. Uranus rotiert dabei in knapp 17 h um die eigene Achse.

Trotz dieser – auf den ersten Blick – gewaltigen Entfernung ist der Eisriese Uranus noch unter guten Sichtbedingungen mit bloßem Auge von der Erde aus zu erkennen. Da er aber im Vergleich zu den weiter innen liegenden Planeten recht schwach „leuchtet" und diese daher seit Menschengedenken schon

© Springer-Verlag GmbH Deutschland, ein Teil von Springer Nature 2019
M. Moltenbrey, *Ausflug ins äußere Sonnensystem,*
https://doi.org/10.1007/978-3-662-59360-8_6

Abb. 6.1 Uranus aufgenommen von Voyager 2 im Jahr 1986. Im Vergleich zu den Gasriesen Jupiter und Saturn wirkt der Eisriese überraschend eintönig und strukturlos (Quelle: NASA, JPL-Caltech)

bekannt waren, wurde der Eisriese erst spät im Jahr 1781 entdeckt. Wie kam es dazu?

6.2   Die Entdeckung des Uranus

Gibt es noch einen weiteren Planeten da draußen? Oder waren mit den schon seit Urzeiten bekannten Planeten bis einschließlich Saturn alle entdeckt? Diese Fragen stellten sich zahlreiche Astronomen des 17. und 18. Jahrhunderts, nachdem deren Wissenschaft durch das Aufkommen von Teleskopen einen beachtlichen Sprung nach vorne gemacht hatte.

Betrachten wir die postulierte Titius-Bode-Reihe, die wir bereits in Kap. 1 kennengelernt haben, so sollte es bei etwa 20 AE Entfernung von der Sonne einen weiteren Planeten geben. Aber ließ sich die Reihe einfach so fortsetzen oder war sie bereits an ihrem Ende angelangt?

Viele Beobachter versuchten daher einen weiteren Planeten zu finden – und scheiterten. Erst am 13. März 1781 gelang des dem Astronomen Wilhelm Herschel ein seltsam anmutendes Objekt mithilfe seines 6-Zoll-Spiegelteleskops zu identifizieren. Dieses Objekt war ihm eher durch Zufall aufgefallen, als er dabei war, den Himmel zu durchmustern. Ein Planet? Herschel dachte zunächst an einen weit entfernten Kometen. Also wieder kein Planet?

Erst den beiden Astronomen und Mathematikern Anders Johan Lexell (1740–1784) und Pierre-Simon Laplace (1749–1827) gelang es einige Monate nach seiner Entdeckung eine genaue Bahn des Objekts zu bestimmen. Dies ließ keinen Zweifel daran, dass ein weiterer Planet gefunden worden war, der sich in einem Abstand von etwa 19 AE von der Sonne entfernt bewegte. Aber selbst in den größten Teleskopen jener Zeit erschien er nur als kleines cyanfarbenes Scheibchen. Von opulenten Strukturen wie bei Jupiter und Saturn war nichts zu erkennen.

Es sollten noch zahlreiche Jahre ins Land gehen, bis es Astronomen gelang, einen Teil des Schleiers zu lüften. Doch anstelle mehr Klarheit zu bringen, wurden stets neue Fragen aufgeworfen. Dennoch wissen wir heute vieles über den Eisriesen Uranus.

Eines der größten Rätsel, vor dem wir heute stehen, ist Uranus seltsam geneigte Rotationsachse. Anders als bei allen anderen Planeten liegt diese nämlich in der Bahnebene. Uranus rollt quasi auf dieser. Dies lässt sich so aus der allgemein akzeptierten Hypothese der Planetenentstehung heraus nicht erklären.

6.3 Atmosphäre

Nähern wir uns also weiter dem Planeten. Seine zunehmend sichtbare Scheibe füllt dabei bald unser gesamtes Gesichtsfeld (Abb. 6.2).

Doch der Anblick ist anders. Jupiter und Saturn, die wir zuvor besucht haben, sind von zahlreichen atmosphärischen Strukturen geprägt. Besonders fiel dies bei Jupiter mit seinen markanten Bändern auf. Im Vergleich hierzu wirkt der bläulich schimmernde Uranus nahezu eintönig und strukturlos. Woher kommt das? Existieren keine Wolken oder ähnliche Elemente in seiner Atmosphäre? Uranus gibt noch viele Rätsel auf. Doch sind die Wissenschaftler dabei, diesen Schritt für Schritt auf den Grund zu gehen.

Uranus ist der drittgrößte Planet des Sonnensystems, aber auch ein gutes Beispiel dafür, dass Größe eben nicht alles ist. Durch seine niedrige Dichte von gerade einmal $1,27\,\text{g/cm}^3$ ist er weniger massereich als sein kleinerer Nachbar Neptun. Zudem können wir schon bei unserem Anflug seine deutliche Abplattung erkennen.

Seine Atmosphäre besteht hauptsächlich aus Wasserstoff und Helium, die sich vornehmlich in den oberen Schichten befinden. In tieferen Regionen finden wir auch zunehmende Mengen von flüssigen Gasen, etwa Wasser, Ammoniak oder Methan vor.

Abb. 6.2 Aufnahme des Uranus mit Wolken, Ringen und Monden durch das Hubble-Weltraumteleskop im nahen Infrarotbereich (Quelle: NASA/JPL/STScI)

Uranus ist ein eisiger Planet. Seine Atmosphäre ist die kälteste des Sonnensystems und besitzt den gewohnten Aufbau, den wir bei den beiden Gasriesen bereits kennengelernt haben. Nach außen hin zum interplanetaren Raum finden wir die Exosphäre bzw. Thermosphäre vor. Darunter liegt die Stratosphäre, gefolgt von der Troposphäre.

6.3.1   Der Abstieg beginnt

Beginnen wir also mit unserem Abstieg in die Atmosphäre des Eisriesen. Bereits weit draußen stoßen wir auf die ersten Ausläufer der Thermosphäre. Auch hier handelt es sich um keine klar definierte Grenze, keine Barriere, die es zu überwinden gilt. Die Thermosphäre ist sehr dünn, und es findet lediglich ein fließender Übergang zum Weltraum statt.

Was uns aber zunächst auffällt, ist die deutlich höhere Temperatur von etwa 800 bis 850 K. Damit ist Uranus' Thermosphäre ein gutes Stück wärmer als die Saturns. Die Ursachen für diese Erwärmung liegen noch im Dunkeln. Weder die Sonnenstrahlung noch etwaige Polarlichter liefern genügend Energie hierfür. Sicherlich bedarf es noch weiterer Untersuchungen, um das Rätsel zu lösen.

Uranus' Thermosphäre wird in erster Linie von molekularem Wasserstoff (H_2) dominiert. Helium fehlt demgegenüber fast vollständig. Auch dies scheint nach unseren bisherigen Erfahrungen untypisch zu sein.

6.3.2   Ein Meer geladener Teilchen

Bei unserem Sinkflug dringen wir allmählich bei einer Höhe von etwa 4000 km in Uranus' Stratosphäre ein und bemerken einen Druckanstieg. Wir finden hier eine große Anzahl von elektrisch geladenen Teilchen in Form von Ionen und Elektronen vor, die die Ionosphäre des Planeten bilden, welche, wie Voyager 2 beobachtete, zwischen 1000 und 10.000 km liegt und somit die Grenze zwischen Thermosphäre zu Stratosphäre bildet.

Wie kommen diese elektrisch geladenen Teilchen dorthin? Wie auch bei anderen Vorgängen ist die Sonnenstrahlung die treibende Kraft. Neutrale Moleküle und Atome werden durch die einfallende Strahlung der Sonne, insbesondere UV-Strahlung, energetisch angeregt und ionisiert. Damit wird auch augenscheinlich, dass die Dichte der Ionosphäre stark mit der Sonnenaktivität korreliert: je aktiver die Sonne ist, desto höher ist die einfallende Strahlung und damit die Ionisation. Folglich steigt die Dichte.

Wir befinden uns weiter im Sinkflug und gelangen endgültig in die Stratosphäre, der mittleren der Atmosphärenschichten. Wir können dabei ein seltsam anmutendes Phänomen beobachten, je höher wir uns in der Stratosphäre befinden, desto wärmer ist es und zwar von etwa 53 K an der Grenze zur Troposphäre bis hin zu eben jenen 800–850 K der Thermosphäre.

Aber sollte es nicht kühler werden, je weiter wir uns von der „Oberfläche" des Planeten entfernen? Die Erklärung für dieser Erwärmung finden wir in der Absorption solarer UV- und Infrarotstrahlung durch Methan und anderen Kohlenwasserstoffen, die sich in der Stratosphäre befinden.

Die Stratosphäre reicht von etwa 4000 km Höhe hinab bis zu 50 km über der 1-bar-Grenze, die als Definition der Oberfläche herangezogen wird. Die Kohlenwasserstoffe finden sich dabei in einem sehr schmalen Band in Höhen von 100–280 km.

Die beiden Kohlenwasserstoffe Ethan und Ethin bilden im unteren, kälteren Bereich der Stratosphäre in der Nähe der Tropopause[1] eine neblige Schicht, die möglicherweise zahlreiche Strukturdetails darunterliegender Bereiche verbirgt. Die Bereiche oberhalb dieser Schichten sind deutlich ärmer an Kohlenwasser-

---

[1] Übergang zwischen Stratosphäre und Troposphäre.

stoffen. Dadurch wird die Stratosphäre des Uranus deutlich durchsichtiger und detailärmer als die anderer Gasplaneten.

Verstärkt wird dieser Effekt noch dadurch, dass bei Uranus insgesamt eine wesentlich schwächer ausgeprägte vertikale Durchmischung stattfindet als bei den anderen Gasplaneten. Die Ursachen hierfür sind noch nicht vollständig verstanden.

6.3.3 Es wird dichter

Noch weiter unten stoßen wir in den dichtesten Teil der Atmosphäre vor, die Troposphäre. Sie reicht von 50 km über der 1-bar-Grenze bis zu etwa −300 km hinab. Fast die gesamte Masse der Atmosphäre ist in dieser Schicht vereint. In ihr können wir ein umgekehrtes Phänomen beobachten: die Temperatur sinkt mit steigender Höhe. An ihrem unteren Rand (bei etwa 300 km unterhalb des 1-bar-Niveaus) beträgt sie noch da. 320 K, an der Tropopause lediglich 53 K.

Man vermutet komplexe Wolkenstrukturen aus eisigen Partikeln in ihr. Bisher ist man sich allerdings nur über die Existenz von Methanwolken sicher. Diese konnten durch die Raumsonde Voyager 2 eindeutig nachgewiesen werden. Der Rest ist lediglich Spekulation und basiert auf verschiedenen Annahmen und Simulationen.

Die Methanwolken entstehen vermutlich aus heißem Methan, das aus unteren Schichten aufsteigt und sich dabei abkühlt bis eisige Partikel entstehen und Wolken kondensieren. Vermutlich befinden sich unterhalb der Methanwolken noch weitere Wolken, die etwa aus Schwefelwasserstoff, Ammoniumhydrogensulfid und Wassereis bestehen. Der abschließende Beweis ihrer Existenz steht allerdings noch aus.

6.3.4 Strukturlos

Die besten und detailreichsten Aufnahmen, die wir von Uranus haben, stammen von der Raumsonde Voyager 2 während ihres Vorbeiflugs im Jahr 1986. Doch auch sie offenbaren kaum Oberflächendetails. Lediglich sehr schwach ausgeprägte Bänder waren zu erkennen. Stürme waren fast nicht auszumachen (Abb. 6.3). Der Unterschied zu Saturn oder gar Jupiter sticht dabei sofort ins Auge.

Neben der nebligen Schicht aus Kohlenwasserstoffen in der Stratosphäre scheint vor allem auch die geringe vertikale Durchmischung der Atmosphäre für die Detailärme verantwortlich zu sein. Uranus scheint nur eine sehr schwa-

Abb. 6.3   Uranus im Jahr 2005 aufgenommen durch das Hubble-Weltraumteleskops. Einige atmosphärische Strukturen sind zu erkennen, u.a. eine weiße Wolke (Quelle: NASA, ESA, and M. Showalter (SETI Institute)).

che innere Wärmequelle zu besitzen und zudem auch noch thermisch recht ausgeglichen zu sein.

Auf Aufnahmen Voyagers, des Hubble-Weltraumteleskops und des riesigen Keck-Teleskops auf dem Mauna Kea auf Hawaii, USA (Abb. 6.3) kann man vor allem Strukturen in der südlichen Hemisphäre des Planeten erkennen: eine helle Polarkappe und dunkle äquatoriale Bänder. Die Grenze liegt bei etwa 45 Grad südlicher Breite. Zwischen 45 und 50 Grad südlicher Breite ist ein schmales Band zu erkennen, welches das hellste große Merkmale auf der Planetenoberfläche ist: der *Collar.* Vermutlich handelt es sich beim Collar und der Polarkappe um dichte Regionen von Methanwolken und diese erscheinen deshalb als besonders hell.

Gegenstücke auf der Nordhalbkugel scheinen auf früheren Aufnahmen nicht zu existieren. Derzeit nähert sich Uranus auf seiner Umlaufbahn um die Sonne seiner Tag-und-Nacht-Grenze. Anders als zu Zeiten Voyagers wird daher zunehmend auch die nördliche Hemisphäre von der Sonne beleuchtet. Allmählich entwickeln sich auch dort beobachtbare Strukturen. Die Sonneneinstrahlung scheint demzufolge eine gewisse Rolle zu spielen.

6.4   Innerer Aufbau

Sinken wir weiter ab, stoßen wir irgendwann auf die Oberfläche des Planeten. Im Fall des Uranus, wie bei den anderen Gasplaneten, darf man sich diese nicht als fest vorstellen. Vielmehr geht die gasförmige Atmosphäre in einem direkten Phasenübergang in den flüssigen inneren Teil über.

Prinzipiell folgt Uranus dabei dem Aufbau der anderen Gasplaneten und weißt deutliche Ähnlichkeiten mit seinem Vetter Neptun auf, was einer vergleichbaren Entstehungsgeschichte geschuldet sein dürfte.

Wie ist Uranus nun aber intern aufgebaut? Grob gesagt besteht er aus einer gasförmigen äußeren Hülle. Darunter folgen flüssiges Gas und Eis. In seinem Zentrum befindet sich möglicherweise ein fester Gesteinskern. Der Beweis hierfür steht allerdings noch aus, ebenso wie bei den anderen Gasplaneten. Generell ist der genaue innere Aufbau des Planeten unbekannt. Man geht aber von einem Standardmodell aus, das sich aus verschiedenen Beobachtungen und Simulationen ergibt. Wirkliche Sicherheit dürfte erst der Besuch einer Raumsonde bringen, vergleichbar mit der NASA Sonde Juno, die genau dieser Frage bei Jupiter nachgegangen ist. Allerdings ist keine solche Mission zu Uranus oder Neptun geplant, sodass wir uns bei unseren Untersuchungen noch auf längere Zeit auf indirekte Methoden und Indizien verlassen müssen.

Eingangs dieses Kapitels haben wir bereits über die niedrige Dichte des Eisriesen Uranus gesprochen. Dies legt nahe, dass er sich hauptsächlich aus verschiedenen leichten Stoffen wie Wasser, Ammoniak und Methan zusammensetzt. Schauen wir uns nun daher die Verteilung dieser Stoffe und den inneren Aufbau gemäß des Standardmodells mal etwas genauer an (Abb. 6.4).

Es geht von einem kleinen festen Kern aus, der etwa 30 % des Uranusradius (ungefähr 7000 km) entspricht. Dieser wäre demnach etwas größer als unsere Erde, besitzt aber lediglich 0,55 Erdmassen. Ein wahres Fliegengewicht also.

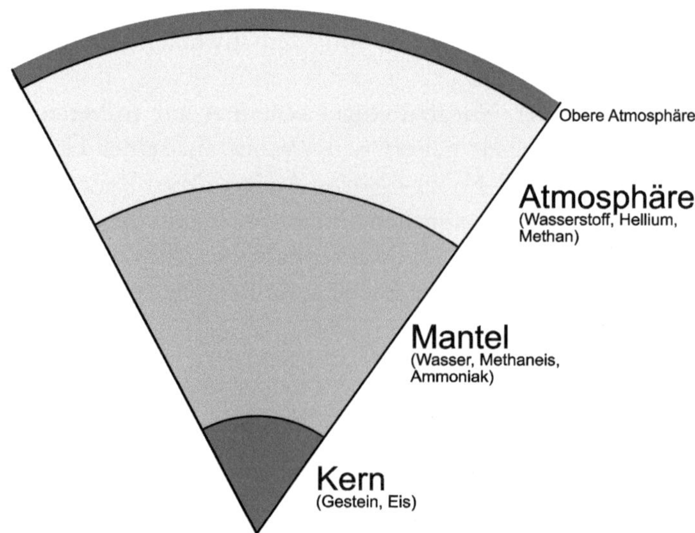

Abb. 6.4 Schematische Darstellung des inneren Aufbaus von Uranus

Er scheint keine innere Wärmequelle zu besitzen, weil man keine vertikale thermische Durchmischung nachweisen kann. Das Fehlen einer solchen Quelle würde aber auch nahelegen, dass Uranus seine nachweislich vorhandene Wärme fast ausschließlich durch Absorption von außen aufnimmt.

Über dem Kern befindet sich ein eisiger Mantel, in dem sich der Großteil der Planetenmasse konzentriert. Es handelt sich um ein dichtes, flüssiges Gemisch aus Wasser-, Methan- und Ammoniakeis. Dieses scheint elektrisch leitfähig zu sein.

Oberhalb des Mantels befindet sich eine molekulare Gashülle, die zu großen Teilen aus molekularem Wasser und Helium besteht.

Uranus ist eine Welt aus (flüssigem) Eis verschiedenster Ausprägungen. Er unterscheidet sich damit deutlich von Jupiter und Saturn, die sich zu großen Teilen aus Gasen zusammensetzen. Einzig Neptun ähnelt hierbei Uranus. Oft werden diese beiden äußeren Planeten daher als *Eisriesen* gegenüber den *Gasriesen* Jupiter und Saturn abgegrenzt.

6.5 Die Magnetosphäre

Wir haben bereits gesehen, dass Uranus ein Planet voller Merkwürdigkeiten zu sein scheint: angefangen bei seiner Zusammensetzung, der geringen Dichte und seiner Strukturlosigkeit. Warum sollte sein Magnetfeld und seine Magnetosphäre daher eine Ausnahme bilden?

Wir wissen nicht sehr viel über Uranus' Magnetosphäre und damit über sein Magnetfeld. Unsere Erkenntnisse stammen in erster Linie von Messungen der Raumsonde Voyager 2 aus den 19080er-Jahren. Was wir allerdings wissen, ist ungewöhnlich.

Anders als bei den übrigen Planeten scheint das Magnetfeld nicht einmal annähernd vom geometrischen Zentrum des Planeten auszugehen. Zudem ist es um etwa 60° gegenüber seiner ohnehin schon seltsamen Rotationsachse gedreht (Abb. 6.5).

Seine Struktur ist in hohem Maße asymmetrisch. Der magnetische Dipol ist dabei in Richtung des rotationellen Südpols verschoben. Es scheint auch nicht aus allzu großen Tiefen zu entspringen. Die Ursachen für all das sind noch nicht verstanden.

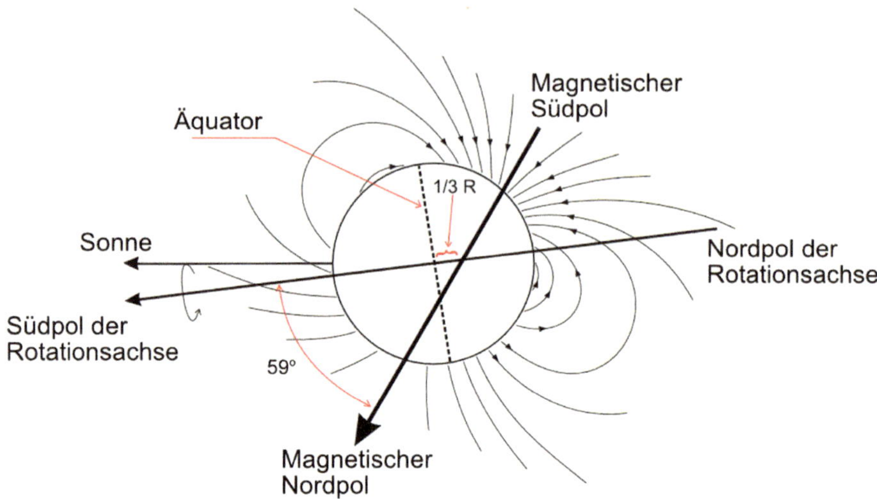

Abb. 6.5 Das Magnetfeld von Uranus weist einige Besonderheiten auf. Sein Mittelpunkt ist gegenüber dem Zentrum des Planeten verschoben (Adaptiert von Ruslik0; gemeinfrei)

6.6 Ringsystem

Wie seine beiden inneren Nachbarn Jupiter und Saturn besitzt auch Uranus ein Ringsystem. Es ist allerdings nicht so stark ausgeprägt wie das des Saturn, weshalb es auch erst relativ spät, am 10. März 1977, durch die Astronomen James L. Elliot, Edward W. Dunham und Douglas J. Minh im Rahmen einer Sternbedeckung entdeckt wurde. Erst gut zehn Jahre später im Jahr 1986 konnte es genauer durch den Besuch der Raumsonde Voyager 2 erforscht werden.

Es setzt sich aus einer Vielzahl kleiner Körper und Teilchen zusammen, die sich gemeinsam mit dem Planeten in seiner Rotationsrichtung bewegen.

Die Größe der Teilchen schwankt von etwa 10 m Durchmesser hin zu winzigen Staubteilchen. Im Durchschnitt scheinen die Bestandteile größer zu sein als bei Saturns Ringen. Jedoch ist ihre Anzahl bedeutend kleiner. Daher rührt auch der schwächere Eindruck.

In seiner Struktur ähnelt das Ringsystem eher dem des Jupiter. Beide sind sehr fein und dunkel. Dasjenige Saturns wirkt demgegenüber deutlich gröber. Die einzelnen Ringe des Systems sind jeweils sehr schmal und – das im Unterschied zu anderen Ringsystemen des Sonnensystems – scharf abgegrenzt. Praktisch alle Ringe liegen innerhalb der sogenannten Roche-Grenze (siehe Kasten „Die Roche-Grenze").

Die Roche-Grenze

EDie Roche-Grenze bzw. der Roche-Radius ist nach dem französischen Astronomen und Mathematiker Eduard Albert Roche benannt, der diese im Jahr 1850 postulierte. Sie wird zur Beurteilung der Stabilität eines Himmelskörpers, welcher einen anderen umkreist, herangezogen. Ein Körper A wird durch Gravitationskräfte zusammengehalten. Umkreist dieser Körper A einen weiteren Körper B, so wirken auf A zusätzlich sogenannte Gezeitenkräfte. Diese kommen dadurch zustande, dass die beiden Körper sich gegenseitig anziehen. Die Anziehungskraft von B wirkt dabei unterschiedlich stark auf A. Sie ist größer auf der B zugewandten Seite und geringer auf der abgewandten. A wird förmlich in die Länge gezogen. Solange dabei die Gravitationskräfte, die A zusammenhalten, mindestens so groß wie die Gezeitenkräfte sind, bleibt A stabil. Übersteigen aber die Gezeitenkräfte jene Gravitationskräfte, was beim Überschreiten der Roche-Grenze geschieht, so wird A auseinandergerissen.

Betrachtet man die Verteilung innerhalb des Ringsystems, so spricht einiges dafür, dass es nicht zusammen mit Uranus entstanden sein kann, sondern es sich vielmehr erst zu einem späteren Zeitpunkt bildete. Vermutlich sind die Bruchstücke Überreste von früheren Monden oder eingefangen Objekten, die sich in heftigen Kollisionen gegenseitig zermalmten oder durch die Gezeitenkräfte Uranus' zerstört wurde. Besonders die Lage innerhalb der Roche-Grenze spricht für Letzteres.

Das Ringsystem des Planeten Uranus weicht noch in einem anderen Punkt von dem der anderen Gasplaneten ab. Es liegt nicht genau zentrisch um den Planeten, d. h., es schwingt etwas um den Planeten herum. Aller Wahrscheinlichkeit nach zeichnen sich hierfür die Einflüsse verschiedener Monde und die starke Abplattung des Planeten verantwortlich.

6.7   Das Reich der Monde

Wie fast alle Planeten mit Ausnahme von Venus und Merkur besitzt auch Uranus zahlreiche Begleiter u. a. in Form von Monden. Auch in ihrer schieren Zahl weicht er nicht von den anderen Gasplaneten ab, welche alleine durch ihre große Masse eine Vielzahl von Monden auf mehr oder weniger stabilen Umlaufbahnen um sich herum binden können.

Derzeit sind 27 Monde des Uranus bekannt, deren Größe deutlich schwankt. Es existieren viele kleine, irreguläre Begleiter, die nur wenige Kilometer Durchmesser besitzen. Es dominieren aber vor allem fünf große Monde. Der größte von ihnen, Titania, besitzt einen Durchmesser von 1600 km. Er und drei weitere, Ariel, Umbriel und Oberon, sind massereich genug, um ein hdyrostatisches Gleichgewicht zu erreichen; sie nehmen daher annähernd Kugelgestalt

Tab. 6.1 Übersicht über die wichtigsten Monde des Uranus. Es sind die wichtigsten Eigenschaften mittlerer Abstand von Uranus a, Umlaufzeit T, Durchmesser D und Masse M angebeben

Nr	Name	a	T	D	M	Entdeckt
I	Ariel	191.020	2,5	1158	$1,35 \times 10^{21}$	1851
II	Umbriel	266.300	4,1	1169	$1,17 \times 10^{21}$	1851
III	Titania	436.300	8,7	1578	$3,52 \times 10^{21}$	1787
IV	Oberon	583.519	13,5	1523	$3,01 \times 10^{21}$	1787
V	Miranda	129.872	1,4	472	$6,59 \times 10^{19}$	1948
XV	Puck	86.004	0,8	162	$2,89 \times 10^{18}$	1985

an. Man nimmt an, dass der letzte der fünf großen Monde, Miranda, ebenfalls massereich genug ist.

Es ist jedoch schwierig von massereich im Zusammenhang mit Uranus' Mondsystem zu sprechen, handelt es sich doch um das masseärmste System aller vier Gasplaneten. Alle fünf Hauptmonde zusammengenommen entsprechen lediglich etwa der Hälfte der Masse von Neptuns größtem Mond Triton. Das wiederum ist nur etwas mehr als 10 % der Masse unseres Erdmondes.

Wir wollen auf unserem Flug viele der sehr kleinen irregulär geformten Monde außer Acht lassen. Meist handelt es sich lediglich um eingefangene kleinere Objekte, die auf ihren Umlaufbahnen um die Sonne Uranus zu nahe gekommen waren. Ihre Struktur dürfte im Wesentlichen der von vergleichbaren Asteroiden entsprechen. Wir wollen uns lediglich einem von ihnen etwas genauer widmen: Puck, der seine Kreise am inneren Rand des Ringsystems zieht. Viel interessanter sind die fünf Hauptmonde, die wir nun der Reihe nach besuchen wollen.

Eine Liste der Monde, die wir nun besuchen werden, ist in Tab. 6.1 gegeben.

Die Namen der Monde des Uranus sind dabei Figuren aus William Shakespeares Stücken (vor allem dem Sommernachtstraum) und Werken Alexander Popes entlehnt.

6.7.1 Puck

Zuerst stoßen wir auf den kleinen Mond *Puck* (Abb. 6.6), der in einem mittleren Abstand von 86.000 km inmitten zweier Ringe seine Bahnen um Uranus zieht. Entdeckt wurde der mit 162 km Durchmesser immerhin sechstgrößte Mond des Uranus im Jahr 1985 von Stephen P. Sinnott, der Aufnahmen von Voyager 2 analysierte.

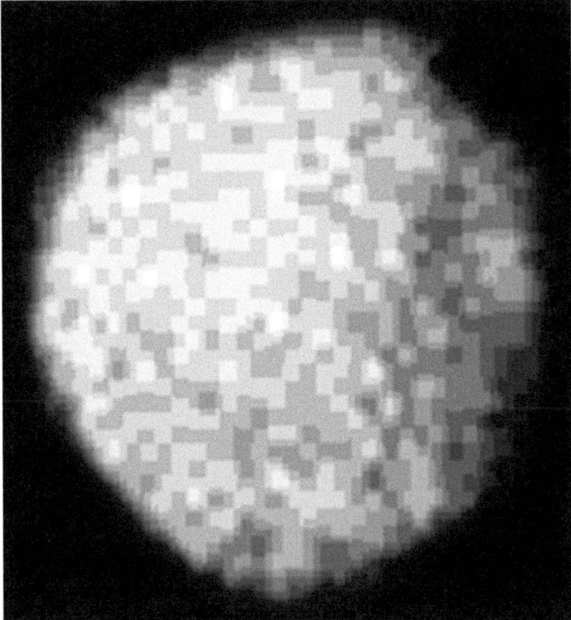

Abb. 6.6 Aufnahme des kleinen Uranusmondes Puck durch Voyager 2 aus dem Jahr 1986 (Quelle: NASA/JPL)

An Puck gibt es eigentlich wenig Interessantes zu sehen. Er besitzt eine sehr dunkle Oberfläche und ist von Kratern übersät. Drei große konnten auf Aufnahmen der Voyager-Sonde eindeutig als solche ausgemacht werden. Der größte von ihnen misst beachtliche 45 km im Durchmesser.

Pucks geringe mittlere Dichte von $1{,}3\,g/cm^3$ legt nahe, dass er sich vornehmlich aus Wassereis zusammensetzen dürfte. Mit an Sicherheit grenzender Wahrscheinlichkeit ist Puck kein differenzierter Körper.

6.7.2 Miranda

Unser nächster Zwischenstopp, der Mond *Miranda,* ist hier in vielerlei Hinsicht interessanter als der winzige Puck (Abb. 6.7). Miranda ist mit einem Durchmesser von gut 470 km mehr als doppelt so groß wie Puck und befindet sich in einem mittleren Abstand von gut 130.000 km von Uranus. Miranda ist damit der erste der größeren Mond des Uranus auf den wir stoßen und der sich gänzlich außerhalb des Ringsystems befindet. Entdeckt wurde der Mond erst 1948 durch den niederländisch-amerikanischen Astronomen Gerard Kuiper.

Mirandas Umlaufbahn ist ebenso wie die von Uranus geneigt und umkreist die Sonne daher auf der Seite liegend. Dies führt zu extremen jahreszeitlichen

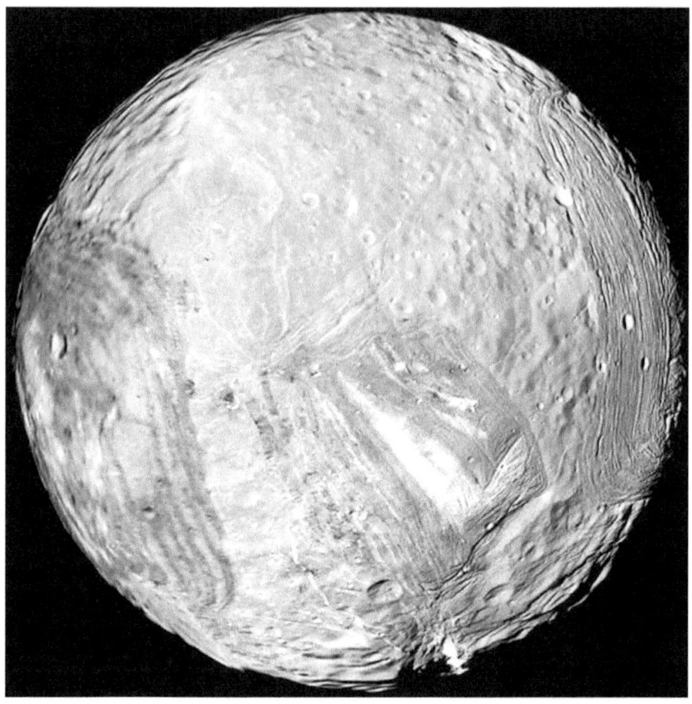

Abb. 6.7 Uranusmond Miranda aufgenommen durch Voyager 2 (Quelle: NASA/JPL-Caltech)

Schwankungen. Die Pole sind dabei entweder ein halbes Uranusjahr in völliger Dunkelheit oder permanenter Sonnenstrahlung ausgesetzt. Dieses Phänomen können wir bei den meisten Monden des Uranussystems beobachten.

6.7.2.1 Oberfläche

Mirandas Oberfläche erscheint überraschend vielfältig. Neben den selbstverständlich vorkommenden Kratern finden wir zahlreiche andere geologische Formationen vor. Der Mond ist von einem Netz aus Canyons und Tälern durchzogen. Extreme Verwerfungen prägen sein Antlitz. Zu letzteren gehört einige riesige annähernd 20 km hohe Steilklippe, die *Verona Rupes* (Abb. 6.8).

Abb. 6.9 zeigt *Coronae* oder auch Kränze. Sie gehören mit zu den auffälligsten Strukturen von Mirandas Oberfläche und unterscheiden sich deutlich von der verkraterten Umgebung. Die bekanntesten sind die Inverness Corona, die Elsinore Corona und die Arden Corona.

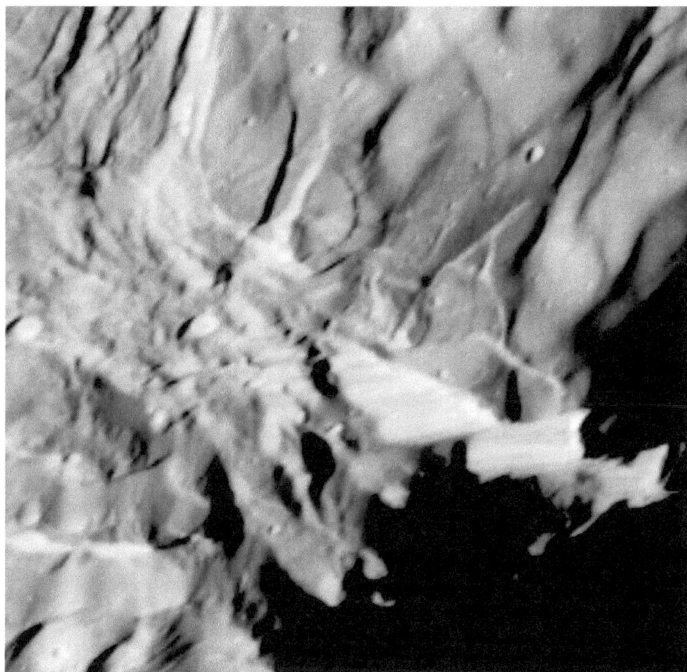

Abb. 6.8   Verona Rupes ist eine fast 20 km hohe Steilklippe auf dem Mond Miranda. Hier zu sehen auf einer Detailaufnahme von Voyager 2 aus dem Jahr 1986 (Quelle: NASA/JPL)

Umschlossen werden die Coronae in der Regel von Hochlandgebieten, die auch als *Regiones* bezeichnet werden. Die prominentesten sind Mantua Regio, Sicilia Regio und Ephesus Regio.

Eines der beiden ausgedehntesten Canyon-Systeme, die Verona Rupes haben wir schon genannt. Nicht unerwähnt bleiben sollte dabei *Argier Rupes,* eine tiefe Schlucht nordöstlich von Corona Inverness, die mit knapp 150 km Länge sogar noch etwas größer ist als erstgenannte Verona Rupes.

Klassisch für ein kleineres Objekt in unserem Sonnensystem ist auch Mirandas Oberfläche von zahlreichen Kratern unterschiedlichster Größe vernarbt. Der größte von ihnen, *Alonso,* bringt es immerhin auf einen Durchmesser von 25 km. Versucht man das Alter von Mirandas Oberfläche abzuschätzen, so zählt man am besten die Anzahl älterer Krater. Schätzungsweise ist die Oberfläche des Mondes etwa 100 Mio. Jahre alt und damit geologisch noch sehr jung. Dies ist zwar noch kein Beweis, aber dennoch ein klares Indiz für geologische Aktivitäten. Irgendetwas muss schließlich die Oberfläche „umgestaltet" haben.

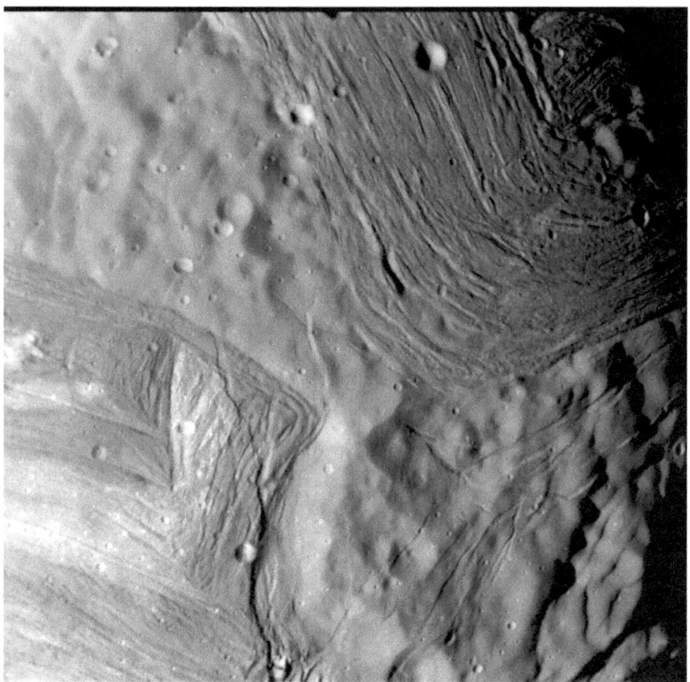

Abb. 6.9 Beispiel von Coronae auf Miranda. Hier zu sehen auf einer Detailaufnahme von Voyager 2 aus dem Jahr 1986 (Quelle: NASA/JPL)

6.7.2.2 Innerer Aufbau

Wie sieht es nun unterhalb der Oberfläche aus? Befindet sich etwa auf dieser frostigen Welt, ähnlich zu verschiedenen Jupiter- und Saturnmonden, auch ein unterirdischer Ozean? Dafür gibt es derzeit leider keine Hinweise. Mirandas geringe mittlere Dichte von $1,2\,\mathrm{g/cm^3}$ deutet auf eine Zusammensetzung aus mehrheitlich Wassereis (80 %) hin. Den Rest machen vor allem silikatisches Gestein und Kohlenstoffverbindungen wie Methan aus. Nichts spricht momentan dafür, dass Miranda ein differenzierter Körper ist.

6.7.3 Ariel

Verlassen wir nun Miranda und wenden uns dem etwas weiter entfernten Mond *Ariel* zu, welcher bereits einen mittleren Abstand von 191.900 km von Uranus hat (Abb. 6.10). Dies ist zwar immer noch der halbe Abstand, den unser Mond zur Erde hat, aber langsam bewegen wir uns nach außen.

Abb. 6.10   Der Mond Ariel aufgenommen durch Voyager 2 im Jahr 1986 (Quelle: NASA/JPL)

In Bezug auf Größe legt Ariel im Vergleich zu Miranda eine ordentliche Schippe drauf. Wir haben mit ihm und seinen 1158 km Durchmesser den viertgrößten Uranusmond vorliegen. Entdeckt wurde er 1851 von dem britischen Astronomen William Lassell.

Auch bei ihm kommt es zu extremen jahreszeitlichen Unterschieden ausgelöst durch seine Umlaufbahn.

6.7.3.1 Oberfläche

Auch auf Ariel finden wir die anscheinend unvermeidbaren Krater. Neben Gebieten hoher Kraterdichte, gibt es aber auch größere Regionen mit nur verhältnismäßig wenigen. Vier unterschiedliche Typen geologischer Formationen dominieren die Oberfläche.

Immer wieder sind flache, tiefliegende *Ebenen* zu erkennen. Astronomen gehen davon aus, dass sie über einen längeren Zeitraum als Folge geologischer Aktivitäten wie Kryovulkanismus entstanden sind.

Kratergelände überziehen zwar weite Teile der Oberfläche, kommen jedoch verstärkt in der südlichen Hemisphäre vor. Eine höhere Kraterdichte erstreckt sich vom Südpol ausgehend radial nach außen. *Canyons* und Täler *(Valles)* bilden ein ausgedehntes Netzwerk. Entstanden sind sie wohl als Folge tektonischer Aktivitäten.

An ihren Ausläufern lassen sich immer wieder Bänder aus *Kämmen* und *Rillen* ausmachen, die sich teilweise über mehrere hundert Kilometer erstrecken. Da sie stets in Verbindung mit Canyons beobachtet werden, gehen Wissenschaftler davon aus, dass sie infolge identischer Prozesse entstanden sind.

6.7.3.2 Innerer Aufbau

Im Vergleich zu den zwei bisher besuchten Monden Puck und Miranda weist Ariel eine höhere Dichte auf ($1,6\,\text{g/cm}^3$). Wir können also eine andere Zusammensetzung erwarten, die weniger Wassereis enthält (50 %) und mehr Gestein (30 %). Die restlichen 20 % machen verschiedene Kohlenstoffverbindungen aus, darunter Methan.

Es gibt noch keine abschließenden Belege, aber viele Wissenschaftler gehen davon aus, dass Ariel ein differenzierter Körper ist. Ist das so, wäre ein etwa 744 ckm großer Gesteinskern von einem Mantel aus Wassereis umschlossen. Betrachtet man genauer die Bewegungen des Mondes während seines Umlaufes, so ergeben sich keine Hinweise auf einen unterirdischen Ozean, der zwischen Mantel und Kern läge.

6.7.4 Umbriel

Wir legen jetzt nochmals etwa 70.000 ckm oben drauf und gelangen zu *Umbriel,* der in einer mittleren Entfernung von 266.300 km seine nahezu perfekten Kreise um Uranus zieht (Abb. 6.11, links). Auch er, genau wie sein Nachbar Ariel, wurde 1851 durch den Briten William Lassell entdeckt.

Seine Oberfläche zeigt eine sehr hohe Dichte von Kratern, viel höher etwa als bei Ariel. Die meisten von ihnen liegen im Bereich einiger Kilometer bis hin zu etwa 200 km Durchmesser. Der größte Krater, *Wokolo,* ist stolze 210 km groß. Daneben durchziehen Canyons und Täler seine Oberfläche.

Die hohe Anzahl an Kratern spricht für eine sehr alte Oberfläche, praktisch keinen geologischen Aktivitäten unterworfen war.

Abb. 6.11 Die Monde Umbriel, Titania und Oberon aufgenommen durch Voyager 2 im Jahr 1986 (Quelle (Einzelaufnahmen): NASA/JPL)

Umbriels Dichte ist mit etwa $1{,}4\,\mathrm{g/cm^3}$ etwas geringer als die von Ariel. Der Anteil von Wassereis am Gesamtmaterial steigt deshalb auf gut 60 %. Den Rest machen silikatisches Gestein und Kohlenstoffverbindungen aus.

Ähnlich wie sein innerer Nachbar ist auch Umbriel wohl ein differenzierter Körper mit einem Gesteinskern von 634 km Durchmesser, der von einem Mantel aus Wassereis umschlossen ist. Aber auch hier gibt es keine Hinweise auf einen unterirdischen Ozean.

6.7.5 Titania

In einem mittleren Abstand von gut 436.000 km befindet sich die 1578 km große *Titania* (Abb. 6.11, Mitte). Der 1787 durch Wilhelm Herschel entdeckte Mond, ist – wenn auch knapp mit 55 km Vorsprung – der größte Mond des Uranussystems.

Von seinen Oberflächenmerkmalen weicht Titania nicht großartig von ihren Nachbarn ab. Zahlreiche Krater, große Canyons zieren die Oberfläche. Daneben sind womöglich frisch gebildete Eisfelder beobachtbar.

Titania ist dichter als Ariel ($1{,}7\,\mathrm{g/cm^3}$). Die Differenz lässt jedoch keine deutlich andere Zusammensetzung vermuten (50 % Wassereis, 30 % Gestein, 20 % Kohlenstoffverbindungen).

Der Mond ist mit ziemlicher Sicherheit ein differenzierter Körper mit einem etwas über 1000 km großen Gesteinskern und einem Mantel aus Wassereis. Dazwischen liegt ein vermutlich bis zu 50 km tiefer Ozean aus flüssigem Wasser.

Titania besitzt darüber hinaus vermutlich eine dünne, flüchtige und saisonale Atmosphäre aus Kohlenstoffmonoxid. Was können wir unter „saisonal" in diesem Zusammenhang verstehen? Es handelt sich dabei nicht um eine dauerhafte Gashülle wie etwa auf unserer Erde oder dem Saturnmond Titan. Vielmehr existiert sie wohl nur während des „Sommers", wenn die Sonneneinstrahlung das gefrorene Eis auf der Oberfläche sublimieren lässt, d. h., es geht von der Eisform direkt in Gas über ohne den Umweg über eine Flüssigkeit. Eine Gashülle entsteht. Wechselt der Mond in den Winter, so friert das Gas in der Atmosphäre aufgrund der extremen Kälte und fällt zurück auf die Oberfläche. Die Atmosphäre verschwindet.

Ein solches Phänomen werden wird weiter draußen im äußeren Sonnensystem im Bereich jenseits Neptuns noch häufiger vorfinden.

6.7.6 Oberon

Mit einem kurzen Zwischenstopp bei *Oberon* beenden wir unseren Besuch im Uranussystem (Abb. 6.11, rechts). Oberon musste sich im Rennen um die Spitzenposition als Uranus größter Mond ganz knapp Titania geschlagen geben. Mit 1523 km Durchmesser ist er einfach einen Tick zu klein. Er umrundet den Eisriesen in einer mittleren Entfernung von etwa 583.000 km und weist in vielerlei Hinsicht Ähnlichkeit mit Titania auf. Angefangen bei seiner Entdeckung durch Wilhelm Herschel im Jahr 1787.

Seine Oberfläche ist sehr alt und von zahlreichen Kratern unterschiedlichster Größe überzogen. Anders als auf Titania gibt es kaum Ebenen, und die Canyons sind schwächer ausgeprägt. Dafür ist die Anzahl der Krater höher. Alles in allem spricht wenig für geologische bzw. auch tektonische Aktivitäten auf Oberon.

Die Zusammensetzung des Mondes dürfte der Titanias ähneln (50 % Wassereis, 30 % Gestein, 20 % Kohlenstoffverbindungen). Ein möglicherweise vorhandener Gesteinskern wäre mit 960 km etwas kleiner als der des größten Mondes. Zwischen dem eisigen Mantel und dem Kern befindet sich wohl ein etwa 40 km tiefer Ozean aus flüssigem Wasser.

Weiterführende Literatur

*de Pater, I., Lissauer, J.: Planetary Sciences. Cambridge University Press, Cambridge (2015)

Miner, E.D.: Uranus: The Planet, Rings and Satellites. Wiley, New York (1998)

Schmudje, R.: Uranus, Neptune, and Pluto and How to Observe Them. Springer, New York (2008)

7

Neptun

Reisezeit: 10 Jahre 62 Tage. Wir nähern uns nun dem Letzten der beiden Eisriesen und damit auch dem Letzten der bekannten großen Planeten unseres Sonnensystems. Neptun ist einerseits von Aufbau und Struktur seinem Nachbarn Uranus recht ähnlich, zum anderen aber auch wieder recht verschieden (siehe Abb. 7.1). Es zeigt sich auch hier wieder, dass aus einem auf den ersten Blick nicht schlüssig nachvollziehbarem Grund die Welten, auf die wir während unserer Reise treffen, stets bizarrer werden je weiter wir uns von unserem Zentralgestirn Sonne entfernen. Vieles über Neptun und seine Monde liegt noch im Unbekannten. Aber nicht nur seine physikalischen Daten sind interessant, auch seine Entdeckungsgeschichte ist spannend, der wir uns nach einem kurzen Überblick widmen wollen.

7.1   Ein kurzer Überblick

Schon aus einiger Entfernung können wir die rasch anwachsende dunkelblaue Planetenscheibe ausmachen, die sich vor uns aufbaut. Neptun ist das letzte und mit Abstand größte Objekt des äußeren Sonnensystems und dominiert dieses durch seine schiere Masse. Er entscheidet im Wesentlich alleine über das Schicksal der ihm nachfolgenden Objekte.

Neptun umkreist die Sonne in etwa 30 AE Entfernung, was immerhin schon stolzen 4,5 Mrd. km entspricht. Er benötigt für einen Umlauf 165 Erdjahre. Während ein lang lebender Mensch also gerade noch so einen vollen Umlauf des Uranus beobachten kann, ist dies bei Neptun bereits deutlich nicht mehr möglich.

© Springer-Verlag GmbH Deutschland, ein Teil von Springer Nature 2019
M. Moltenbrey, *Ausflug ins äußere Sonnensystem,*
https://doi.org/10.1007/978-3-662-59360-8_7

Abb. 7.1 Neptun aufgenommen von Voyager 2 (Quelle: NASA, JPL)

Er ist mit einem mittleren Durchmesser von knapp 50.000 km nur unwesentlich kleiner als sein Nachbar Uranus. Doch ist er trotz der geringeren Größe massereicher ($m_N = 1{,}02 \cdot 10^{26}$ kg gegenüber $m_U = 8{,}7 \cdot 10^{25}$ kg), was schlicht daran liegt, dass Neptuns mittlere Dichte höher ist. Bereits dies ist ein interessantes Phänomen, was unseren bisherigen Beobachtungen entgegenzulaufen scheint. Stets haben wir abnehmende Dichten vorgefunden je weiter uns unsere Reise bisher führte. Mit $1{,}6 \, \mathrm{g/cm^3}$ ist Neptun sogar der dichteste Gasriese unseres Sonnensystems. Bis heute ist es ein heiß diskutiertes und abschließend noch nicht geklärtes Thema (siehe Kasten „Das Problem der Dichte").

Das Problem der Dichte

Neptun ist der dichteste und damit kompakteste Gasriese unseres Sonnensystems. Werfen wir einmal einen Blick auf die Dichten der anderen drei Gasriesen Jupiter, Saturn und Uranus, so können wir bereits einen deutlichen Unterschied feststellen.

Planet	Mittlere Dichte (g/cm^3)	Masse (kg)
Jupiter	1,326	$1,89 \cdot 10^{27}$
Saturn	0,687	$5,69 \cdot 10^{26}$
Uranus	1,27	$8,68 \cdot 10^{25}$
Neptun	1,638	$1,02 \cdot 10^{26}$

Doch wie kann das sein? In den äußeren Regionen des Sonnensystems war, gemäß den ursprünglich akzeptierten Modellen der Planetenentstehung, die Dichte der Materie schlicht zu dünn als dass sich die beiden Eisriesen Uranus und Neptun hätten bilden können. Etwas mußte also anders gewesen sein. Eine mögliche Erklärung haben wir bereits im einführenden Kapitel kennengelernt. Danach hätten sich Uranus und Neptun viel näher an der Sonne gebildet und wären erst im Rahmen der planetaren Migration nach außen gewandert, wobei die beiden Planeten ihre relative Position getauscht hätten. Neptun wäre demgemäß näher an der Sonne entstanden als Uranus, also in einer Region, in der die Dichte der Materie höher war als bei Uranus. Dies könnte zumindest die höhere Dichte des blauen Eisriesen erklären, beantwortet aber nicht die Frage, warum Jupiter und Saturn deutlich geringere Dichten aufweisen. Hier besteht auch heute noch Klärungsbedarf.

Wir wollen jedoch nicht verschweigen, dass es noch andere Theorien gibt, die den Dichteunterschied zu erklären versuchen. Eine von ihnen geht davon aus, dass die Eisriesen nicht durch Akkretion entstanden sind (wie alle anderen Planeten), sondern durch Instabilitäten innerhalb der protoplanetaren Scheibe. Durch die Strahlung eines nahen massereichen Sterns seien schließlich ihre Atmosphären weggetragen worden.

Neben der hohen Dichte fällt aber auch die hohe Rotationsgeschwindigkeit auf. Mit ungefähr 16 h rotiert Neptun wie die anderen Gasplaneten sehr rasch. Dementsprechend kann man auch bei ihm eine deutliche Abplattung erkennen (ca. 2 %).

Ähnlich den anderen Gasriesen weist Neptun ein ausgeprägtes System von Monden auf. Bisher kennen wir 14 seiner Begleiter, wobei der Mond Triton der mit weitem Abstand größte von ihnen ist. Dieser ist ein sonderbarer Begleiter und weißt zahlreiche, verblüffende Ähnlichkeiten zu dem Zwergplanten Pluto auf.

Bevor wir uns damit aber weiter beschäftigen, wollen wir uns im Folgenden etwas näher mit der durchaus spannenden Entdeckungsgeschichte des Planeten beschäftigen.

7.2   Entdeckung des Planeten

Die Entdeckung Neptuns unterscheidet sich fundamental von der der anderen Planeten und läutete eine neue Ära in der Erforschung unseres Sonnensystems ein. Die Planeten Merkur bis Saturn waren aufgrund ihrer Helligkeit schon seit dem Altertum bekannt. Uranus ist zwar schon erheblich lichtschwächer als sie, wurde aber noch auf klassische Weise, nämlich mehr oder weniger zufällig entdeckt (siehe Abschn. 6.2). Lediglich die vage Titius-Bode-Reihe hatte ungefähre Anhaltspunkte über die Existenz eines weiterem Planeten jenseits der Saturnbahn gegeben.

Bei Neptun sah die Sache demgegenüber bereits anders aus. Schon recht bald nach seiner Entdeckung stellten verschiedene Astronomen fest, dass die berechneten Positionen von Uranus am nächtlichen Himmel nicht mit den tatsächlich beobachten übereinstimmten. Stets gab es geringe Abweichungen. Was konnte das sein? Allmählich setzte sich die Auffassung durch, dass irgendetwas Uranus' Umlaufbahn stören musste. Gab es vielleicht einen weiteren, noch unbekannten Planeten da draußen?

Der französische Mathematiker und Astronom Urban LeVerrier (1811–1877) nahm sich vor, dass Problem zu lösen. In den Jahren 1845 und 1846 versuchte er, den Einfluss eines unbekannten, weiter entfernt liegenden Planeten auf Uranus zu berechnen und daraus schließlich eine Umlaufbahn zu bestimmen. Auf diese Weise gelang es ihm vorherzusagen, wo sich der mögliche Planet befinden sollte. Die Berechnungen gelangen. Doch bedurfte es noch einer Bestätigung seiner Vorhersagen.

Er bat den deutschen Astronomen Johann Gottfried Galle (1812–1910), der zu jener Zeit an der Berliner Sternwarte arbeitete, um Hilfe. Er schickte ihm seine Berechnungen und ersuchte ihn an den postulierten Positionen nach dem Planeten Ausschau zu halten.

Nachdem Galle von seinem Vorgesetztem, dem Leiter der Sternwarte Johann Franz Encke (1791–1865), die Erlaubnis erhalten hatte, begann er umgehend mit der Suche. Im September des Jahres 1846 war er erfolgreich. Ein neuer Planet war gefunden. Ende desselben Jahres einigte man sich auf den Namen *Neptun.*

Neptun war der erste Planet, der durch eine systematische Suche am Himmel gefunden wurde. Er sollte nicht der letzte bleiben.

7.3 Atmosphäre

Während wir uns dem Eisriesen Neptun nähern, erkennen wir schon aus weiter Entfernung seine tiefblaue Farbe. Seine Atmosphäre setzt sich in erster Linie aus Wasserstoff (80 %) und Helium (19 %) zusammen. Den Rest machen Methan und Spuren anderer Gase aus. Vor allem das Methan ist es, welches dem Planeten seine eindrucksvolle Farbe verleiht. Anders als auf dem recht strukturlos wirkenden Uranus, können wir auf Neptun Wolkenstrukturen und andere meteorologische Phänomen erkennen, die sich in seiner Atmosphäre abspielen.

Die Atmosphäre nimmt etwa 10 bis 20 % des Planetenradius ein und ist in Schichten aufgebaut. Beginnen wir also unseren Sinkflug. Bei Annäherung an den Planeten durchfliegen wir zunächst seine *Exosphäre,* die von außen nach innen in Richtung des Planeten zunehmend an Dichte gewinnt. Die Exosphäre geht schließlich allmählich in die etwa 750 K warme *Thermosphäre* über, was wieder warm ist für einen Planeten in dieser Entfernung. Die einfallenden Sonneneinstrahlung reicht in diesen Regionen des Sonnensystems eigentlich nicht aus, die Gashülle auf diese Temperaturen zu erwärmen. Es muss also noch andere Vorgänge im Planeten selbst geben, die Ursache hierfür sind. Bisher ist jedoch noch keine schlüssige Erklärung gefunden worden.

Der Druck steigt, je tiefer wir in die Atmosphäre eindringen. Bei etwa $10^{-5} - 10^{-4}\mu$bar stoßen wir auf die sogenannte *Thermopause,* die den Übergang zur *Stratosphäre* markiert. Wir bemerken mit zunehmender Tiefe wie die Temperatur sinkt, es also kälter wird.

In ihrem unteren Bereich gehen wir an der *Tropopause* in die *Troposphäre* über. Hier ist es genau umgekehrt, je tiefer wir absinken, desto wärmer wird es. Die Troposphäre geht an ihrem unteren Ende quasi fließend in das Planeteninnere über. Wie wir schon bei den anderen Gasplaneten gesehen haben, existiert keine feste Oberfläche.

7.4 Wolken und Wetter

Der untere Bereich der Stratosphäre scheint von einem nebligen Schleier geprägt zu sein. Verantwortlich zeichnen sich wahrscheinlich Kondensate von Ethan und Ethin, die bei der Zersetzung von Methan durch Licht entstehen.

In der Troposphäre spielt sich das interessanteste Wetter ab. Je nach Höhe, dementsprechendem Druck und Temperatur, finden wir Wolken unterschiedlicher Zusammensetzung. Wolken in den höheren Schichten der Troposphäre bestehen fast ausnahmslos aus Methan. Im Bereich zwischen 1 und 5 bar dominieren Wolken aus Ammoniak und Hydrosulfaten. Bei einem Druck jenseits von 5 bar existieren zwar auch noch zu Beginn Wolken aus Ammoniak, werden aber rasch durch Ammoniumsulfat und Wasser abgelöst. Noch weiter untern, wenn der Druck erheblich steigt, können sich Wolken aus Wassereis bilden.

Hohe Cirruswolken geben Neptun eine Struktur (Abb. 7.2). Diese sind durch hohe Windgeschwindigkeiten zu Bändern gezogen und schon aus einiger Entfernung gut beobachtbar. Überhaupt ist Neptuns Atmosphäre sehr dynamisch und durch extreme Windverhältnisse geprägt. Die schnellsten Winde des Sonnensystems wurden bisher auf dem blauen Eisriesen gemessen. Diese erreichen teilweise 600 m/s und dringen dabei in den Bereich des Ultraschalls vor.

Daneben können gewaltige Stürme (bspw. Zyklonen) in seiner Atmosphäre toben. Der bekannteste von ihnen ist wohl der *Große Dunkle Fleck,* der 1989 durch Voyager 2 entdeckt wurde (Abb. 7.3). Die Wissenschaftler gehen mittlerweile davon aus, dass es sich bei ihm um keine Wolkenstruktur im klassischen Sinne handelte, sondern um ein Hochdruckgebiet mit einem Loch, welches Einblick in die tieferen Schichten der Atmosphäre freigab. Mit großer Spannung und der Hoffnung, dass es sich vielleicht um ein Gegenstück zum Großen Roten Fleck auf Jupiter handeln könnte, richtete man 1994 das Hubble-Weltraumteleskop auf Neptun. Doch da war nichts. Der Fleck war ver-

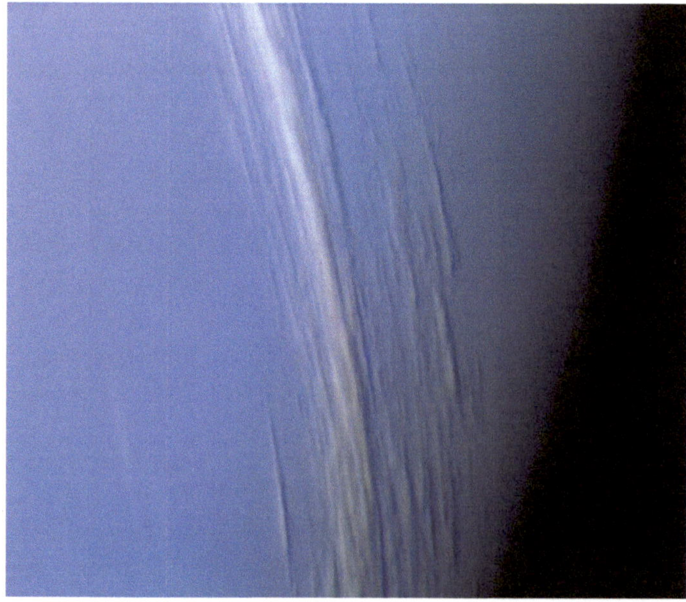

Abb. 7.2 Diese Wolken wurden in Neptuns Atmosphäre 1989 durch Voyager 2 beobachtet (Quelle: NASA, JPL)

Abb. 7.3 Neptuns Großer Dunkler Fleck, aufgenommen von Voyager 2 (Quelle: NASA, JPL)

schwunden. Ein weiteres Sturmgebiet war *Scooter*, eine Gruppe weißer Wolken südlich des Großen Dunklen Flecks. Aber auch dieser hat sich aufgelöst.

7.5 Innerer Aufbau

Neptun ist ein Eisriese. Man geht davon aus, dass er einen größeren festen Kern besitzt als Jupiter und Saturn, sofern diese überhaupt noch einen Kern besitzen. Vermutlich besteht dieser Kern aus silikatischem Gestein und Metall und dürfte etwa ein bis eineinhalb Erdmassen besitzen, dabei aber nicht wesentlich größer sein als unsere Erde.

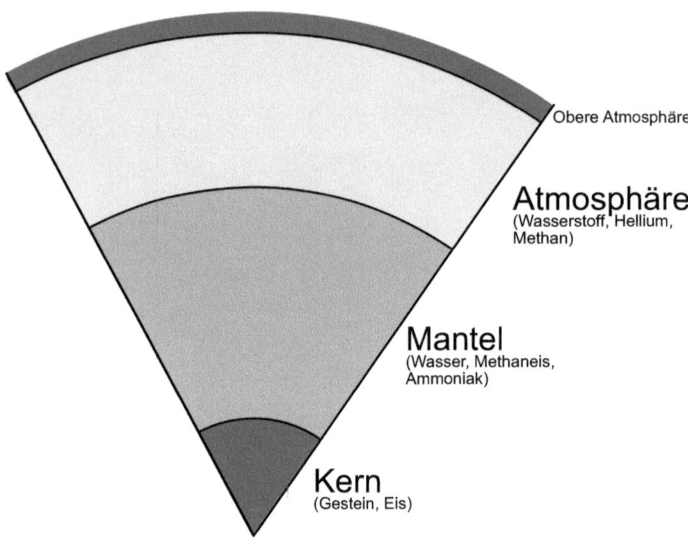

Abb. 7.4 Schematische Darstellung des inneren Aufbau Neptuns

Umgeben ist der Kern aus einem Mantel oder Ozean aus einer Mischung von Fels, Wasser, Ammoniak und Methan. Dieser Mantel dürfte wohl zehn bis 15 Erdmassen umfassen (Abb. 7.4).

Vieles spricht für das Vorhandensein einer inneren Wärmequelle. Neptun strahlt nämlich das 2,7-mal mehr Energie in das All ab als er durch die einfallende Sonnenstrahlung aufnimmt. Sehr wahrscheinlich sind hierfür radioaktive Prozesse in seinem Kern verantwortlich.

7.6 Magnetosphäre

Neptuns Magnetfeld und Magnetosphäre ähneln recht stark denen des Uranus. Allerdings ist sein Magnetfeld etwa 47° gegen seine Rotationsachse geneigt, und der Mittelpunkt des Magnetfelds ist um knapp 13.500 km aus dem Zentrum des Planeten verschoben. Die genauen Ursachen sind derzeit nicht bekannt. Allgemein wird vermutet, dass Flussbewegungen im Inneren des Planeten verantwortlich sind.

Der Eisriese hat nur ein schwach ausgeprägtes Magnetfeld, dessen Stärke nur etwa einem Zwanzigstel des irdischen entspricht. Wie bei Uranus ist es allerdings ausgedehnter, wobei auch hier auf der sonnenzugewandten Seite eine Stauchung verursacht durch den Sonnenwind stattfindet.

Die Magnetosphäre erstreckt sich hier nur etwa 23 bis 26,5 Neptunradien ins All. Auf der abgewandten Seite dehnt es sich mindestens 72 Neptunradien aus.

7.7   Ringsystem

Wenn wir uns nun auf den Weg machen, Neptun zu verlassen, um seine Monde zu besuchen, so können wir ein feines und schwaches Ringsystem um den Planeten herum entdecken (Abb. 7.5). Dieses hält natürlich einem Vergleich mit dem prächtigen Ringen Saturns nicht stand, ist aber nicht minder interessant. Es ist gänzlich anders aufgebaut. Es sind derzeit fünf Ringe bekannt, die allesamt nach bekannten Astronomen benannt sind, die bei der Entdeckung und Erforschung Neptuns in irgendeiner Form beteiligt waren.

Von innen nach außen sind die Namen der Ringe (siehe auch Abb. 7.6): *Galle, LeVerrier, Lassell, Arago* und *Adams*. Es besteht zudem die Möglichkeit, dass sich zwischen Galle und Neptun noch ein weiterer, viel schwächer ausgeprägter Ring befindet.

Was macht die Ringe Neptuns nun so anders? Im Vergleich zu den anderen Systemen, die wir besucht haben, sind sein Ringe viel schwächer und feiner. Sie setzen sich aus winzigsten Partikeln zusammen. Drei der Ringe sind sehr schmal. LeVerrier ist ca. 113 km breit, Arago nur etwa 100 km und Adams lediglich 35 km. Nur Galle und Lassell sind zwischen 2000 und 5000 km

Abb. 7.5 Neptuns Ringsystem zusammengesetzt aus zwei Aufnahmen der Raumsonde Voyager 2 (Quelle: NASA, JPL)

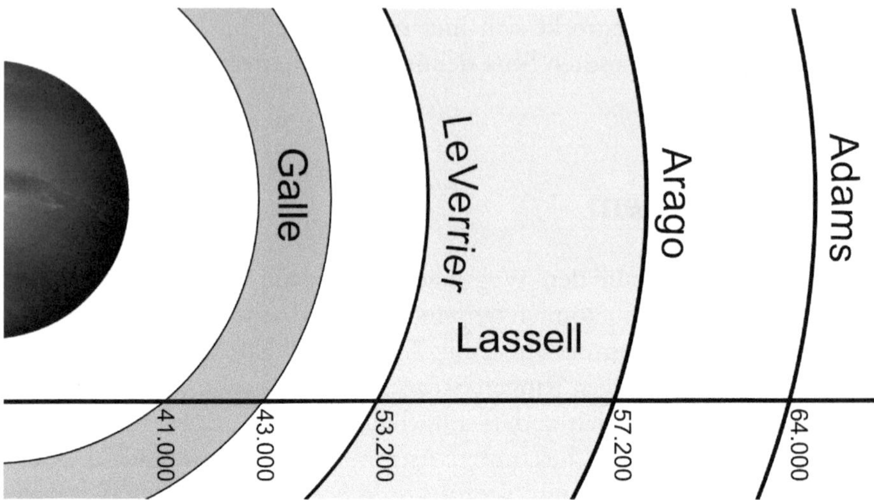

Abb. 7.6 Das Ringsystem Neptuns mit den bekannten Ringen Galle, LeVerrier, Lassell, Arago und Adams. Der Lassell-Ring nimmt dabei als sehr feine Scheibe den Raum zwischen LeVerrier und Arago ein.

breit, wobei Lassell eher einer gefüllten Scheibe zwischen LeVerrier und Arago entspricht.

Im äußeren Adams-Ring können wir ein interessantes Schauspiel beobachten. In dem schwachen Gesamtring gibt es fünf deutlich hellere Bögen, die darin eingebettet sind. Bis heute gibt es keine abschließende Erklärung für deren Herkunft.

7.8 Monde

Wir wollen uns nun dem Mondsystem zuwenden. Für einen Gasplaneten besitzt Neptun mit 14 Monden ein verhältnismäßig kleines System. Ein Mond, *Triton,* sticht jedoch deutlich heraus. Er ist nicht nur der mit Abstand größte Mond des Systems, sondern vereinigt auch über 99 % der Gesamtmasse aller Monde Neptuns in sich. Triton ist gut sechsmal größer als der zweitgrößte Mond *Proteus.* Insgesamt ist über Neptuns kleinere Monde wenig bekannt. Die meisten von ihnen sind sehr klein, unregelmäßig geformt, dunkel und stark verkratert.

Wir wollen daher nur Proteus als Stellvertreter dieser Monde besuchen und dann unsere ganze Aufmerksamkeit Triton widmen.

7.8.1 Proteus

Proteus, der mit 420 km Durchmesser zweitgrößte Mond des Neptunsystems, umkreist den Eisriesen in einem mittleren Abstand von 118.000 km (Abb. 7.7). Er ist mit einer Albedo von etwa 0,01 sehr dunkel, d. h., er strahlt nur etwa ein Prozent des einfallenden Lichts zurück. Er wurde deshalb auch erst 1989 durch Stephen P. Synnott und Bradford A. Smith auf Aufnahmen von Voyager 2 entdeckt.

Er ist unregelmäßig geformt (436 × 416 × 404 km) und sehr stark verkratert. Auf den wenigen verfügbaren Aufnahmen lassen sich linienförmige, garbenartige Strukturen vermuten. Der größte Krater trägt den Namen *Pharos* und entspricht etwa dem halben Monddurchmesser.

7.8.2 Triton

Wenden wir uns nun aber dem mit 2707 km Durchmesser größten Mond des Neptunsystems zu. Triton zählt zu den größten Monden des Sonnensystems

Abb. 7.7 Neptuns Mond Proteus, aufgenommen von Voyager 2 (Quelle: NASA, JPL)

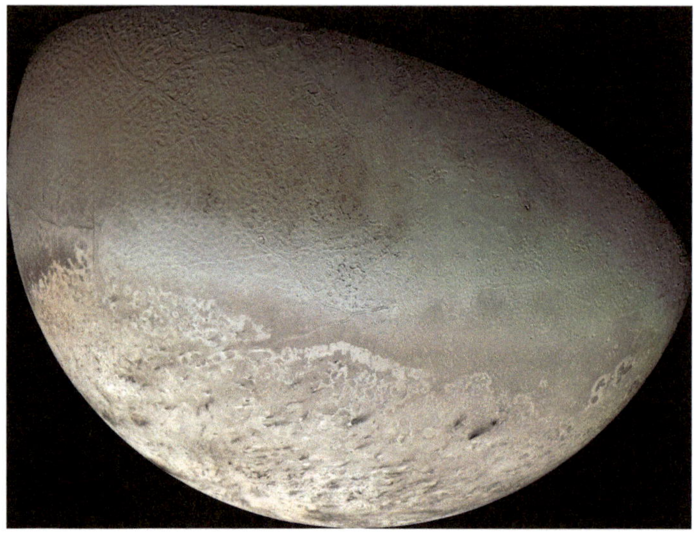

Abb. 7.8 Neptuns größter Mond Triton, aufgenommen von Voyager 2 (Quelle: NASA, JPL, USGS)

überhaupt (Abb. 7.8). Der 1848 durch William Lassell entdeckte Mond umkreist Neptun in einer mittleren Entfernung von 355.000 km und ist anders als die anderen Monde des System sehr hell (Albedo 0,76).

Triton ist auch deutlich dichter als die meisten anderen Monde des Sonnensystems (mittlere Dichte $2,06\,\text{g/cm}^3$). Dies ist aber noch nicht das letzte auffällige Merkmal. Was wir sofort bemerken können, ist, dass er Neptun *retrograd,* also rückläufig, auf einem fast perfekten Kreis umrundet. Seine Umlaufbahn ist dabei um 157° gegen den Äquator Neptuns geneigt.

Er verhält sich damit anders als typische Monde. Wir können aus dieser Beobachtung ausschließen, dass Triton vor Ort aus derselben Akkretionsscheibe entstanden ist. Vielmehr dürfte er zu einem späteren Zeitpunkt eingefangen worden sein. Auch seine Tage dürften gezählt sein (siehe Kasten „Herkunft und Schicksal Tritons").

Herkunft und Schicksal Tritons

Eines ist schon beim ersten Blick auf das Neptunsystem klar. Triton kann aufgrund seiner retrograden Umlaufbahn nicht vor Ort aus dem Sonnennebel bzw. einer späteren Akkretionsscheibe entstanden sein, da diese prograd rotierte. Triton muss folglich zu einem späteren Zeitpunkt eingefangen worden sein. Um ein vorbeifliegendes Objekt einzufangen, muss dieses aber zunächst auf eine Geschwindigkeit unterhalb der Fluchtgeschwindigkeit abgebremst werden. Setzt man dies in Bezug zu Triton, so erscheinen zwei Möglichkeiten plausibel. Im ersten Szenario wäre der an Neptun vorbeifliegende Triton durch eine Kollision mit einem anderen Körper in ausreichendem Maße abgebremst worden. Der andere Körper könnte dabei ein schon existierender Mond Neptuns oder ein zufällig ebenfalls vorbeifliegendes Objekt gewesen sein. Ein zweites Szenario schlägt demgegenüber vor, dass Triton vor dem Einfangen durch Neptun Teil eines Doppelsystems war. Als beide Körper in den Einflussbereich des Eisriesen gelangten, wurde das Doppelsystem aufgelöst. Einer der Körper wurde in die Weiten des Alls geschleudert und der zweite, Triton, eingefangen.

Beide Szenerien könnten sich während der Phase der planetaren Migration zugetragen haben, als der noch junge Neptun nach außen durch den Proto-Kuiper-Gürtel wanderte. Demnach wäre Triton ein eingefangenes Kuiper-Gürtel-Objekt (KBO). Seine Ähnlichkeit zu Pluto in Größe und Zusammensetzung scheint diese Hypothese zu bestätigen.

Wir können aber nicht nur etwas zu Tritons Ursprung sagen. Seine letzten Tage scheinen ebenso bereits gezählt zu sein. Er befindet sich bei seinem Umlauf sehr nahe an der Roche-Grenze. Die wirkenden Gezeitenkräfte sind gewaltig und bremsen ihn weiter ab. In etwa 100 Mio. Jahren wird er dabei wohl die Roche-Grenze überschreiten und durch die Gezeitenkräfte zerrissen werden.

Abb. 7.9   Triton besitzt eine dünne, flüchtige Stickstoffatmosphäre. Das Bild, aufgenommen von Voyager 2, zeigt hohen Dunst und Wolken in dieser (Quelle: NASA, JPL)

7.8.2.1 Atmosphäre

Triton besitzt eine flüchtige Stickstoffatmosphäre, die keine Stratosphäre aufweist. Seine Troposphäre, die durch Turbulenzen auf der Oberfläche in Form von Geysiren und Kryovulkanen verursacht wird, reicht bis in eine Höhe von etwa 8 km über der Oberfläche (Abb. 7.9). Daran schliesst sich seine Thermosphäre nahtlos an, die sich bis zu etwa 950 km erstreckt und dann allmählich in eine Exosphäre übergeht.

7.8.2.2 Oberfläche und Innerer Aufbau

Neptuns größter Mond ist geologisch sehr aktiv. Überall auf der Oberfläche können wir Geysire und Kryovulkane ausmachen (Abb. 7.10). Sie ist von einem riesigen Netzwerk an Verwerfungen geziert. Da der Mond sehr aktiv ist, findet man kaum ältere Einschlagskrater. Nahezu die gesamte Oberfläche ist mit gefrorenem Stickstoff überzogen. Alles in allem ähnelt er dem Zwergplaneten Pluto sehr (Abb. 7.11). Das wird deutlich werden, wenn wir diesen zu einem späteren Zeitpunkt auf unserer Reise besuchen.

Wir finden einen differenzierten Körper mit einem festen Kern aus silikatischem Gestein vor, der einen Mantel aus Wassereis besitzt. Indizien sprechen für einen ammoniakreichen unterirdischen Ozean. Vieles ist leider noch unbekannt und kann wohl erst durch eine weitere Erforschung mittels Raumsonden geklärt werden. Es ist gut vorstellbar, dass Triton auch im inneren Aufbau Ähnlichkeit mit dem Zwergplaneten Pluto aufweist.

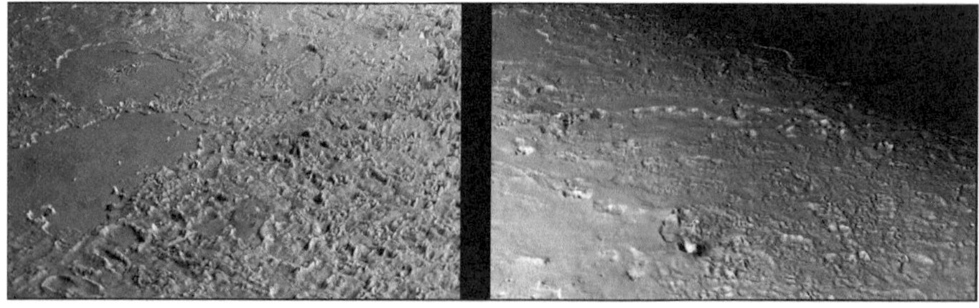

Abb. 7.10 Blick auf zwei Vulkanfelder auf Triton in Äquatornähe (Quelle: NASA/JPL/Universities Space Research Association/Lunar & Planetary Institute)

Abb. 7.11   Immer wieder findet man auf Triton dunklere Gebiete, die wiederum von hellen Bereichen umgeben sind (Quelle: NASA/JPL).

Weiterführende Literatur

*de Pater, I., Lissauer, J.: Planetary Sciences. Cambridge University Press, Cambridge (2015)

Miner, E.D.: Neptune – The Planet, Rings and Satellites. Springer, London (2002)

Standage, T.: Die Akte Neptun. Die abenteuerliche Geschichte der Entdeckung des 8. Planeten. Campus, New York (2000)

8

Kuiper-Gürtel

Reisezeit: 13 Jahre 139 Tage. Unsere Reise geht weiter. Hinter uns können wir noch die kleine dunkelblaue Scheibe des Neptuns sehen. Mit unserer Abreise von dort setzten wir unseren Flug in das „Unbekannte" fort. Wir lassen die Welt der Gasriesen, ja sogar das Reich der großen Planeten hinter uns und dringen in eine vollkommen neue und uns fremdartig erscheinende Welt vor, die Region der transneptunischen Objekte (TNO).

Es ist die Heimat fremdartiger, bizarrer Körper, die noch zahlreiche Fragen aufwerfen. In Anbetracht dessen, dass wir diese Region erst seit gut 30 Jahren „kennen" wissen wir aber bereits einiges.

Während unserer Passage werden wir auch auf einen alten Bekannten treffen, den Zwergplaneten Pluto. Er wurde nicht nur per Beschluss der Internationalen Astronomischen Union (IAU) im Jahr 2006 zum Zwergplaneten degradiert, sondern wir wissen heute auch, dass er lediglich eines von Abertausenden Objekten in dieser Region ist, wenn auch eines der größten bzw. das größte (Stand: Ende 2018). Aufgrund dieser herausragenden Stellung werden wir ihn uns genauer betrachten.

8.1 Ein kurzer Überblick

Die Region jenseits der Umlaufbahn Neptuns ist keinesfalls so leer wie man ursprünglich angenommen hatte. Vielmehr ist man vor nicht allzu langer Zeit auf Objekte gestoßen, die die Grenzen unseres Vorstellungsvermögens sprengen könnten. Es ist die Heimat zahlreicher Zwergplaneten und Kometen.

Es handelt sich um eine „Scheibe" oder vielmehr einen Donut aus vielen tausend kleinerer Objekte, die ihre Bahnen mehr oder weniger chaotisch unter

© Springer-Verlag GmbH Deutschland, ein Teil von Springer Nature 2019
M. Moltenbrey, *Ausflug ins äußere Sonnensystem,*
https://doi.org/10.1007/978-3-662-59360-8_8

stetigem Einfluss anderer Objekte um die Sonne ziehen. Was auf den ersten Blick chaotisch wirkt, entpuppt sich jedoch schon bald als überraschend geordnet.

8.2   Von ersten Hypothesen bis zur Entdeckung

Es war ein sehr langer Weg von den ersten Hypothesen bis zur tatsächlichen Entdeckung des „Donuts". Bereits kurz nach der Entdeckung Plutos im Jahr 1930 durch den amerikanischen Astronomen Clyde Tombaugh kamen Spekulationen auf, ob es jenseits der Neptunbahn vielleicht noch weitere vergleichbare Objekte geben könnte. Konnte es wirklich sein, dass Pluto einzigartig war? Pluto war ohnehin ein sehr merkwürdiges Objekt. Wir werden im späteren Verlauf des Kapitels noch genauer darauf eingehen. An dieser Stelle soll es genügen, dass er zunehmend „schrumpfte". Ursprünglich ging man von einigen Erdmassen aus. Nachfolgende, genauere Untersuchungen reduzierten seine Gesamtmasse allerdings erheblich. Konnte das wirklich der lange gesuchte neunte Planet sein?

Ein weiteres Problem bestand mit dem damals bekannten Bild unseres Sonnensystems. Die Anzahl der kurzperiodischen Kometen, also derjenigen Kometen, die für einen Umlauf um die Sonne weniger als 200 Jahre benötigen, war einfach nicht damit in Einklang zu bringen.

Zahlreiche Hypothesen kamen auf. Im Jahr 1943 spekulierte der irische Astronom Kenneth Edgeworth (1880–1972), dass der Sonnennebel, aus dem unser Sonnensystem entstand (siehe Kap. 1) in der Region jenseits des heutigen Neptuns nur sehr dünn war. Er sah es als unmöglich an, dass dort aufgrund der geringen Dichte Planeten kondensieren könnten. Vielmehr sei es wahrscheinlich, dass sich unzählige kleinere Objekte bilden konnten, die in einer Scheibe ähnlich dem Asteroidengürtel zwischen Mars und Jupiter, um die Sonne kreisten. Hin und wieder würden einige davon Bahnstörungen, u. a. durch Neptun erfahren, die sie in das innere Sonnensystem werfen, wo sie schließlich als kurzperiodische Kometen auftreten. Er war sich sicher, dass er damit die beobachtete hohe Anzahl solcher Kometen erklären konnte.

Etwas später, im Jahr 1951, stellte der amerikanisch-niederländische Astronom Gerard Kuiper (1905–1973) unabhängig von Edgeworth eine ähnliche Hypothese auf. Allerdings war er sich sicher, dass eine solche Scheibe kleiner Objekte heute nicht mehr existieren würde und es diese nur in der Frühzeit des Sonnensystems gegeben haben dürfte.

Seine Überlegungen fußten dabei auf der damals verbreiteten Annahme, Pluto besitze in etwa die Masse der Erde. Wir wissen heute natürlich, dass dies bei Weitem nicht der Fall ist. Geht man jedoch davon aus, erscheint Kuipers Hypothese plausibel. Ein etwa erdähnlicher Planet hätte eine Vielzahl der in der Region vorhandenen kleineren Objekte gestreut. Es wären dann schlicht nicht mehr genügend vor Ort gewesen, die Scheibe hätte sich aufgelöst.

Beide, Edgeworth und Kuiper, sollten jedoch mit ihrer grundlegenden Hypothese einer transneptunischen Scheibe einer Vielzahl kleiner und kleinster Objekte Recht behalten.

Bis zur Erbringung des Beweises war es jedoch noch ein sehr langer Weg. Im Jahr 1977 entdeckte der amerikanische Astronom Charles Kowal ein seltsames Objekt, dessen Umlaufbahn zwischen Saturn und Uranus lag. Es wurde auf den Namen *Chiron* getauft. Woher kam es? Der Raum zwischen den Planeten war demnach doch nicht so leer wie angenommen. Gab es etwa noch weiteres Unbekanntes zu entdecken im Sonnensystem?

Es zogen nochmals gut 15 Jahre ins Land, bis tatsächlich ein erstes transneptunisches Objekt jenseits von Pluto entdeckt wurde. Dessen Entdeckungsgeschichte zeigt zudem, dass man für Forschung einen durchaus langen Atem und eine ordentliche Portion Ausdauer haben muss.

Dem amerikanischen Astronomen David Jewitt kamen Ende der 1980er-Jahre zunehmend Zweifel, dass der Raum jenseits Neptuns wirklich so leer war. Es musste doch einfach etwas dort sein! Im Jahr 1987 überzeugte er seine damalige Doktorandin Jane Luu, ihn bei einer systematischen Suche noch möglichen transneptunischen Objekten zu unterstützen. Unzählige Nächte verbrachten sie damit. Unmengen an Daten wurden gesammelt. Glücklicherweise war die Technologie schon so weit fortgeschritten, dass elektronische Kameras, sogenannte CCD-Kameras, in die Astrofotografie Einzug gehalten hatten. Ein mühsames und langwieriges Auswerten von Fotoplatten entfiel. Stattdessen konnten sie auf die Hilfe von Computern zurückgreifen. Anders wäre das Bewältigen der für damalige Verhältnisse unglaublichen Datenmengen nicht vorstellbar gewesen.

Die Jahre vergingen. Doch sollte ein TNO existieren, so verbarg es sich effektiv. Sie fanden nichts. Bis zu jenem 30. August 1992, als ihre fünfjährige Suche von Erfolg gekrönt wurde. Sie entdecken das erste TNO jenseits der Bahnen von Neptun und Pluto. Es erhielt die Bezeichnung (15760) 1992 QB$_1$. Das erste Objekt des klassischen Kuiper-Gürtels war gefunden. Es sollte namensgebend für dessen Mitglieder werden: *Cubewano*[1].

Keine sechs Monate später gelang den beiden der nächste Streich. Mit (181708) 1993 FW wurde das nächste Objekt entdeckt. In den Jahren danach wurde die Suche zunehmend erfolgreicher. Immer häufiger wurden neue

---

[1]Man beachte hier die englische Aussprache der offiziellen Bezeichung: Qju-Be-one.

Objekte entdeckt. Der Beweis war erbracht: Der Kuiper-Gürtel existierte. Bis heute (Stand: 2018) sind mehr als 2000 Mitglieder des Kuiper-Gürtels bekannt.

8.3   Struktur des Kuiper-Gürtels

Werfen wir nun also einmal einen genaueren Blick auf den Kuiper-Gürtel, wie er sich uns heute darstellt. Es handelt sich um eine ringförmige Struktur, die mehr einem amerikanischen Donut ähnelt als einer flachen Scheibe. Seine „Auswölbung" geht hauptsächlich bis etwa 10° gegenüber der Ekliptik auf beiden Seiten hinaus. In diesem Bereich sind die meisten seiner Mitglieder zu finden. Deutlich weniger davon tummeln sich in Regionen höherer Neigung.

Der Gürtel erstreckt sich über einen Bereich von etwa 30 AE bis hin zu 50 AE Abstand von der Sonne. Der Einfluss des Eisriesen Neptun auf die Mitglieder des Kuiper-Gürtels ist signifikant. Durch seine Nähe und große Masse beeinflusst er das Schicksal vieler Kuiper-Gürtel-Objekte (KBO).

Daher spielen Bahnresonanzen mit dem Gasriesen eine wesentliche Rolle und bieten eine elegante Möglichkeit, den Kuiper-Gürtel bzw. allgemein TNO zu charakterisieren.

Bahnresonanzen mit Neptun führen hier zu ausgeprägten Lücken in der Verteilung der KBO. Dies ist vergleichbar mit den Kirkwood-Lücken im Asteroidengürtel zwischen Mars und Jupiter, die wir bereits in Kap. 2 kennengelernt haben.

Sie helfen uns, *Struktur* in das vermeintliche Chaos der transneptunischen Objekte zu bringen. Von besonderen Bedeutung sind dabei die 3:2- und 2:1-Resonanzen mit Neptun[2]. Sie markieren die Innen- bzw. Außengrenzen des Hauptteils des (klassischen) Kuiper-Gürtels (Abb. 8.1).

Im Allgemeinen unterscheiden wir drei verschiedene Typen von Objekten. Wir finden *resonante Objekte, klassische Kuiper-Gürtel-Objekte* (KBO) und *gestreute Objekte* (SDO oder SKBO[3]).

Im Folgenden dringen wir in den Kuiper-Gürtel ein und werden uns die gerade genannten Typen näher betrachten.

---

[2]Das heißt, während Neptun drei bzw. zweimal die Sonne umläuft, gelingt es diesen Objekten lediglich zwei bzw. einmal in derselben Zeit.

[3]Die genaue Bezeichnung hängt davon ab, ob man diese Objekte als Mitglieder einer eigenständigen Struktur, der *Scattered Disk,* sieht oder sie lediglich als Teilpopulation des Kuiper-Gürtels betrachtet. Wir werden sie im Weiteren als SDO benennen.

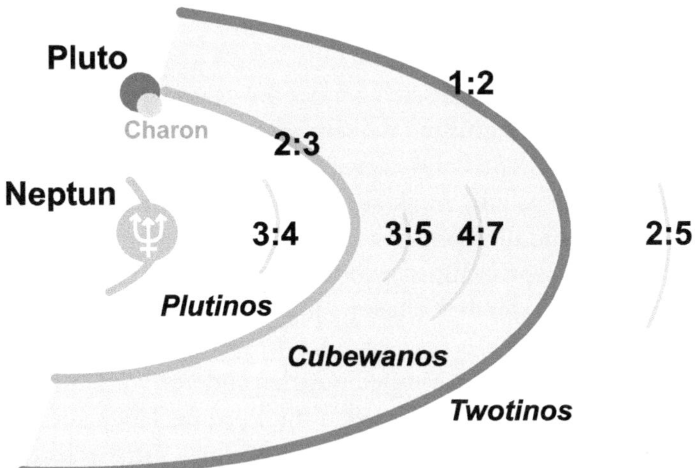

Abb. 8.1 Schematische Darstellung der Struktur des Kuiper-Gürtels mit seiner Untergliederung in Plutinos, Cubewanos, etc. (Quelle: Lilyu and Eurocommuter, CC BY-SA 3.0; modifiziert)

8.3.1   Resonante Objekte

Die resonanten Objekte werden – wie ihr Name bereits nahelegt – durch Bahnresonanzen mit dem Eisriesen Neptun beeinflusst. Eine Wirkung anderer Körper existiert natürlich auch, ist jedoch aufgrund der enormen Masse Neptuns im Vergleich zu allen anderen Objekten jenseits dessen Umlaufbahn vernachlässigbar. Im Kuiper-Gürtel existieren zahlreiche Resonanzen, die zu Lücken vergleichbar der Kirkwood-Lücken führen.[4]

Besonders die 3:2-Bahnresonanz bei etwa 40 AE Abstand von der Sonne und 2:1-Resonanz bei etwa 48 AE sind markant ausgeprägt. Sie „markieren" sozusagen die Grenzen dessen, was wir als klassischen Kuiper-Gürtel bezeichnen.

Aufgrund ihrer Bedeutung findet man in der Literatur häufig auch die Namen *Plutino*[5] und *Twotino*.

Neptun wirkt hierbei stabilisierend auf diese Bahnen, sodass sich die Objekte darin lange Zeit nahezu unverändert auf ihren Bahnen halten können.

---

[4]Auch hier darf man sich jedoch nicht dem Trugschluss hingeben, dass die Lücken wirklich leerer Raum sind. Vielmehr befinden sich zu jedem Zeitpunkt etliche Objekte darin. Es existieren jedoch kaum Objekte mit ihrer großen Halbachse in diesen Lücken.

[5]Plutinos dürfen nicht mit dem ebenfalls verwendeten Begriff *Plutoid* verwechselt werden. Letzterer wird herangezogen, um die Zwergplaneten des äußeren Sonnensystems zu bezeichnen.

8.3.1.1 Plutinos

Die Plutinos, jene Objekte, die sich bei der 3:2-Resonanz befinden, entlehnen ihren Namen von ihrem größten derzeit bekannten Vertreter: Pluto.

Sie weisen sehr ähnliche Bahneigenschaften zum ehemals neunten Planeten unseres Sonnensystems auf. Auch sie besitzen ihr Perihel innerhalb der Umlaufbahn Neptuns und ihr Aphel gerade noch außerhalb des Hauptgürtels. Die Bahnresonanz mit Neptun führt jedoch zu einer Synchronisation der Körper und verhindert dabei deren Kollision. Die Plutions umlaufen die Sonne in etwa 250 Jahren.

Die 3:2-Resonanz wirkt im Vergleich zu den anderen vorhandenen Resonanzen besonders stabilisierend, sodass sich die Plutinos lange auf ihren Bahnen halten können. Durch Wechselwirkungen mit Pluto kann es jedoch zu Bahnänderungen führen, sodass einige dieser Körper langfristig gestreut werden.

Derzeit sind etwa 100 Plutinos bekannt, die ihre Bahnen um die Sonne ziehen. Viele dieser Objekte sind klein, doch finden wir auch einige große Vertreter. Allen voran natürlich Pluto. Die Tab. 8.1 gibt einen Überblick über einige der größten Vertreter.

Auf unserer weiteren Reise wollen wir uns vor allem zwei Plutinos genauer ansehen: zum einen den Namensgeber dieser resonanten Objekte – Pluto – und zum anderen Orcus, der als Kandidat für den Status eines Zwergplaneten gilt.

8.3.1.2 Twotinos

An der äußeren Grenze des klassischen Kuiper-Gürtels bewegen sich die Twotinos. Sie scheinen weit weniger zahlreich zu sein als ihr „Gegenstück" die Plutinos. Sie haben ihren mittleren Bahnabstand bei etwa 48 AE und bewegen sich auf gemäßigt geneigten ($i < 15°$) und exzentrischen Bahnen, die sie jeweils in etwa 330 Jahren einmal um die Sonnen führen.

Tab. 8.1 Übersicht über einige der größten Plutinos

Name	Mittlere Entfernung (AE)	Umlaufzeit (Jahre)	Durchmesser (km)	Entdeckt
(90482) Orcus	39,5	249	917	2004
(84922) 2003 VS_2	39,3	248	523	2003
(208996) 2003 AZ_{84}	39,4	248	727	2003
(28978) Ixion	39,7	249	617	2003
(38628) Huya	39,4	250	406	2000
Pluto	39,5	248	2372	1930

Man hatte ursprünglich angenommen, dass ihre Anzahl mit der der Plutinos vergleichbar sei. Aktuelle Beobachtungen bestätigen dies jedoch nicht. Vermutlich finden wir die Ursache darin, dass die 2:1-Resonanz schwächer ausgeprägt ist als die 3:2-Resonanz der Plutinos. Statistisch gesehen, kommt es also häufiger zu Bahnstörungen, die zur Streuung der Objekte führen können. Die Twotinos werden so nach und nach ausgedünnt.

8.3.1.3 Weitere Resonanzen

Darüber hinaus gibt es noch weitere resonante Objekte, die sich innerhalb des Hauptgürtels, also des klassischen Kuiper-Gürtels befinden. Diese sind jedoch in ihrer Zahl eher gering ausgeprägt. Dazu zählen die 5:3-Resonanz, die sich bei etwa 42 AE Entfernung von der Sonne befindet. Es sind etwa zehn Objekte in ihr bekannt. Für einen Umlauf um die Sonne benötigen sie etwa 275 Jahre.

Nur geringfügig weiter entfernt, bei etwa 43 AE, treffen wir auf die 7:4-Resonanz. Die etwa 20 bekannten Objekte umkreisen die Sonne in knapp 290 Jahren.

Neben diesen beiden „stärkeren" Resonanzen können wir noch eine Vielzahl deutlich höherzahliger Resonanzen mit Neptun feststellen, in welchen sich Objekte befinden.

8.3.2 Klassische Kuiper-Gürtel-Objekte

Wenden wir uns nun dem klassischen Kuiper-Gürtel zu, also jenem Gebilde, das jahrelang u. a. als Quelle für kurzperiodischen Kometen gesucht wurde.

8.3.2.1 Konzentration in der Mitte

Die Objekte sind auf einen Bereich von etwa 40 bis 50 AE Entfernung von der Sonne beschränkt. Wie wir bereits wissen, wurde ihnen auch der Name „*Cubewanos*" zugewiesen, benannt nach dem ersten dort gefundenen Objekt.

Die Cubewanos sind keinerlei Resonanzen mit Neptun unterworfen und konzentrieren sich vor allem im mittleren Bereich. Wie kann man sich erklären, dass der Gürtel an seinen Rändern schwächer besiedelt ist? Es stimmt zwar, dass die Cubewanos prinzipiell keinen Resonanzen unterworfen sind, dennoch können ihren Bahnen gestört werden. Beispielsweise kann dies durch Kollisionen mit anderen Mitgliedern geschehen, wobei die beteiligten Körper ggf. aus ihrer Bahn geworfen werden können. Aber auch nahe Begegnungen mit massereicheren Cubewanos können ähnliche Auswirkungen auf kleine haben. Die so bahngestörten Cubewanos können dabei in die Nähe des Randes gelangen. In einen Bereich also in dem Neptun seinen Einfluss geltend machen kann. Es ist durchaus vorstellbar, dass der Eisriese sie aus dem Gürtel herausreißt, streut oder in eine Resonanz zwingt.

8.3.2.2 Eine Frage von heiß und kalt

Betrachten wir nun einmal die Bahnen der Cubewanos, so fällt auf, dass sich auf den ersten Blick viele auf nahezu kreisförmigen Bahnen um die Sonne befinden. Ein genauerer Blick offenbart aber etwas durchaus Erstaunliches. Die Cubewanos scheinen keine in sich homogene Population zu sein. Vielmehr können wir ziemlich genau zwei verschiedene ausmachen. Die Mitglieder der eine Gruppe weisen relativ niedrige Bahnneigungen gegenüber der Ekliptik auf und bewegen sich in der Tat auf nahezu kreisförmigen Bahnen um die Sonne.

Die anderen besitzen im Vergleich dazu ausgeprägtere Bahnneigungen und höhere Exzentrizitäten.

Das ist aber noch nicht alles, die Körper der ersten Gruppe erscheinen durchgehend rötlich, während die anderen heterogenere Farben aufweisen, jedoch zum bläulichen tendieren. Dies spricht dafür, dass sich beide Gruppen in ihrer Oberflächenzusammensetzung unterscheiden.

Es scheint sich in der Tat um zwei unterschiedliche Populationen zu handeln und nicht um eine rein zufällige Konstellation. Die erstgenannte Population wird als *kalt* (engl. *cold*) bezeichnet, die zweite als *heiß* (engl. *hot*). Die Begriffe kalt und heiß beziehen sich dabei jedoch nicht auf die tatsächlichen Temperaturen der Körper, diese dürften in etwa gleich sein. Vielmehr haben die Wissenschaftler diese Begriffe aus der Thermodynamik entlehnt und beziehen sich auf die Dynamik der Objekte.

Zwei unterschiedliche Populationen mit unterschiedlichen Bahncharakteristika und Zusammensetzungen? Es ist kaum vorstellbar, dass sich beide Gruppen zur gleichen Zeit bzw. am gleichen Ort gebildet haben können. Vielmehr scheint es plausibler zu sein, dass sie verschiedenen Ursprungsregionen entspringen.

Eindeutige Hinweise dazu fehlen. Der Vergleich mit anderen Kleinköpern unseres Sonnensystems scheint jedoch darauf hinzudeuten, dass die heißen Objekte ursprünglich in der Nähe Jupiters entstanden sind. Sie wurden dann im Zuge der Migration der Planeten an ihre jetzige Position transportiert. Die kalten Objekte entstanden vermutlich in der Nähe ihres heutigen Aufenthaltsortes. Vieles ist dabei noch unklar und reine Spekulation. Weitere Forschung ist zu einer abschließenden Klärung dringend geboten.

8.4   Physikalische Eigenschaften und Zusammensetzung

Die Objekte des Kuiper-Gürtels sind sehr klein und dunkel. Es ist daher alles andere als einfach, Informationen über diese zu gewinnen. Dementsprechend wenig ist über sie bekannt. Bis auf wenige Besuche durch Raumsonden, wissen wir nahezu nichts über ihr Aussehen. Abb. 8.2 zeigt, wie einige von ihnen möglicherweise aussehen könnten.

Doch wissen wir überhaupt etwas über diese fernen Objekte? Anfangs ging man davon aus, dass sie noch nahezu in ihrer Urform aus der Entstehung des Sonnensystems existierten. Sie sollten demnach alle mehr oder weniger ähnlich aussehen. Die KBO dürften wohl aus einer Mischung von Gestein und verschiedenen Eissorten (Wasser, Methan, Ammoniak) bestehen. In diesen fernen Regionen des Sonnensystems ist es mit gerade einmal 50 K so kalt, dass diese flüchtigen Stoffe ohne Weiteres ausfrieren können.

Mit steigender Anzahl der Entdeckungen musste dieses Bild jedoch revidiert werden. Plötzlich fanden sich Objekte in den unterschiedlichsten Rottönen bis hin zu neutralem grau. Mithilfe spektroskopischer Untersuchungen konnte gezeigt werden, dass diese Ausgangsstoffe vorhanden waren, aber sich wohl teilweise im Laufe der Zeit sowohl durch kosmische und solare Strahlung als auch durch Ausgasungen verändert haben.

Ebenso schwierig ist es, Aussagen über die Massen und Größen dieser Körper zu machen, da wir sie nicht direkt in unseren Teleskopen auflösen können.

Abb. 8.2   Künstlerische Darstellung eines Plutinos. So oder so ähnlich dürften einige dieser fernen Objekte aussehen. Doch wer weiss, ob welche Überraschungen sie noch für uns bereit halten (Quelle: ESO/M. Kornmesser).

Wir haben bereits in Kap. 4 gesehen, dass uns Sternbedeckungen bei der Bestimmung der Größe behilflich sein können. Leider können wir hierüber keine Aussagen zu ihren Massen treffen. Haben wir jedoch Glück, und das Objekt hat einen Begleiter, bspw. in Form eines Mondes, so lässt sich die Masse des Gesamtsystems recht gut bestimmen (siehe Kasten „Bestimmung von Massen").

Bestimmung von Massen

Wollen wir die Masse eines fernen Objekts bestimmen, so benötigen wir in der Regel die Hilfe eines Begleiters des Objekts, bspw. in Form eines Mondes. Haben wir das Glück, und wir kennen einen solchen Begleiter, müssen wir lediglich einige Parameter messen.

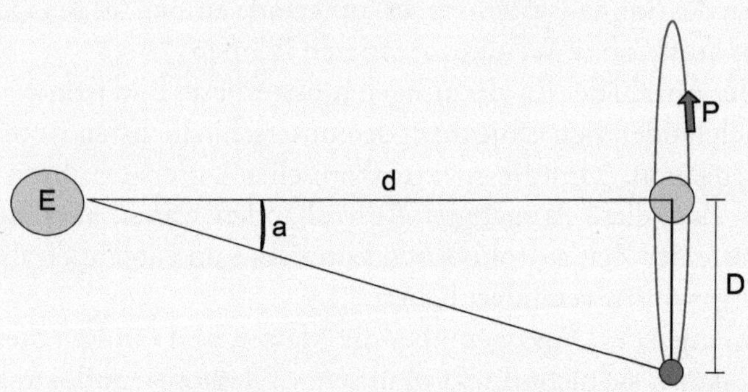

Hierzu gehört die Entfernung d des Objekts von der Erde E, die Umlaufzeit des P des Mondes um das Objekt sowie den Abstand D des Mondes zum Objekt. Der Abstand D lässt sich mithilfe einer einfachen trigonometrischen Berechnung bestimmen.

Haben wir diese Parameter, können wir die Masse M_G des Gesamtsystems bestimmen:

$$M_G = m + M = \left(\frac{4\pi^2}{G}\right) \cdot \left(\frac{D^3}{P^2}\right)$$

Typischerweise ist die Masse des Mondes m gegenüber der des Objekts M vernachlässigbar, sodass wir mit dieser Berechnung in guter Näherung die Masse des Hauptobjekts bestimmen können.

Andernfalls bleibt uns nur zu hoffen, dass weitere Sonden diese Region erforschen werden oder das Auflösungsvermögen unserer Instrumente deutlich steigt.

8.5   Zu Besuch beim gefallenen Planeten Pluto

Nähern wir uns dem Kuiper-Gürtel, so gelangen wir unweigerlich in die Nähe eines Himmelskörpers, der wohl wie kein anderer in der jüngeren Astronomiegeschichte einen beispiellosen Aufstieg und Sturz vollzogen hat. Es handelt sich um das wohl bekannteste TNO – den ehemaligen Planeten Pluto.

Wer kann sich nicht an den bewährten Merkspruch *„Mein Vater erklärt mir jeden Sonntag unsere neun Planeten"* erinnern. Leider besitzt er heute in dieser Form keine Gültigkeit mehr. Wir wollen im Folgenden die Reisezeit zu ihm nutzen, um mehr über seine faszinierende Entdeckungsgeschichte und seinen anschließenden tiefen Fall zu lernen.

Schließlich angekommen werden wir auf eine völlig fremdartige Welt treffen, über die wir erst vor kurzem, im Jahr 2015, wirkliche Details erfahren haben.

8.5.1   Planet X gefunden und verloren

Schon recht bald nach der Entdeckung Neptuns fiel auf, das er Bahnstörungen aufzuweisen schien. Außerdem ließen sich mit dem neuentdeckten Eisriesen nicht alle Störungen von Uranus' Umlaufbahn erklären. Gab es also noch einen weiteren Planeten da draußen, der sich hierfür verantwortlich zeichnete?

Auch im Fall der Entdeckung Plutos scheinen auf den ersten Blick Bahnstörungen eine entscheidende Rolle gespielt zu haben. Heute wissen wir, dass dem in Anbetracht der tatsächlichen Natur Plutos nicht so ist.

Aufgrund der beobachteten Bahnstörungen Uranus' und Neptuns begannen erste Hypothesen über einen neunten Planeten unseres Sonnensystems in der Gemeinde der Astronomen zu sprießen.

Im Jahr 1906 initiierte der reiche Bostoner Geschäftsmann Percival Lowell (1855–1916) die erste große systematische Suche an dem von ihm finanzierten Lowell Observatorium in Flagstaff, Arizona. Lowell hatte nicht nur mit der Finanzierung dieses „Beobachtungspostens" von sich innerhalb der astronomischen Gemeinde reden gemacht. Er war auch durch eine Vielzahl kruder Hypothesen aufgefallen, die seiner Reputation erheblich geschadet hatten. So war er der Überzeugung, dass das von Giovanni Schiaparelli (1835–1910) beobachtete Kanalsystem auf dem Mars tatsächlich existierte und das Produkt einer intelligenten Zivilisation sein. Heute wissen wir, dass es sich nur um eine optische Täuschung handelte.

Mit der Suche nach dem *Planet X* erhoffte Lowell ein Stück Glaubwürdigkeit zurückzugewinnen. Lowell konzentrierte sich bei der Suche auf den ekliptiknahen Bereich des Himmels. Dies scheint plausibel, da sich die anderen Planeten alle mehr oder weniger in dieser Ebene bewegen.

Er fertigte in den folgenden Jahren hunderte von mehrstündigen Aufnahmen auf Fotoplatten an, die er anschließend mühsam mit einem Vergrößerungsglas nach Spuren des unentdeckten Planeten absuchte.

Doch die Suche blieb erfolglos. Rückblickend wissen wir, dass Lowell einfach im falschen Bereich gesucht hat. Zu jener Zeit befand sich Pluto auf seiner Bahn fernab der Ekliptik. Lowell blieb diese Erkenntnis natürlich verborgen. Er gab jedoch nicht auf. Er war fest davon überzeugt, Planet X müsse existieren.

In der 1915 erschienen Arbeit „Memoir of an Trans-Neptunian Planet" fasste er seinen Vorstellungen zusammen. So müsse Planet X ungefähr das Äquivalent von sieben Erdmassen besitzen und sich in etwa 43 AE Entfernung von der Sonne befinden. Lowell war überzeugt, Planet X sei ein verhältnismäßig großes Objekt mit geringer Dichte. Dies und seine hohe Albedo müssten ihn gut beobachtbar machen. Diese Annahmen verhinderten wohl, dass er auf einer Fotoplatte aus dem Jahr 1915 in einigem Abstand von der Ekliptik ein kleines, schwaches, sich bewegendes Objekt sah: *Pluto.*

Ab dem Jahr 1914 verfolgte er ein leicht verfeinertes Suchprogramm, welches er bis zu seinem plötzlichen Tod 1916 fortführte. Keinem war bewusst, dass dies die weitere Suche um Jahre hinaus verzögern sollte. Das Lowell-Observatorium wurde von der Witwe Lowells, Constance, in einen langwierigen Rechtsstreit verwickelt, in welchem sie große Teile des Vermögens für sich beanspruchte.

An eine Fortführung der Suche war erst im Jahr 1929 zu denken. Der Direktor des Lowell-Observatoriums, Vesto Melvin Slipher (1875–1969), beauftragte den Jungen Clyde Tombaugh (1906–1997) mit der Fortführung des Suchprogramms.

Tombaugh entschied sich, den Himmel systematisch, auch jenseits der Ekliptik, abzusuchen. Er nahm dazu jeweils zwei Aufnahmen des gleiche Himmelsabschnitts mit einem zeitlichen Abstand auf. Beide Aufnahmen wurden in den erst vor kurzem erfundenen *Blink Comparator* gesteckt. Ein schnelles Hin- und Herschalten zwischen den beiden Bildern sollte ein sich bewegendes Objekt blinkend sichtbar machen.

Bereits am 16. Februar 1930 entdeckte er ein kleines sich bewegendes Objekt, auf Fotoplatten, die er am 23. und 29. Januar desselben Jahres aufgenommen hatte. Planet X war gefunden. Die Entdeckung wurde am 13. März 1930 bekanntgegeben. Zur selben Zeit wurde ein Aufruf gestartet, Namensvorschläge für den neuen Planeten einzusenden.

Der Name *Pluto* wurde schließlich von der elfjährigen Venetia Burney aus Oxford vorgeschlagen. Der Name gefiel und der neu entdeckte Planet sollte fortan diese Bezeichnung tragen.

Doch schon bald nach seiner Entdeckung kamen Zweifel auf, dass Pluto wirklich für die beobachteten Bahnstörungen Uranus' und Neptuns verantwortlich sein konnte. Er war deutlich masseärmer und kleiner als angenommen. Selbst in den besten damals verfügbaren Teleskopen war es nicht möglich, eine Planetenscheibe aufzulösen. Pluto blieb ein kleiner lichtschwacher Punkt. Dies alles passte nicht zusammen. Erste Berechnungen aus der beobachteten scheinbaren Helligkeit und seiner angenommenen Albedo gingen nur noch von etwa einer Erdmasse aus.

Die Suche nach weiteren Planeten begann, sollte jedoch für die nächsten gut 60 Jahre erfolglos bleiben.

Im Laufe der Jahre verbesserten sich die verfügbaren Teleskope und Messmethoden. Doch Plutos Masse und geschätzte Größe schrumpften. Die Tab. 8.2 gibt einen groben Überblick darüber.

Von besonderer Bedeutung war hier das Jahr 1978, als der amerikanische Astronom James W. Christy Plutos Mond *Charon* entdeckte. Endlich war es möglich, die Masse des Systems genauer zu berechnen (siehe Kasten „Bestimmung von Massen").

Das Resultat war schockierend. Pluto war noch viel masseärmer als bisher angenommen und das war ohnehin schon nicht mehr besonders viel.

Hinzu kam, dass es in den Jahren 1985 bis 1990 zu zahlreichen wechselseitigen Bedeckungen der beiden Körper kam, was es ermöglichte, Plutos Durchmesser mit 2390 km zu bestimmen.

Das Hubble-Weltraumteleskop kam zu einem Durchmesser von 2280 bis 2320 km. Die Raumsonde New Horizons, die Pluto im Juli 2015 besuchte, ermöglichte erstmals eine sehr genaue Bestimmung des Durchmessers: winzige 2370 km.

Tab. 8.2 Entwicklung der Vorstellung über Plutos Größe

Jahr	Masse (in Anzahl Erdmasse)
1915	7
1931	1
1948	0,1
1976	0,01
1978	0,0015
2006	0,00218

Damit bestätigte sich endgültig, Pluto war einfach zu klein für die beobachteten Bahnstörungen. Neuerliche Untersuchungen hatten jedoch bereits nahegelegt, dass es sich bei diesen lediglich um Messfehler gehandelt hatte. Die Entdeckung Plutos war dementsprechend nicht diesen Störungen zu verdanken, sondern vielmehr dem Zufall geschuldet.

Eine wichtige Frage blieb jedoch. Konnte so ein merkwürdiger Winzling[6] wirklich ein Planet sein? Die Diskussion erhielt spätestens ab dem Jahr 1992 Bedeutung als mit QB_1, das erste weitere Objekt in dieser Region entdeckt wurde (siehe Abschn. 8.2).

Pluto war also nicht mehr alleine, doch dominierte er alle neu entdeckten Objekte deutlich. Das änderte sich schlagartig am 29. Juli 2005 als durch den amerikanischen Astronomen Mike Brown und seine Kollegen *Eris* entdeckt wurde. Ein Körper der Pluto zumindest ebenbürtig war. War es der zehnte Planet?

Die Internationale Astronomische Union (IAU) entschied im August 2006 anders. Sie führte, nach heftiger und immer noch andauernder Kontroverse, eine Definition für einen Planet ein und stieß Pluto damit vom Olymp der Planeten und verbannte ihn in das Reich der Zwergplaneten. Doch sollte er zumindest als Namenspate für die die anderen transneptunischen Zwergplaneten stehen, die fortan auch als *Plutoiden* bezeichnet werden.[7]

8.5.2   Ein kurzer Überblick

Was wissen wir nun über diesen ehemaligen Planeten? Bis zum Besuch der Raumsonde New Horizons wussten wir nicht allzu viel über diesen Exoten – wie wir bereits im Rahmen seiner Entdeckung berichtet haben. Bis zu jenem Ereignis war man auf indirekte Beobachtungen des Zwergplaneten angewiesen. Eine der besten Aufnahmen gelang 1996 mithilfe des Hubble-Weltraumteleskops (Abb. 8.3). Pluto nahm auf der Aufnahme nur wenige Pixel ein (kleine Bilder). Mit deren Hilfe wurde dann versucht Oberflächenkarten an Hand von Modellen zu generieren (große Bilder).

Was man schon früh erkannte, war Plutos außergewöhnliche Umlaufbahn (Abb. 8.4). Anders als bei den anderen Planeten, die ihre Bahnen um die Sonne auf nahezu perfekten Kreisen ziehen, bewegt sich Pluto auf einer stark elliptischen Umlaufbahn (Exzentrizität $e \approx 0{,}25$). Diese liegt auch nicht in der

---

[6]Wir werden auf diese Merkwürdigkeiten gleich noch genauer eingehen, wenn wir die physikalischen Charakteristika Plutos besprechen. An dieser Stelle sei nur gesagt, dass neben der Winzigkeit auch Plutos Umlaufbahn stark von allen anderen Planeten des Sonnensystems durch ihre hohe Exzentrizität und Bahnneigungen abweicht.

[7]Wir erinnern hier nochmals, dass diese nicht mit den *Plutinos* zu verwechseln sind, welches Objekte in 3:2-Resonanz mit Neptun sind und mit Pluto ähnliche Bahneigenschaften besitzen.

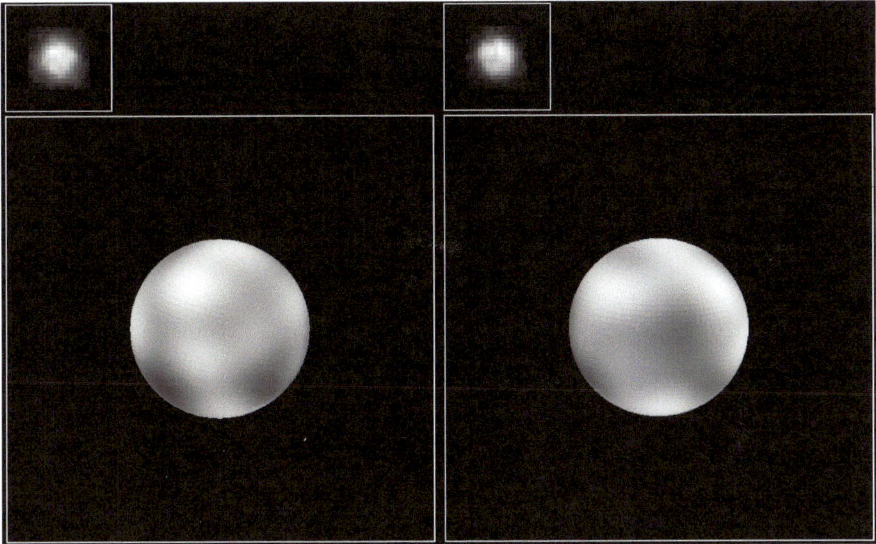

Abb. 8.3 Das Weltraumteleskop Hubble nahm diese Bilder im Jahr 1996 auf. Die kleinen Bilder oben zeigen die Originalaufnahmen. Pluto belegte auf den Aufnahmen nur wenige Pixel. Daraus versuchten die Astronomen Oberflächenkarten zu generieren. Das Ergebnis ist auf den großen Bildern zu sehen (Quelle: Alan Stern (Southwest Research Institute)/Marc Buie (Lowell Observatory)/NASA/ESA; Original beschnitten)

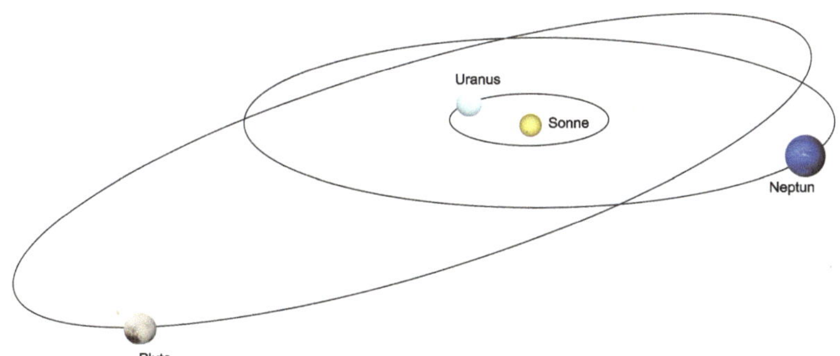

Abb. 8.4 Pluto umläuft die Sonne auf einer stark exzentrischen und geneigten Umlaufbahn um die Sonne. Dies warf von Anfang an viele Fragen auf. Seine Bahn war so ganz anders als die der anderen Planete

Ekliptik, in der sich sonst alle andere Planeten befinden, sondern ist zu dieser stark geneigt (Bahnneigung $i \approx 17°$).

Er befindet sich in einer mittleren Entfernung von 39,5 AE von der Sonne und benötigt für einen Umlauf gut 248 Jahre. Dabei rollt er gemächlich innerhalb von etwas mehr als sechs Tagen um seine Achse und zwar nicht stehend wie die anderen Planeten, sondern liegend wie Uranus. Pluto war schon von

Beginn an in jedem Punkt ein Exot. Der etwas über 2300 km messende Zwerg ist zudem ein Fliegengewicht, besitzt er doch nicht einmal 17 % der Masse unsers Mondes und gar nur 0,2 % der Erdmasse.

Lange nahm man an, dass Pluto ein eher langweiliger, eisiger Körper weit draußen in der Ferne des äußeren Sonnensystems ist. Das Tor der Erkenntnis wurde erst durch New Horizons aufgestoßen. Es offenbarte sich eine dynamische und vielfältige und in jedem Belang überraschende Welt.

8.5.3 Eine dünne Atmosphäre

Schon bei der Annäherung an Pluto offenbart sich uns ein ungewöhnlicher Anblick. Der ganze Zwergplanet scheint in Nebel eingehüllt zu sein (Abb. 8.5). Das Schimmern dieser vielschichtigen Nebelschwaden sticht sofort ins Auge. Sie sind Bestandteil der Atmosphäre Plutos und reichen in Höhen von etwa 200 km über der Zwergplanetenoberfläche.

Glücklicherweise können wir erkennen, je näher wir kommen, dass die Nebel nicht sehr dicht sind und uns deshalb einen nahezu unverstellten Blick auf Plutos Oberfläche gewähren. Die Ursache der Nebel ist noch nicht verstanden. Vermutlich handelt es sich um nichtflüchtige Verbindungen, die in der Atmosphäre Plutos durch die Einwirkung kosmischer Strahlung entstehen.

Lange Zeit waren sich im Übrigen die Astronomen nicht sicher, ob Pluto überhaupt eine Atmosphäre besitzt. Ist der Zwergplanet überhaupt massereich genug, um eine solche dauerhaft an sich zu binden? Beobachtungen während verschiedener Sternbedeckungen und spektroskopische Untersuchungen bestätigten vorläufig die Existenz einer Atmosphäre. Einen endgültigen Beweis

Abb. 8.5 Kurz nach ihrem Vorbeiflug an Pluto nahm die Raumsonde New Horizons rückblickend dieses Bild Plutos auf. Wir können die eisigen Gebirge des Zwergplaneten sehen, ebenso wie mehrere Dunst- und Nebelschichten, die sich in seiner Atmosphäre im Gegenlicht abzeichnen (Quelle: NASA/Johns Hopkins University Applied Physics Laboratory/Southwest Research Institute)

erbrachte die NASA Sonde New Horizons, die den Zwergplaneten im Juli 2015 besuchte. Derzeit scheint Pluto das einzige TNO zu sein, welches eine Atmosphäre besitzt.

Unter den Verfechtern der Existenz einer solchen war man sich relativ einig, dass Pluto nur zeitweilig eine Atmosphäre besitzen kann. Untersuchungen New Horizons deuten aber nun vielmehr darauf hin, dass er während seines gesamten Umlaufs um die Sonne eine Atmosphäre besitzt (siehe Kasten „Eine gefrorene Atmosphäre").

Eine gefrorene Atmosphäre?

Lange Zeit war nicht klar, ob Pluto überhaupt in der Lage sei, eine Atmosphäre dauerhaft an sich zu binden. Er war einfach zu massearm. Die von der Oberfläche sublimierten Gasmolekülen würden unweigerlich in den interplanetaren Raum entweichen.

Dennoch vertraten etliche Wissenschaftler die Auffassung, dass er zumindest eine zeitlich befristete Atmosphäre besitzen müsse. Er sollte in der Lage sein, die „flüchtenden" Gase eine Zeitlang festzuhalten.

Weiterhin waren die Verfechter der Existenz einer solchen Atmosphäre überzeugt, dass Pluto diese nicht während seines gesamten Umlaufs um die Sonne besitzt. Pluto weist eine stark exzentrische Umlaufbahn auf, die ihn an seinem sonnennächsten Punkt (Perihel) sogar näher an die Sonne führt als Neptun. In seinem sonnenfernsten Punkt, befindet er sich weit jenseits der Umlaufbahn des Eisriesen. Dort müsste es zu kalt für eine Atmosphäre sein, sodass alle Moleküle in Form von Eis an der Oberfläche gebunden sein sollten. Näherte sich Pluto dann der Sonne, würden diese quasi „auftauen" (sublimieren) und eine Atmosphäre ausbilden. Entfernt sich Pluto wieder von der Sonne, sinken die Temperaturen und die Gase müssten wieder zu Eis gefrieren und auf die Oberfläche regnen. Pluto wäre ohne Gashülle.

Neuere Untersuchungen, insbesondere durch New Horizons, scheinen dies zu widerlegen. Pluto entfernt sich derzeit von der Sonne, dennoch steigt die Dichte seiner Atmosphäre. Vermutlich besitzt der Zwergplanet daher während seines gesamtem Umlaufs um die Sonne eine solche Gashülle.

Betrachten wir diese etwas genauer. Es fällt sofort auf, dass sie im Vergleich zu den Planeten sehr dünn ist. Sie besteht in erster Linie aus Stickstoff (N_2). In sehr geringen Mengen lassen sich auch 0,25 % gasförmiges Methan (CH_4) und weniger als 0,01 % Kohlenmonoxid (CO) nachweisen.

Zudem finden wir einige komplexere Verbindungen wie Ethan und Ethylen sowie Hydrocarbonate in Plutos Atmosphäre. Dies ist interessant, denn eigentlich ist Pluto nicht warm genug, um diese Moleküle in einem flüchtigen gasförmigen Zustand zu halten. Was passiert also damit?

Sie entstehen vermutlich durch die Wirkung der kosmischen Strahlung auf Stickstoff, Methan und Kohlenmonoxid.

Sie sinken langsam im Lauf der Zeit durch die Atmosphäre hinab und „regnen" auf die Oberfläche ab, wo sie sich schließlich ablagern. Sie prägen daher die Farbwirkung von Pluto deutlich. Während dieses Absinkens bilden sie vermutlich die eingangs erwähnten Nebelschwaden.

Woher kommen aber nun die flüchtigen Gase? Ursache hierfür ist ein als *Sublimation* bekannter Vorgang, der sich auf der Oberfläche des Zwergplaneten abspielt. Durch die Sonnenstrahlung gehen hierbei die auf der Oberfläche gebundenen festen Stoffe direkt in den gasförmigen Zustand über, ohne dabei flüssig zu werden. Die so entstandenen Gase entweichen dann und bilden das, was wir als Atmosphäre bezeichnen. Ein ähnliches Phänomen kennen wir auch aus unsere, Alltag. Jeder von uns hat vermutlich schon einmal Trockeneis gesehen. Bei Raumtemperatur wird dieses Eis sofort gasförmig und löst sich auf.

8.5.3.1 Eine Frage der Temperatur

Beginnen wir nun also unseren Sinkflug auf Pluto. Wir stoßen sehr bald auf seine Stratosphäre. Auch hier scheint der Zwergplanet seinen eigenwilligen Charakter zu offenbaren.

Je tiefer wir kommen, desto stärker sinkt die Temperatur. Am oberen Ende der Stratosphäre bei über 200 km über der Oberfläche herrschen Temperaturen von etwa 80 K. Regionale, tageszeitliche bzw. saisonale Unterschiede lassen sich nicht ausmachen. Es macht keinen Unterschied, ob die Sonne scheint oder ob Winter herrscht, überall können wir die 80 K messen. An ihrem unteren Ende herrschen frostige 42 K.

Dieser Temperaturunterschied ließe sich ggf. mit einem Treibhauseffekt, verursacht durch das in der Atmosphäre befindliche Methan, erklären.

Soweit so gut. Aber Pluto wäre nicht Pluto, wenn er uns das Leben so einfach machen würde. Er hat uns schon immer Steine in den Weg gelegt, wenn es um seine Erkundung geht. Und auch hier ist es wieder der Fall.

Sinken wir nämlich weiter nach unten, so verzeichnen wir zunächst einen Temperaturanstieg auf etwa 100 K bei einer Höhe von 20 bis 40 km über der Oberfläche. Danach fällt die Temperatur wieder auf die eben erwähnten knapp 40 K.

Woher kommt nun diese Abkühlung im oberen Bereich der Stratosphäre von 100 auf 80 K? Die Ursachen kennen wir noch nicht. Vielleicht spielt das in der Atmosphäre befindliche Kohlenmonoxid eine abkühlende Rolle.

Sinken wir nun weiter hinab, so stoßen wir auf eine winzige Troposphäre, die deutlich schmaler als ein Kilometer ist.[8]

---

[8]Es ist momentan noch unklar, ob Pluto wirklich eine Troposphäre besitzt oder nicht. Sollte dies der Fall sein, so ist sie mit ziemlicher Sicherheit dünner als 1 km.

8.5.3.2 Ein Schweif

Pluto offenbart uns ein weiteres interessantes Phänomen. Spätestens hierbei könnten Zweifel an seinem Planetenstatus aufkommen. Der Zwergplanet besitzt einen Schweif, ganz ähnlich einem Kometen. Wie kann das sein?

Einige der Gasmoleküle der Atmosphäre besitzen eine genügend hohe Geschwindigkeit (Fluchtgeschwindigkeit), um aus dem Bann des Zwergplaneten in den interplanetaren Raum entweichen zu können.

Dort treffen sie auf die von der Sonne kommende UV-Strahlung und werden durch diese ionisiert. Beim Zusammentreffen des Sonnenwinds mit diesen Ionen kommt es an der sonnenzugewandten Seite Plutos zu einer Schockwellenfront. Auch das kennen wir von Kometen.

Der Sonnenwind führt dann die ionisierten Teilchen um den Pluto herum. Es bildet sich auf der sonnenabgewandten Seite ein leicht ausgeprägter Plasmaschweif. Messungen der Raumsonde New Horizons scheinen dies weiter zu bestätigen.

8.5.4 Eine Welt aus Eis

Schon beim Sinken durch die Atmosphäre offenbart sich eine faszinierende und äußerst vielseitige und differenzierte Welt aus Eis auf Plutos Oberfläche (siehe Kasten „Warum ist Plutos Oberfläche so kalt?").

Aufgrund seiner geringen Größe und Entfernung, war es lange Zeit nahezu unmöglich, Details auf der Oberfläche auszumachen. Selbst in den besten Teleskopen erschien Pluto kaum mehr als ein Punkt. Dennoch gelang es, u. a. mit dem Hubble-Weltraumteleskop starke Unterschiede in der Helligkeit der Atmosphäre auszumachen (Abb. 8.3). An mehr war nicht zu denken, bis im Juli 2015 endlich eine Raumsonde (New Horizons) den ehemaligen neunten Planeten besuchte.

Plutos Oberfläche ist vor allem geprägt von Stickstoffeis, welches gut 98 % des Oberflächenmaterials ausmacht. In Spuren finden wir noch Methan und Kohlenmonoxid. Dies führt zu deutlichen Helligkeits- und Farbunterschieden der Oberfläche.

Damit aber nicht genug. Wir können zahlreiche differenzierte Strukturen ausmachen. So befindet sich auf Charon, seinem größten Mond, eine große nahezu herzförmige Region (Abb. 8.6), die zu Ehren Plutos Entdecker den Namen *Tombaugh Regio* trägt.

Abb. 8.6 Aufnahme New Horizons vom Juli 2015. Oben ist die Nordpolregion. Die herzförmige Region unten rechts ist die nach Plutos Entdecker benannte Tombaugh Regio (Quelle: NASA/Johns Hopkins University Applied Physics Laboratory/Southwest Research Institute)

In ihrer westlichen Hälfte befindet sich eine sehr große, homogene Eisfläche (Abb. 8.7), die *Sputnik-Ebene*[9]. Da diese Ebene praktisch keine Einschlagskrater aufweist, muss sie wohl recht jung sein. Man geht von weniger als 100 Mio. Jahren aus. Andernfalls müssten Krater zu finden sein.

Etwas östlicher können wir Gletscher aus Stickstoffeis ausmachen, die sich allmählich Berge hinabwälzen. Diese sind vergleichbar mit irdischen Gletschern, nur dass hier eben Stickstoffeis fließt. Wassereis wäre auf dem kalten Pluto felsenfest und könnte sich nicht bewegen.

Am Südrand der Sputnik-Ebene erheben sich mit 3500 m sehr hohe Berge, die *Tenzing Montes*[10]. Etwas nördlich davon befinden sich die *Hillary Montes,* die sich gut 1500 m in die Höhe erheben (Abb. 8.8).

Beide Gebirgszüge bestehen mit ziemlicher Sicherheit aus Wassereis, was – wie schon erwähnt – bei den Temperaturen, die auf Plutos Oberfläche herrschen felsenfest ist. Stickstoff oder Methan wäre nicht stabil genug, um solche

---

[9]Benannt nach dem ersten von Menschen geschaffenen Satelliten, der 1957 durch die Sowjetunion ins All geschossen wurde.

[10]Sie wurden nach dem Begleiter Sir Edmond Hillarys (1919–2008), dem Sherpa Tenzing Norgay (1914–1986) benannt. Beide hatten als erste Menschen den höchsten Berg der Erde, den Mount Everest, bestiegen.

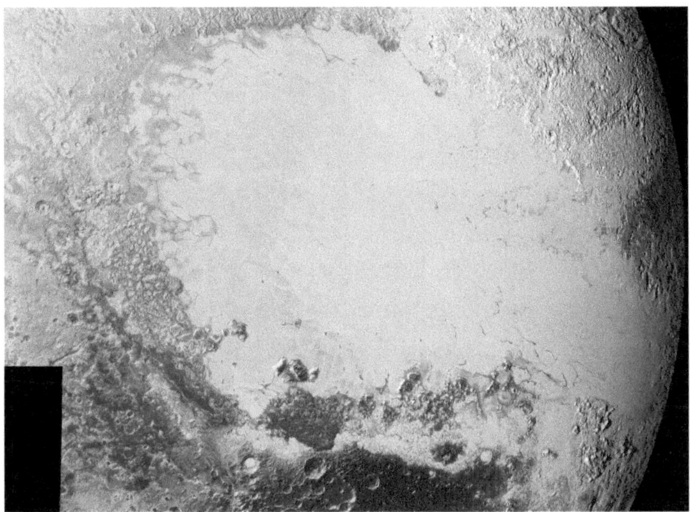

Abb. 8.7 Diese Aufnahme New Horizons vom September 2015 zeigt die Sputnik-Ebene, eine große, homogene Eisfläche innerhalb der Tombaugh Regio. Die Ebene ist etwa 1.600 km breit. In dieser Aufnahme kann man Details von bis zu 800 m Größe erkennen (Quelle: NASA/Johns Hopkins University Applied Physics Laboratory/Southwest Research Institute)

Abb. 8.8 Links (westlich) von der Sputnik-Ebene, die wir rechts im Bild sehen können, türmen sich die Tenzing Montes, ein etwa 3.500 m hoher Gebirgszug, auf. Nördlich davon am Horizont können wir die Hillary Montes erkennen (Quelle: NASA/Johns Hopkins University Applied Physics Laboratory/Southwest Research Institute)

hohen Strukturen zu ermöglichen. Etwas ganz Ähnliches haben wir bereits bei Saturns Mond Titan gesehen.

In der Nähe der Tenzing Montes finden wir Eisvulkane, also Vulkane, die anstelle Lava Eis auswerfen. Sie tragen die Namen *Wright Mons* und *Piccard Mons.*

Östlich der Tombaugh Regio sehen wir einen riesigen zerklüfteten Bergrücken, die *Tartarus Dorsa.*

Alles in allem ist Pluto deutlich facettenreicher als ursprünglich angenommen und schon gar nicht der langweilige Eisklumpen, den viele vermutet hatten.

Warum ist Plutos Oberfläche so kalt?

Wir können bei Pluto ein weiteres Phänomen feststellen, das uns zunächst ins Grübeln bringt. Die Oberfläche ist mit nur etwa 53 K sehr kalt. Je höher wir in der Atmosphäre steigen desto wärmer wird es. Die unteren Atmosphärenschichten sind immerhin schon 93 K „warm". In den oberen Regionen sind die Temperaturen nochmals gut zehn Grad wärmer. Ist das nicht merkwürdig, sollten die Temperaturen nicht fallen? So finden wir es zumindest auf unserer Erde vor.

Ursache hierfür dürfte das Vorhandensein von Methan sein. Dieses ist ein starkes Treibhausgas und verursacht bei Pluto allem Anschein nach eine Inversionswetterlage. Das Methan sublimiert von der Oberfläche und gelangt in die Atmosphäre. Ähnlich beim Schwitzen, wo Wasser verdampft und die Haut kühlt, wird auf Pluto die Oberfläche gekühlt.

Eine weitere Ursache ist in den Dunst- und Nebelschwaden in Plutos oberer Atmosphäre zu sehen. Die feinen Partikel darin absorbieren das Sonnenlicht und führen zu einer Erwärmung der oberen Atmosphärenschichten.

8.5.5 Innerer Aufbau

Vieles über Plutos inneren Aufbau ist reine Spekulation. Wir wollen im Folgenden das gängigste Modell betrachten. Demnach ist Pluto ein differenzierter Köper (Abb. 8.9), in welchem u. U. noch Wärme durch radioaktiven Zerfall entsteht.

Unter der dünnen Oberfläche aus Methaneis befindet sich ein Mantel aus Wassereis, der wohl 20–30 % des Gesamtdurchmessers ausmacht. Daran schließt sich ein massiver Gesteinskern an, der die restlichen 70 % des Durchmessers ausmacht.

Sollte es noch Wärme durch radioaktiven Zerfall geben, wäre es denkbar, dass sich zwischen Mantel und Kern eine Ozean aus flüssigem Wasser befindet, welcher etwa 100–180 km dick sein dürfte.

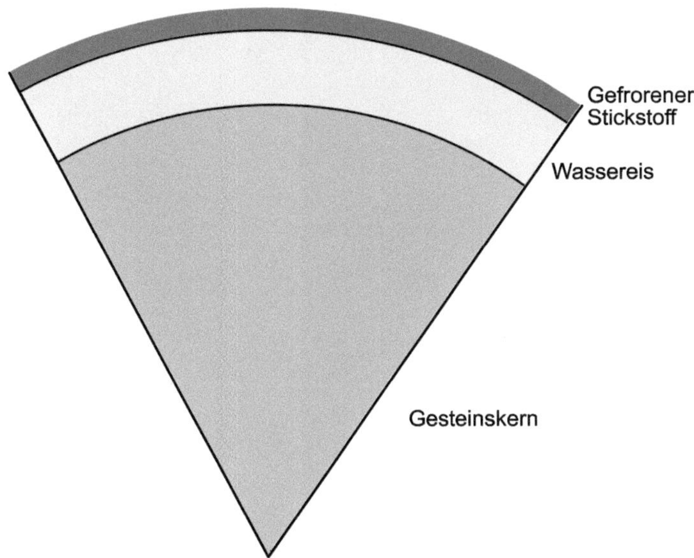

Abb. 8.9 Schematische Darstellung von Plutos innerem Aufbau. Es handelt sich wohl um einen differenzierten Körper, der einen großen Gesteinskern besitzt

8.5.6 Die Begleiter Plutos

Verlassen wir nun Pluto und werfen einen Blick auf sein Mondsystem. Pluto besitzt derzeit fünf bekannte Monde, den riesigen *Charon* und die winzigen Begleiter *Nix*, *Hydra*, *Kerberos* und *Styx*. Alle fünf bewegen sich auf nahezu perfekt kreisförmigen Bahnen in der Äquatorebe Plutos um diesen (Abb. 8.10).

Die Tab. 8.3 gibt einen Überblick über die wichtigsten Daten der Monde.

Charon ist der klar dominierende Mond und geht mit Pluto eine interessante Symbiose ein. Er ist etwa halb so groß wie Pluto und bringt immerhin gut ein Achtel der Masse des Zwergplaneten mit. Aufgrund dieser Dominanz sprechen wir auch häufig vom Pluto-Charon-Doppelsystem.

Das Masseverhältnis führt im Übrigen dazu, dass sich der Schwerpunkt des gemeinsamen Systems, das Baryzentrum, außerhalb Plutos Oberfläche befindet. Beide Körper umkreisen diesen Punkt gemeinsam (Abb. 8.11).

Entstanden ist das Pluto-System vermutlich, ähnlich wie das Erde-Mond-System, durch eine Kollision des Urkörpers mit einem riesigen gut 1000 km großen KBO. Dies würde die nahezu kreisförmigen Umlaufbahnen in der selben Ebene erklären. Darüber hinaus wäre damit ersichtlich, warum Charon eine so ganz andere Zusammensetzung und einen anderen Aufbau aufweist als Pluto.

Entdeckt wurde Charon bereits im Jahr 1978 durch den amerikanischen Astronomen James W. Christy. Pluto und Charon umkreisen sich um das

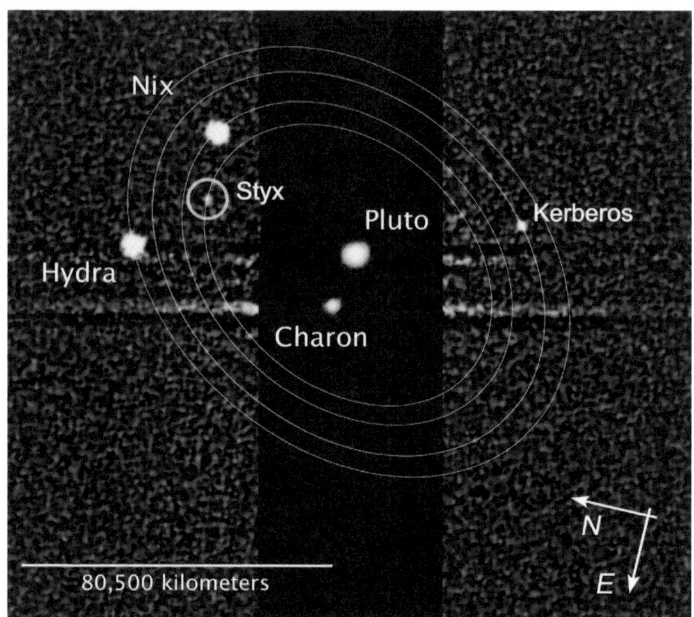

Abb. 8.10 Die Aufnahme zeigt Plutos Monde Charon, Nix, Hydra, Kerberos und Styx (Quelle: NASA, ESA, and M. Showalter (SETI Institute); Originalbild beschnitten und modifiziert)

Tab. 8.3 Übersicht über Plutos Monde

Nr	Name	Durchmesser (km)	Masse ($\times 10^{19}$ kg)	Abstand (km)	Umlaufzeit (d)	Entdeckung
I	Charon	1208	159	17.536	6,39	1978
II	Nix	42×36	0,009	48.690	24,85	2005
III	Hydra	55×40	0,009	64.721	38,20	2005
IV	Kerberos	$12 \times 4{,}5$	0,009	57.750	32,17	2011
I	Styx	5×7	?	42413	20,16	2012

gemeinsame Baryzentrum in retrograder Bewegung im Vergleich zum Sonnensystem. Auch dies scheint ein Beleg für die Kollisionshypothese zu sein.

Ferner besitzt Charon im Vergleich zu vielen anderen KBO eine sehr hohe Albedo (ca. 0,37). Es gilt daher als unwahrscheinlich, dass Charon ein von Pluto eingefangenes KBO ist. Viele neue Erkenntnisse gewannen wir aber erst durch den Vorbeiflug New Horizons (Abb. 8.12).

Charon besteht zu gut 55–60 % aus Gestein (im Vergleich zu Pluto mit 70 %). Auf der Oberfläche finden wir Hinweise auf Kryovulkanismus. Sie ist von Wassereis anstelle von Stickstoff und Methan dominiert, wie es bei Pluto

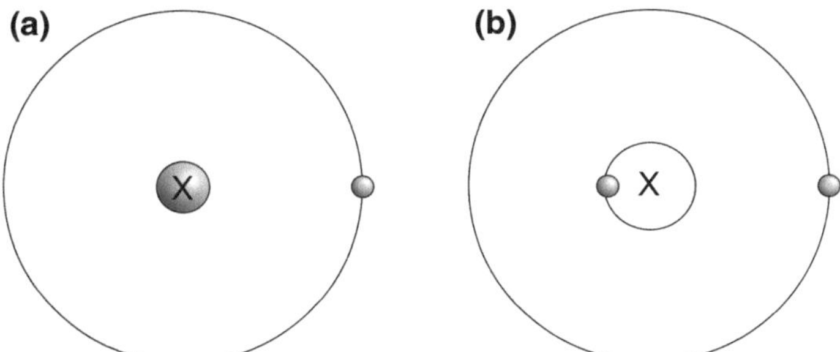

Abb. 8.11 Schematische Darstellung des Baryzentrums (Massenmittelpunkt) in zwei Szenarien: **(a)** Das Hauptobjekt hat eine klar größere Masse als das umlaufende Objekt. Der Massenmittelpunkt liegt nahe des Zentrums des Hauptobjekts. Diese Situation liegt bspw. im Fall der Planeten und der Sonne vor; **(b)** Beide Objekte haben ähnliche Massen. Jetzt liegt der Massenmittelpunkt um den sich beide Objekte bewegen, außerhalb des Hauptobjekts. Diese Situation finden wir etwa im Pluto-Charon-System vor

Abb. 8.12 Aufnahme New Horizons, die Plutos größten Mond Charon zeigt (Quelle: NASA/Johns Hopkins University Applied Physics Laboratory/Southwest Research Institute/Alex Parker)

der Fall ist. Außerdem können wir fast keine Einschlagskrater auf ihm finden. Die Oberfläche muss also verhältnismäßig jung sein.

Zum inneren Aufbau gibt es zwei alternative Modelle. Zum einen könnte es sich bei Charon um einen differenzierten Körper handeln, der aus einem Gesteinskern und Eismantel aufgebaut ist. Zum anderen wäre auch ein einheitlicher Körper aus einem homogenen Gesteins-Eis-Gemisch vorstellbar.

Einiges, u. a. auch die Existenz von Kryovulkanismus, spricht jedoch für einen differenzierten Körper.

Wir verlassen jetzt das Plutosystem und werfen noch einen letzten Blick zurück auf die nun erste gut erforschte Welt der transneptunischen Region. Über kein anderes TNO wissen wir nun mehr. Dennoch wollen wir unsere Reise fortsetzen und fliegen zu einem weiteren Plutino: Orcus.

8.6   Orcus – Willkommen in der Unterwelt

Unser nächstes Ziel ist *Orcus,* ein Plutino. Wenig ist über ihn bekannt und vieles auch Spekulation. Was man bisher herausgefunden hat, deutet eher auf nichts Spektakuläres hin. Warum wollen wir ihn also besuchen? Nun ja, Orcus ist der erste Plutino, neben Pluto natürlich, bei dem ein Mond nachgewiesen wurde.

Als Mitglied der Plutinos teilt er mit Pluto seine wesentlichen Bahncharakeristika. Er befindet sich ebenfalls in 3:2 Resonanz mit Neptun und umrundet die Sonne ebenfalls in gut 247 Jahren. Seine Bahn bringt ihn dabei, wie Pluto, an seinem sonnennächsten Punkt innerhalb der Neptunbahn. Sein Perihel liegt bei 30,87 AE (Pluto: 29,66 AE). Sein Aphel führt ihn dann jedoch bis knapp an die Grenze des klassischen Kuiper-Gürtels hinaus (48,07 AE, gegenüber 49,03 AE bei Pluto.

Seine Umlaufbahn ist daher praktisch genauso exzentrisch wie die des Zwergplaneten Pluto. Sie ist lediglich anders orientiert (Abb. 8.13). Orcus wird daher auch gelegentlich als Gegenstück zu Pluto gesehen, was einer der

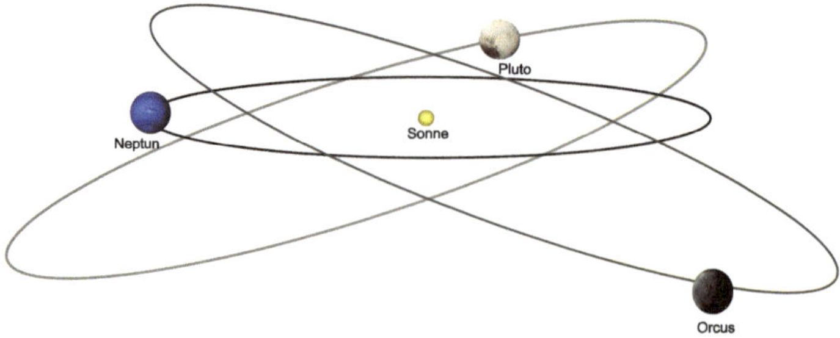

Abb. 8.13   Schematische Darstellung der Umlaufbahnen von Orcus, Pluto und Neptun (Quelle: in Anlehnung an einen Plot von Eurocommuter).

Gründe für die Namenswahl sein mag. Orcus war der etruskische Gott der Unterwelt, Pluto der Herr der Unterwelt der römischen Mythologie.

Orcus wurde von den amerikanischen Astronomen Mike Brown, Chad Trujillo und David Rabinowitz im Februar 2014 entdeckt.

Wenn wir uns dem Plutino nähern, so überrascht er durch seine Größe mit einem Durchmesser von knapp 900 km. Aufgrund seiner Größe wird er daher gelegentlich als Kandidat für einen Zwergplaneten gehandelt. Zumindest seine Entdecker sind sich dessen sicher. Damit wäre er nicht nur ein Plutino, sondern gar ein Plutoid.

Er zeigt sich in einem neutralen Grau und ist mit einer Albedo von 21–25 % relativ dunkel. Dies ist typisch für die meisten TNO, wie wir bereits gesehen haben. In starkem Kontrast hierzu steht sein einziger Mond *Vanth,* benannt nach einem weiblichen Dämon der etruskischen Unterwelt. Die gut 260 km große Vanth zeigt sich deutlich rötlich.[11]

Vanth umkreist Orcus auf einer fast perfekten, um 90° geneigten Kreisbahn in ungefähr 9,5 Tagen in einer mittleren Entfernung von 9000 km. Einer der Entdecker, Mike Brown, geht davon aus, dass es sich bei Orcus-Vanth, ähnlich wie bei Pluto-Charon, um ein Doppelsystem handelt und sich beide Körper in einer doppelt gebundenen Rotation befinden.

Aller Wahrscheinlichkeit nach handelt es sich bei Vanth um ein eingefangenes Objekt aus dem Kuiper-Gürtel, denn seine rote Farbe und damit andere Ausprägung als Orcus, spricht gegen eine gemeinsame Vergangenheit und Herkunft.

Außer der Farbe und Größe ist sehr wenig bekannt über Vanth. Orcus und sein Mond stehen sich zu nahe als dass eine spektroskopische Analyse seiner Oberflächenzusammensetzung möglich wäre.

Etwas mehr ist über den Zentralkörper bekannt. Nachgewiesen wurde das Vorhandensein von Wassereis und Methan, welche je 50 % bzw. 30 % der Oberfläche ausmachen. Andere Verbindungen wie Ammoniak und ggf. Tholine sind wahrscheinlich ebenfalls vorhanden[12].

8.7 Haumea

Damit verlassen wir die Region der Plutinos und begeben uns in den klassischen Kuiper-Gürtel. Dort stoßen wir bei etwa 43 AE Abstand von der Sonne auf den Zwergplaneten *Haumea* (Abb. 8.14).

---

[11]Die Größenbestimmung Vanths basiert auf einer Schätzung ausgehend von Albedo, Entfernung und der Annahme der gleichen Dichte wie Orcus. Durch seine rötliche Farbe könnte die Albedo jedoch um einen Faktor zwei niedriger liegen, was zu einem Durchmesser von knapp 620 km führen würde.
[12]Fast alle bisher entdeckten und analysierten TNO weisen diese Verbindungen auf.

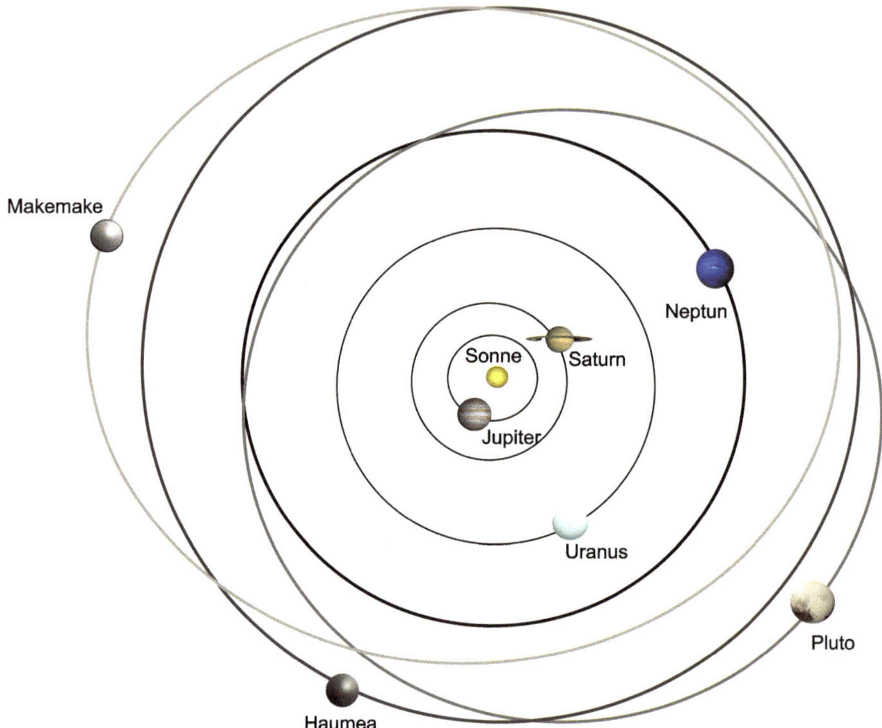

Abb. 8.14 Schematische Darstellung der Umlaufbahnen der Kuiper-Gürtel-Objekte Pluto, Haumea und Makemake in Bezug auf die Gas- und Eisriesen des äußeren Sonnensystems

Haumea ist ein Mitglied des klassischen Kuiper-Gürtels, also ein Cubewano. Es ist nach Pluto und dem Zwergplaneten Makemake, den wir als nächstes ansteuern wollen, dass dritthellste KBO.

Haumea umkreist die Sonne in einem mittleren Abstand von 43,31 AE (Perihel: 35,1 AE, Aphel: 51,5 AE) in gut 285 Jahren.

Der Zwergplanet wurde im März 2003 entdeckt. Um diese Entdeckung gab es eine teils heftige Kontroverse (siehe Kasten „Wer hat Haumea entdeckt?").

Kasten: Wer hat Haumea entdeckt?

Die Entdeckung des Zwergplaneten Haumea ging mit einer heftigen Debatte einher. Gleich zwei Forschergruppen beanspruchen die Entdeckung für sich. Die Astronomen Mike Brown, Chad Trujillo und David Rabinowitz vom Caltech entdeckten Haumea Ende 2004 auf Aufnahmen, die sie im Mai 2004 auf dem Palomar-Observatorium aufgenommen hatten. Sie hielten die Entdeckung zunächst geheim und veröffentlichten erst am 20. Juli 2005 ein Abstrakt, dass sie beabsichtigten, die Entdeckung eines neuen Objekts auf einer Konferenz im September desselben Jahres bekanntzugeben.

Etwa zur gleichen Zeit stieß eine Gruppe um den Astronomen José Luis Ortiz Morena vom Sierra-Nevada-Observatorium in Spanien auf Haumea auf einem Foto, das auf März 2003 datierte. Daraufhin übermittelte er am 27. Juli 2005 die Information an das für Entdeckungen zuständige *Minor Planet Center* (MPC). Ortiz und seine Kollegen galten damit offiziell als Entdecker. Auch Brown und seine Kollegen akzeptierten, dass sie zu spät waren. Soweit so gut.

Doch dann fiel Brown auf, dass aus dem Sierra-Nevada-Observatorium am Tag vor der Bekanntgabe an das MPC auf die öffentlich zugänglichen Log-Daten des Palomar-Observatoriums zugegriffen worden war. Mithilfe dieser Daten könnte es möglich gewesen sein, Haumea auf älteren Aufnahmen aufzuspüren.

Ortiz beteuerte, dass er nur überprüfen wollte, ob es sich bei ihrem Objekt um dasselbe wie das von Brown angekündigte handelte.

Was auch immer wirklich geschah, gemäß den Regeln des MPC und der IAU wird Ortiz als Entdecker Haumeas geführt.

Wir können schon recht bald einige Eigentümlichkeit sehen, die für Haumea charakteristisch ist. Der Zwergplanet hat keine Kugelgestalt, sondern die Form eines gestreckten Ellipsoids mit den Maßen $1920 \times 1540 \times 990$ km (Abb. 8.15). Doch verletzt dies nicht das zweite Kriterium der IAU-Planetendefinition aus dem Jahr 2006, nach der ein Planet oder Zwergplanet im hydrostatischen Gleichgewicht sein sollen und damit quasi Kugelgestalt haben muss?

Abb. 8.15 Künstlerische Darstellung Haumeas mit seinen beiden Monden Hi'iaka und Namaka (Quelle: NASA, ESA, and A. Feild (STScI); Originalbild beschnitten)

Es konnte nachgewiesen werden, dass sich Haumea wirklich im hydrostatischen Gleichgewicht befindet. Die „verzerrte" Gestalt rührt daher, dass er rasend schnell rotiert. Mit einer Rotationsperiode von gerade einmal 3,9 h ist er das sich am schnellsten drehende größere Objekt unseres Sonnensystems.

Woher kommt aber diese rasche Rotation? Normal scheint diese nicht zu sein. Die Ursachen hierfür sind noch nicht bekannt. Eine mögliche Hypothese geht von der gewaltigen Kollision zweier Zwergplaneten aus. Dabei wäre der Urkörper Haumeas mit einem anderen mindestens 1000 km großen Objekt zusammengestoßen. Durch die Wucht der Kollision wäre er in die rasche Rotation versetzt worden und hätte daher den Großteil seines Eismantels verloren, was erklären könnte, warum Haumea im Vergleich zu anderen KBO eine deutlich höhere Dichte aufweist. Der relativ lockere Mantel fehlt weitestgehend.

Glücklicherweise besitzt Haumea zwei Monde, den größeren *Hi'iaka* und den kleineren *Namaka*. Dadurch sind wir in der Lage, die Gesamtmasse des Haumea-System zu etwa $4,2 \times 10^{11}$ kg zu bestimmen. Das klingt zunächst einmal nach viel, entspricht aber lediglich etwa 30 % der Masse des Pluto-Systems.

Hi'iaki und Namaka umkreisen Haumea auf nahezu perfekten Kreisbahnen in mittleren Entfernungen von 49.880 km und 25.657 km. Sie sind vermutlich ebenso wie die *Haumea-Familie* Überbleibsel jener verheerenden Kollision.

Zudem konnte bei einer Sternbedeckung im Jahr 2017 ein etwa 70 km breiter Ring nachgewiesen werden, der über einen Durchmesser von knapp 4500 km verfügt und damit recht nah am Zwergplaneten ist.

8.8   Makemake

Nun aber schnell weiter zum zweithellsten KBO nach Pluto, dem Zwergplaneten *Makemake*, der die Sonne auf einer exzentrischen und stark geneigten Umlaufbahn in etwa 310 Jahren in einer mittleren Entfernung von 45,76 AE (Perihel: 52,84 AE; Aphel: 38,59 AE) umläuft (Abb. 8.14). Der durch das Team von Mike Brown im Jahr 2005 entdeckte Zwergplanet ist damit ebenso wie sein „Nachbar" Haumea ein klassisches Kuiper-Gürtel-Objekte (Cubewano), das der dynamisch heißen Population angehört.

Er besitzt einen geschätzten Durchmesser von etwa 1502×1430 km.[13] Damit wäre Makemake geringfügig größer als Haumea.

Anders als etwa Haumea, aber ähnlich wie Pluto, erscheint uns Makemake rötlich schimmernd. Spektraluntersuchungen haben ergeben, dass der Zwergplanet Methan an seiner Oberfläche besitzen muss. Vermutlich sind aber auch,

---

[13]Andere Messungen gehen von 1434×1420 km aus.

Abb. 8.16   Künstlerische Darstellung Makemakes und seines Mondes (Quelle: NASA, ESA, and A. Parker (Southwest Research Institute))

ähnlich anderen KBOs, größere Mengen an Ethan und Tholinen auf ihm zu finden (Abb.8.16).

Anders als bei Pluto können wir auf Makemake keine Atmosphäre ausmachen. Es war nach seiner Entdeckung angenommen worden, dass er – wie Pluto – eine sehr dünne Atmosphäre besitzt. Dies konnte jedoch bei einer Sternbedeckung am 23. April 2011 nicht bestätigt werden. Die Lichtkurve Makemakes fiel abrupt ab, was deutlich gegen eine vorhandene Atmosphäre spricht. Es ist jedoch nicht ausgeschlossen, dass er eine zeitlich befristete und flüchtige Atmosphäre besitzt, so wie es ursprünglich bei Pluto angenommen worden war. Einen Beleg gibt es hierfür aber nicht. Es dürfte allerdings noch eine ganze Weile dauern, bis wir diese Hypothese überprüfen können. Derzeit entfernt sich Makemake von der Sonne und wird sein Aphel erst im Jahr 2033 erreichen. Erst bei einer deutlichen Annäherung an die Sonne dürfte eine solche postulierte Atmosphäre nachweisbar sein.

Auch Makemake besitzt zumindest einen Mond. Die Entdeckung des Mondes *S/2015 (136472) 1* auf einer Aufnahme vom April 2015 wurde am 26. April 2016 bekanntgegeben (Abb. 8.17). Viel ist noch nicht bekannt über den

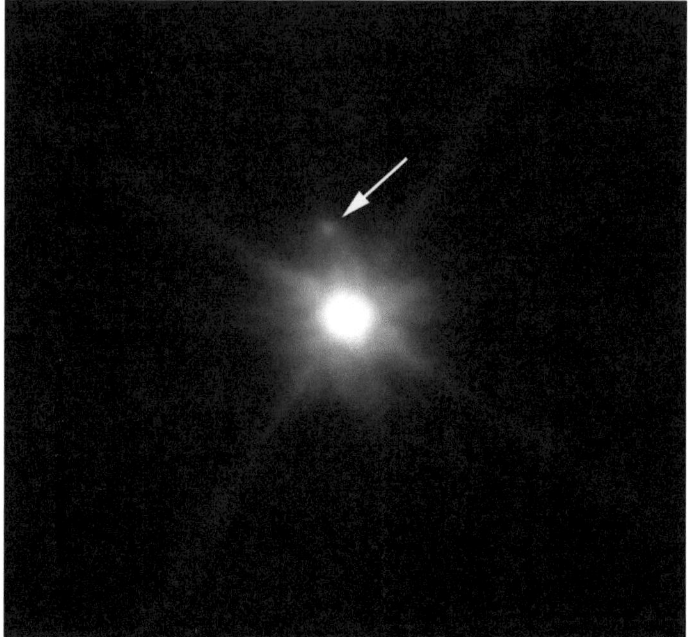

Abb. 8.17 Auf diesem Foto des Hubble-Weltraumteleskops, das Makemake zeigt, wurde der Mond des Zwergplaneten entdeckt. Dieser ist mit einem Pfeil markiert (Quelle: NASA, ESA, and A. Parker and M. Buie (SwRI))

Mond. Er ist vermutlich 175 km groß und sehr dunkel, in etwa wie Kohle. Dies ist wirklich erstaunlich, da Makemake ja das zweithellste KBO ist, das wir derzeit kennen. Eine sichere Erklärung gibt es momentan nicht hierfür. Die Entdecker des Mondes gehen davon aus, dass der Mond zu klein ist, um helle, aber flüchtige Eise auf Dauer festzuhalten, sodass im Laufe der Zeit der größte Teil von ihnen bereits in den interplanetaren Raum abgegeben wurde. Übrig blieben die sehr dunklen Verbindungen.

8.9   Ultima Thule

Bevor wir nun den Kuiper-Gürtel verlassen, wollen wir noch einen kurzen Abstecher zu Ultima Thule ($2014MU_{69}$) machen, dem einzigen KBO neben Pluto, welches von einer irdischen Raumsonde besucht und näher untersucht wurde. Die Raumsonde New Horizons passierte diesen ungewöhnlichen Körper am Neujahrstag des Jahres 2019 in einer Entfernung von knapp 3000 km und kam ihm damit näher als Pluto.

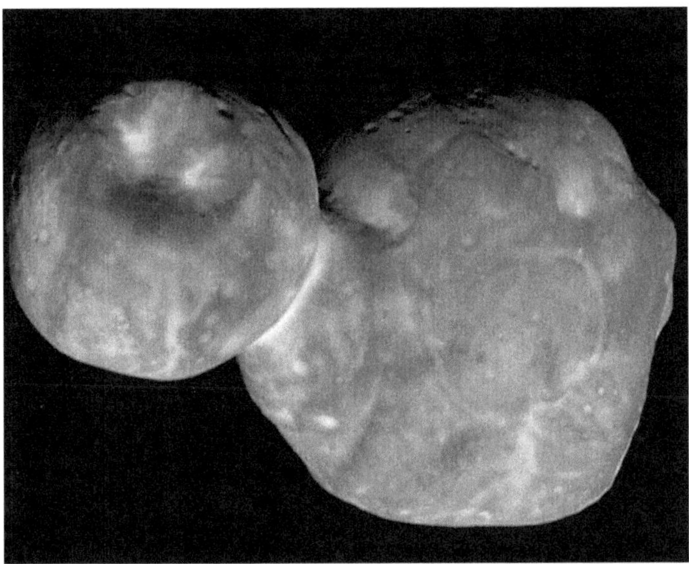

Abb. 8.18 Aufnahme New Horizons vom 1. Januar 2019 kurz vor der größten Annäherung aus einer Entfernung von etwa 7.000 km (Quelle: NASA/Johns Hopkins Applied Physics Laboratory/Southwest Research Institute, National Optical Astronomy Observatory)

Wir erkennen gleich gleich seine außergewöhnliche Form (Abb. 8.18), die auf den ersten Blick einem Schneemann gleicht. Doch der Eindruck täuscht. Je näher wir kommen desto offensichtlicher wird, dass wir hier keine zwei aneinanderklebenden Kugeln haben.

In der Tat besteht zwar Ultima Thule aus zwei Teilen: Ultima und Thule. Jedoch ähnelt der etwa 20 km große Teil *Ultima* eher einem flachen Pfannkuchen und der kleinere *Thule,* der etwa 15 km groß ist, einer Walnuss (Abb. 8.19). Die beiden sind ein merkwürdiges Paar und alles andere als man erwarten würde. Bis zum Zeitpunkt des Vorbeiflugs New Horizons konnte man sich die Existenz eines solchen Gebildes nicht vorstellen.

Zumal man bei seiner Entdeckung am 26.06.2014 durch Marc Buie mithilfe des Hubble-Weltraumteleskops von einem Einzelkörper ausgegangen wurde. Seine Doppelstruktur blieb aufgrund seiner Rotationsachse verborgen.

Vermutlich entstand dieses KBO aus einer Wolke kleinerer Partikel, in der sich beide Komponenten wohl unabhängig durch Agglomeration entwickelten. Sie näherten sich erst im späteren Verlauf allmählich an, bis sie schließlich aneinander anlagerten. Vieles spricht dafür, dass sie aus einer Mischung von amorphen Wassereis und Gestein bestehen.

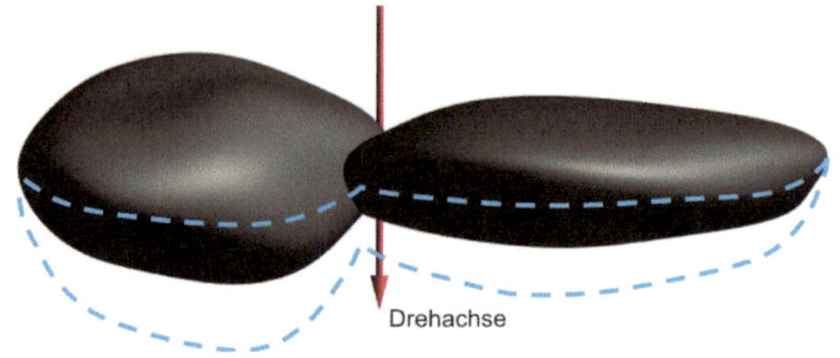

Abb. 8.19 Schematische Darstellung der Struktur Ultima Thules (Quelle: NASA/Johns Hopkins University Applied Physics Laboratory/Southwest Research Institute)

Viel Weiteres wissen wir noch nicht über diesen Exoten, da es noch einige Zeit benötigen wird, bis alle Daten, die New Horizons gesammelt hat, auf der Erde angekommen und ausgewertet sind.

Ultima Thule zieht seine Bahnen in einer mittleren Entfernung von 44,6 AE um die Sonne und benötigt für einen Umlauf 298 Jahre. Er gehört zu den kalten KBO (siehe Abschn. 8.3.2). Beide Teile sind nahezu einheitlich rot und unterscheiden sich somit nicht von anderen Cubewanos.

Seine Oberfläche besitzt neben einigen ausgeprägten Tälern und Gebirgszügen wenige markante Strukturen, etwa den mit 8 km Durchmesser großen *Maryland Krater* auf Thule.

8.10 Die Scattered Disk

Wir wollen jetzt jedoch den klassischen Kuiper-Gürtel und die Cubewanos verlassen. Wir stoßen dabei in die sogenannte *Scattered Disk* (dt. Gestreute Scheibe) vor, die die eingangs erwähnten gestreuten Objekte enthält. Wir hatten bereits angesprochen, dass es in der Literatur keine klare Festlegung gibt, ob es sich dabei um eine eigenständige Struktur oder lediglich eine Teilstruktur des Kuiper-Gürtels handelt. Für unsere weitere Betrachtung ist diese Unterscheidung nicht weiter von Belang. Unser primäres Ziel darin wird der „Plutokiller" *Eris* sein.

8.10.1 Struktur und Ausdehnung

Es gibt keine klare und scharfe Trennung zwischen dem Kuiper-Gürtel und der Scattered Disk. Ersteren hatten wir als dickeren Torus bzw. Donut kennengelernt, der sich in der Region von etwa 30 bis 50 AE von der Sonne entfernt befindet.

Demgegenüber ist die Scattered Disk – wie ihr Name schon andeutet – eher scheibenförmig und von einer Vielzahl eisiger Objekten besiedelt, wenn auch wesentlich dünner als der Kuiper-Gürtel. Diese Scattered-Disk-Objekte (SDO) unterscheiden sich in ihrer Zusammensetzung nicht grundlegend von den KBO.

In ihren Umlaufbahnen finden wir aber den entscheidenen Faktor. Wir hatten gesehen, dass die KBO im Wesentlichen aus den resonanten Objekten und den Cubewanos bestehen. Erstere befinden sich in stabilisierenden Resonanzen mit Neptun und verändern daher ihre Bahnen kaum. Die Cubewanos werden im Allgemeinen nicht vom Eisriesen gestört, da sie nicht in den Einflussbereich seiner Gravitation gelangen.

Ganz anders sieht das bei den SDO aus, die keinen Bahnresonanzen mit Neptun unterworfen sind. Sie besitzen sehr stark exzentrische Umlaufbahnen, deren Perihel in den Bereichen um 30 AE sehr nahe an Neptun heranführt, der dann seinen Einfluss geltend machen kann. Auf der anderen Seite führen Sie ihre Umlaufbahnen in Regionen jenseits von 100 AE Entfernung von der Sonne.

Die Umlaufbahnen dieser sehr kalten und weit entfernten Objekte sind daher stetigem Wandel unterworfen und erreichen oft hohe Bahnneigungen von bis zu 40° gegenüber der Ekliptik.

Der innere Bereich der Scattered Disk lässt sich durch Betrachtung der Umlaufbahnen gut bei etwa 30 AE fixieren. Er überlappt daher mit dem Kuiper-Gürtel. Die äußere Grenze ist jedoch schwer zu definieren. In der Literatur findet man Werte zwischen 100 und 150 AE,

Wie kommt es nun aber dazu, dass sich zwei so grundlegend verschiedene Strukturen in nahezu derselben Raumregion befinden? Vieles ist noch unklar, jedoch nimmt man an, dass die SDO während der Migration der Planeten dorthin auf ihre chaotischen Bahnen gestreut wurden.

Zudem ist eine scharfe Trennung von KBO und SDO kaum möglich, wie ihre ähnliche Zusammensetzung auch nahelegt. Man nimmt an, dass ein ständiger Austausch zwischen ihnen stattfindet. Wie kann man sich das vorstellen? Nehmen wir an, ein SDO kommt bei seinem Perihel Neptun nahe und dieser stört dessen Bahn (unter Umständen während mehrerer Umläufe). Dies kann gelegentlich dazu führen, dass das SDO in eine resonante Bahn geworfen wird oder in eine Bahn, die den Cubewanos entspricht. Schon wäre aus dem SDO ein KBO geworden.

Der umgekehrte Fall ist natürlich auch möglich. Ein KBO, das durch verschiedenste Einflüsse doch zu nahe an den Eisriesen kommt, kann durch dessen Einfluss gestreut werden.

8.10.2 Kometenreservoir

In Abschn. 8.2 hatten wir die Überlegungen kennengelernt, die Gerard Kuiper und Kenneth Edgeworth dazu führten den Edgewortk-Kuiper-Gürtel zu postulieren. Sie waren auf der Suche nach dem Ursprung zahlreicher kurzperiodischer Kometen. Ein Ursprung in der Oort'schen Wolke schien aufgrund ihrer schieren Anzahl nicht möglich, vielmehr sollten sie aus dem postulierten Gürtel stammen, dessen Objekte durch Bahnstörungen sporadisch auf die Reise ins innere Sonnensystem geschickt würden.

Wir haben jedoch gesehen, dass die Bahnen der KBO, sowohl der resonanten Objekte als auch der Cubewanos, zu stabil sind. Viele Astronomen sehen daher das tatsächliche Ursprungsgebiet dieser kurzperiodischen Kometen nicht mehr im Kuiper-Gürtel, sondern verorten dieses in der Scattered Disk. Die chaotischen Bahnen der SDO scheinen für Streuungen in das innere Sonnensystem geradezu prädestiniert.

Wir können auch annehmen, dass die *Zentauren* aus ihr stammen. Die Zentauren sind eisige Objekte, die sowohl Merkmale von Asteroiden als auch Kometen aufweisen und sich auf Umlaufbahnen zwischen Jupiter und Neptun befinden.

8.10.3 Eris – der Plutokiller

Wir wollen uns nun zu dem Objekt aufmachen, das maßgeblich dazu beitrug, Pluto von seinem planetaren Thron zu stoßen. Es ist der Zwergplanet *Eris*. Man könnte ihn daher zu recht als *Plutokiller* bezeichnen. Er ist mit etwa 2326 km Durchmesser fast genauso groß wie Pluto (2370 km), aber massereicher als er ($1,67 \times 10^{22}$ kg gegenüber $1,3 \times 10^{22}$ kg bei Pluto). Die von Mike Brown, Chad Trullijo und David Rabinowitz im Jahr 2005 entdeckte Eris ist damit der derzeit massereichste und zweitgrößte Zwergplanet. Sie hatte sich ein spannendes Rennen mit Pluto um die Position als größter Zwergplanet geliefert (siehe Kasten „Wer ist größer Eris oder Pluto?").

Wer ist größer Eris oder Pluto?

Schon kurz nach ihrer Entdeckung im Jahr 2005 durch die amerikanischen Astronomen Brown, Trujillo und Rabinowitz war klar, dass es sich bei Eris um ein großes Objekt handeln musste. Erste Schätzungen deuteten darauf hin, dass sie Pluto den Rang ablaufen könnte. War ein zehnter Planet des Sonnensystems gefunden worden? Die Pressemeldungen überschlugen sich. Wie wir bereits wissen, haben die Planeten keinen Zuwachs erhalten, sondern ihre Anzahl ist sogar geschrumpft. Sowohl Eris als auch Pluto wurden als Zwergplaneten klassifiziert.

Die spannende Frage blieb jedoch: ist Eris größer als Pluto? Eine erste zuverlässige Messung aus dem Jahr 2005, die mittels des IRAM-Radioteleskops vorgenommen wurde, kam zu einem Durchmesser von 3000 ± 320 km. Zu diesem Zeitpunkt war sie mit hoher Wahrscheinlichkeit größer als Pluto, dessen Durchmesser damals noch mit 2300 km angenommen wurde.

Eris schien bereits wie der sichere Sieger. Aufnahmen des Hubble-Weltraumteleskops aus dem Jahr 2006 ergaben jedoch nur noch 2400 ± 100 km. Zur gleichen Zeit etwa war Pluto auf etwa 2320 km „angewachsen". Das Rennen war wieder offen.

Eine Sternbedeckung im Jahr 2010 erlaubte dann erstmals eine recht genaue Bestimmung der Größe des Herausforderers: 2326 ± 12 km. Beide schienen nahezu gleich groß.

Erst die Raumsonde *New Horizons* konnte mit ihrem Vorbeiflug an Pluto im Juli 2015 das Rennen (vorläufig) für Pluto entscheiden. Sie ermittelte einen Plutodurchmesser von 2374 ± 8 km. Ob es letztendlich dabei bleibt, wird die Zeit zeigen.

Wir können Eris bei einer mittleren Entfernung von ca. 67,7 AE (Perihel: 37,8 AE; Aphel: 97,6 AE) antreffen. Sie befindet sich damit quasi inmitten der Scattered Disk. Ihre Umlaufbahn, die sie einmal alle 557 Jahre um die Sonne führt, ist mit 44° überaus stark geneigt für ein Objekt ihrer Größe (Abb. 8.20).

Wir können daher davon ausgehen, dass Eris nicht mit einer solchen Umlaufbahn „geboren" wurde. Vermutlich hat sie ihren Ursprung am inneren Rand des klassischen Kuiper-Gürtels genommen. Dort, näher bei der Sonne, gilt es als wahrscheinlicher, dass sich größere Objekte bilden konnten.

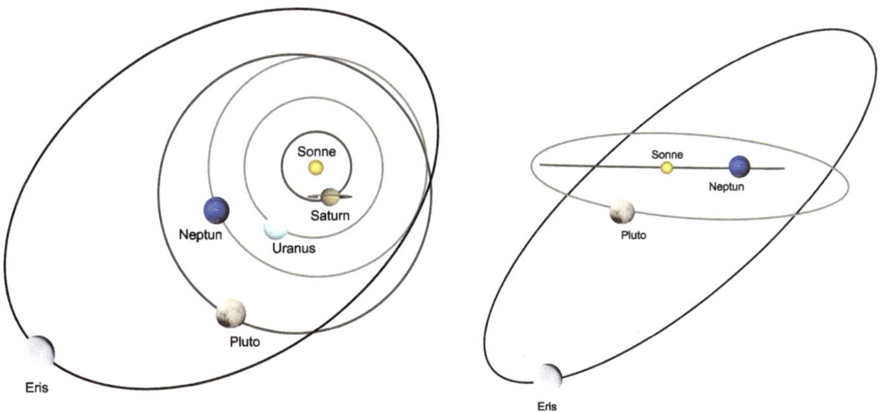

Abb. 8.20 Schematische Darstellung der Umlaufbahn von Eris im Vergleich zu den Gasriesen und Pluto. Das linke Bild zeigt die Umlaufbahnen von oben, das rechte von der Seite. Man kann im rechten Bild erkennen, dass Pluto eine geneigte Umlaufbahn gegenüber der Ekliptik besitzt. Diejenige von Eris ist noch deutlich stärker geneigt

Zu einem späteren Zeitpunkt wurde sie dann durch Neptun auf ihre jetzige Bahn gestreut.

Was uns aber sofort ins Auge sticht, ist ihr gleißend helles Weiß, in dem sie erstrahlt. Sie besitzt eine Albedo von 0,85. Ihre Farbe ist so ganz untypisch für die Region, zieht man beispielsweise den rötlichen Pluto oder die meist gräulichen anderen TNO heran.

Wie können wir uns das erklären? Die meisten TNO und insbesondere KBO sind ja in ihrer Zusammensetzung ähnlich. Und nimmt man nicht an, dass Eris ursprünglich eine von ihnen gewesen sein könnte? Vielleicht liegt es daran, dass sich Eris einfach sehr weit draußen im Sonnensystem befindet (derzeit in der Nähe ihres sonnenfernsten Punkts). Bei den dortigen Temperaturen, die nochmals ein gutes Stück niedriger liegen als die ohnehin schon frostigen im Kuiper-Gürtel, ist das sonst leicht flüchtige und hell leuchtende Methan fest an der Oberfläche gebunden. Es könnte sein, dass dieses die sonst bei TNO anzutreffenden dunkler erscheinenden Tholine überdeckt.

Aber bereits hier haben wir ein weiteres ungeklärtes Problem, sollte diese Erklärung zutreffen. Woher kommt das viele Methan? Bei Annäherung an die Sonne und daher einhergehenden steigenden Temperaturen müsste es warm genug werden, sodass die Sublimation beginnt. Methan würde also bildlich gesprochen einfach verdampfen.

Mindestens zwei Erklärungen sind möglich. Erstens wäre es denkbar, dass Eris noch nie so nah an der Sonne war, dass dieses „Verdampfen" geschehen konnte. Zweitens, sie besitzt einen noch unbekannten inneren Mechanismus, mit dem sie ihre Methanvorräte an der Oberfläche stetig auffüllt.

Ferner nimmt man an, dass Eris eine flüchtige Atmosphäre besitzen könnte. Also eine, die nur bei größerer Nähe zur Sonne existiert. Gefrorene Eise würden durch die steigende Wärme sublimieren und die Atmosphäre bilden. Bei ihrem Weg zurück in die Weiten des Sonnensystems würden diese mit den kontinuierlich fallenden Temperaturen wieder ausfrieren und zurück auf die Oberfläche fallen. Eris wäre dann ohne Atmosphäre.

Auch Eris besitzt einen Mond, Dysnomia (S/2005 (2003 UB_{33}) 1). Er wurde bereits relativ kurz nach Eris ebenfalls durch Brown und sein Team entdeckt. Wenig ist über ihn bekannt, und das Wenige ist vage. Dysnomia hat wohl einen Durchmesser von etwa 350 bis 490 km und umkreist Eris auf einer nahezu perfekten Kreisbahn in einem Abstand von 37.436 km alle 15 Tage. Es gilt als gesichert, dass er wohl irregulär geformt ist, d. h. keine Kugelgestalt hat. Er ist einfach zu klein dafür. Verschiedene Modelle gehen davon aus, dass der Mond in seinem Inneren zu großen Teilen aus Wassereis besteht. Vieles spricht dafür, dass auch er aus einer Kollision hervorging, ebenso wie wir es in den meisten Fällen bisher gesehen haben.

Weiterführende Literatur

Brown, M.: Wie ich Pluto zur Strecke brachte: Und warum er es nicht anders verdient hat. Spektrum Akademischer Verlag, Heidelberg (2012)
Dunn, M.: New Horizons: Rediscovering Pluto. Associated Press, Miami (2016)
Jones, B.W.: Pluto – Sentinel of the Outer Solar System. Cambridge University Press, Cambridge (2011)

9

Zwischen den Welten

Reisezeit: 162 Jahre 110 Tage. Unsere Reise führt uns weiter. Wir haben den Zwergplaneten Eris hinter uns gelassen und nähern uns dem Ende dessen, was wir als Scattered Disk kennengelernt haben. Unser nächstes großes Ziel ist die Oort'sche Wolke, die sich weit draußen im Sonnensystem befindet. Vor uns liegen noch tausenden Astronomische Einheiten von „Nichts".

Aber ist hier wirklich nichts? Lange Zeit ging man davon aus, dass sich hier wirklich leerer Raum erstreckt. Bis Anfang des 21. Jahrhunderts Objekte gefunden wurden, die sich scheinbar abgekoppelt vom Rest des Sonnensystems auf seltsamen Bahnen um die Sonne bewegen. Wir wollen diese *Detached Objects* (DO) und *Sednoiden* im Folgenden genauer betrachten, auch wenn vieles über sie noch vollkommen unbekannt ist und das Wenige, das bekannt ist, wirft mehr neue Frage auf als dass es befriedigende Antworten liefert.

9.1 Detached Objects – ein Überblick

Die Begriffsbestimmung zu den Objekten, die bisher in diesem Übergangsbereich zwischen Scattered Disk und Oort'scher Wolke gefunden wurden, ist nicht klar. Manche sprechen von *Detached Objects,* andere von *Extended Scattered Disk Objects,* wieder andere schlagen sie gar komplett den SDO zu. Einige weitere sehen in ihnen nichts weiter als die ersten Boten der *inneren Oort'schen Wolke,* die wir im nächsten Kapitel genauer betrachten werden. Wir wollen sie im Folgenden einfach als *Detached Objects* bezeichnen, da sie in der Tat wie abgekoppelt wirken vom Rest des Sonnensystems.

© Springer-Verlag GmbH Deutschland, ein Teil von Springer Nature 2019
M. Moltenbrey, *Ausflug ins äußere Sonnensystem,*
https://doi.org/10.1007/978-3-662-59360-8_9

Egal wie wir diese Objekte benennen oder an welche bekannten Strukturen wir sie im Sonnensystem aufhängen, was sie eint, sind ihre merkwürdig anmutenden Umlaufbahnen. Diese sind sehr stark exzentrisch. Ihr sonnennächster Punkt (Perihel) liegt bei diesen Objekten weit jenseits des sonnenfernsten Punkts (Aphel) Neptuns, der dadurch keinen Einfluss auf sie haben kann.

Ihr Bahnen reichen schließlich viele Hunderte AE in den Raum hinaus. Es scheint nahezu unmöglich, dass diese Objekte während der Migration der Planeten auf ihre jetzigen Bahnen gestreut worden sein können, ganz anders also als die KBO und SDO, die wir im letzten Kapitel kennengelernt haben. Woher kommen die Detached Objects aber dann, und wie kamen sie zu ihren Umlaufbahnen?

Diese Fragen sind sehr schwierig zu beantworten, da es alles andere als leicht ist, diese DO zu beobachten. Sie sind in der Regel kleine, lichtschwache Objekte, die sich eben weit draußen im Sonnensystem sehr langsam bewegen. Es ist daher sehr schwierig, sie als solche gegenüber Fixsternen zu identifizieren, geschweige denn zuverlässige Bahndaten zu bestimmen.

Es gibt mehrere verschiedene Hypothesen, wie diese Objekte zu ihren Bahnen gekommen sein können. Zum einen können sie durch einen Stern, der nahe an unserem Sonnensystem vorbeigezogen ist, durch dessen gravitative Wirkung quasi aus weiter innen liegenden Bereichen des Sonnensystems wie etwa dem Kuiper-Gürtel oder der Scattered Disk auf ihre jetzigen Bahnen gezerrt worden sein.

Eine andere Möglichkeit wäre ein noch unbekannter planetengroßer Körper in weiter außen liegenden Regionen des Sonnensystems, der durch die Wirkung seiner Gravitation die Bahnen dieses Objekte bestimmt. Öfter schon wurden im Laufe der letzten Jahrzehnte Spekulationen zu einem solchen noch unbekannten Planeten geäußert. Alleine in den letzten Jahren hat die Diskussion über einen neunten Planeten wieder Fahrt aufgenommen, der sich in Regionen jenseits von 200 AE von der Sonne aufhalten soll. Belege für einen solchen Körper gibt es keine, Indizien scheinen sich jedoch zu mehren.

Vielleicht, so der dritte Erklärungsversuch, handelt es sich gar nicht um einen noch existierenden Körper, sondern vielmehr um einen großen Planeten (ggf. einen Gasriesen), der mit den anderen Planeten entstand, dann aber durch Wechselwirkungen mit ihnen aus dem Sonnensystem geschleudert wurde. Möglicherweise hätte diese gereicht, die DO an ihre heutige Position zu streuen.

Obwohl diese Objekte sehr schwer zu entdecken sind, haben wir schon einige identifiziert. Das bekannteste Objekt unter ihnen ist *Sedna*, das nächste Ziel auf unserer Reise. Dieser Körper definiert eine neue „Unterklasse" der Detached Objects. All jene DO, deren Perihel jenseits von 75 AE liegt, wie

Tab. 9.1 Überblick über eine Auswahl bekannter Sednoiden

Name	Durchmesser (km)	Perhiel (AE)	Gr. Halbachse (AE)	Aphel (AE)	Entdeckung
Sedna	995 ± 80	76,06	515,79	955,51	2003
$2012\,V\,P_{113}$	600	80,5	261	441,49	2012

eben bei Sedna, werden als *Sednoiden* bezeichnet. Derzeit sind nur wenige Sednoiden bekannt (siehe Tab. 9.1).

Setzen wir unsere Reise zu Sedna fort.

9.2 Sedna

Sedna ist eine merkwürdige Welt, auf die wir bei etwa 500 AE Entfernung treffen[1] (Abb. 9.1). Das Licht der Sonne benötigt fast drei Tage, um dieses ferne Objekt zu erreichen. Wir haben schon im vorherigen Abschnitt gesehen, dass dieses „Detached Object" eine stark exzentrische Umlaufbahn hat (Abb. 9.2). So gelangt sie an ihrem sonnennächsten Punkt immerhin bis auf 76 AE an unser Zentralgestirn heran, setzt dann aber ihre Reise ins äußere Sonnensystem bis nahezu unvorstellbaren 922 AE fort.

Diese Unterschiede können wir uns vielleicht am besten am Beispiel der Lichtlaufzeit vorstellen. In ihrem Perihel erreicht das Sonnenlicht Sedna nach gut elf Stunden, am sonnenfernsten Punkt sind es gut 5,5 Tage. Was bedeutet eine solche Bahn für Sednas Reise um die Sonne? Sie ist knapp 11.150 Jahre unterwegs, um nur ein einziges Mal die Sonne zu umlaufen. Hier kann man auch sehr deutlich sehen, dass es schwierig ist, solch ferne Objekte zu identifizieren. Man stelle sich nur die langsame Bewegung der Körper am Himmel vor. Sedna ist um ein Vielfaches langsamer, so langsam, dass es kaum noch von den Fixsternen zu unterscheiden ist.

Dementsprechend schwer ist es auch etwas über diese fernen Objekte zu erfahren. Umso erstaunlicher ist, was wir bereits über sie herausgefunden haben.

Entdeckt wurde Sedna vom Team um den Amerikaner Mike Brown im Jahr 2003 und fiel sofort als etwas Außergewöhnliches auf (Abb. 9.3). Ihre Entdecker benannten sie nach der Meeresgöttin der Inuit, die in den kalten Tiefen des Atlantiks leben soll, ganz so wie das neue Objekt in den eisigen Gebieten des äußeren Sonnensystems unterwegs ist.

Neben ihrer stark exzentrischen Umlaufbahn (e = 0,85) ist Sedna auch noch vergleichsweise groß. Es konnte (vorläufig) ein Durchmesser von fast 1000 km

---

[1] Wieder nehmen wir die mittlere Entfernung von der Sonne als Distanz an. In Wirklichkeit befindet sich Sedna nahe ihres Perihels und wird dieses im Jahr 2076 erreichen.

Abb. 9.1 Künstlerische Darstellung des möglichen Zwergplaneten Sedna. Sie ist so weit von der Sonne entfernt, dass diese, stünde man auf ihrer Oberfläche, nur als sehr heller „Fixstern" zu erkennen wäre (Quelle: NASA/JPL-Caltech).

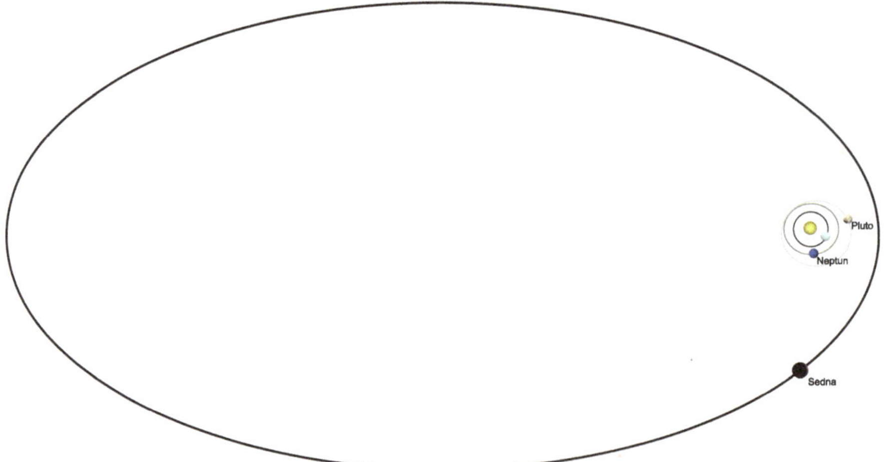

Abb. 9.2 Schematische Darstellung der stark exzentrischen Umlaufbahn Sednas im Vergleich zu Pluto, Uranus und Neptun

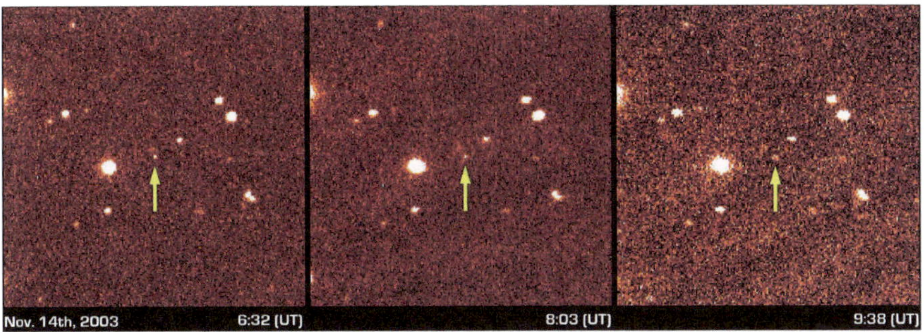

Abb. 9.3   Die drei Aufnahmen zeigen die ersten Bilder, auf denen Sedna entdeckt wurde. Man kann gut die sehr langsame Bewegung gegenüber den Fixsternen erkennen. Betrachtet man sich die Auflösung, kann man sich gut vorstellen, wie schwer es ist Details, über diese ferne Welt zu erfahren. Umso erstaunlicher ist es, was wir bereits wissen (Quelle: NASA/Caltech).

berechnet werden, was Sedna zu einem Kandidaten für einen Zwergplaneten machen könnte. Der Zwergplanet Ceres im Asteroidengürtel zwischen Mars und Jupiter (siehe Abschn. 2.5) ist womöglich sogar ein Stückchen kleiner als Sedna.

Sedna schimmert rötlich, ähnlich wie Mars, was auf das Vorhandensein von Eisenoxid hindeuten könnte, ebenso wie beim Roten Planeten. Dies wäre jedoch außergewöhnlich für ein so weit entferntes Objekt. Eine andere Erklärung böte das Vorhandensein großer Mengen organischer Verbindungen.[2]

Sedna rotiert in etwa 10 h um sich selbst. Ein Mond wurde bisher noch nicht entdeckt.

Es bleibt jedoch zumindest ein großes Rätsel, welches zahlreiche Astronomen am brennendsten interessiert: Wie kommt Sedna auf diese Umlaufbahn? Dafür gibt es lediglich zahlreiche Ideen, aber keine von ihnen konnte bisher belegt werden. Sedna könnte ggf. gängige Hypothesen zur Entstehung unseres Sonnensystems infrage stellen.

Es bleibt auf jeden Fall spannend. Dennoch ist es für uns Zeit die letzte Etappe unserer Reise anzutreten, die uns schließlich bis an die Grenze des Sonnensystems führen wird.

---

[2] *Organisch* sollte hier auf keinen Fall mit *biologisch* verwechselt werden. Biologisches Leben ist auf Sedna mit ziemlicher Sicherheit nicht zu erwarten. Vielmehr bezieht sich der Begriff auf die *Organische Chemie*, die sich mit verschiedensten Kohlenstoffverbindungen beschäftigt.

Weiterführende Literatur

Brown, M.: Wie ich Pluto zur Strecke brachte: und warum er es nicht anders verdient hat. Spektrum Akademischer Verlag, Heidelberg, 2012
*Lykawka, P.S., Mukai, T.: An Outer Planet Beyond Pluto and the Origin of the Trans-Neptunian Belt Architecture. Astron. J. **135**, 1161–1200 (2008)

10

Die Oort'sche Wolke

Reisezeit: 667 Jahre 245 Tage. Wir befinden uns nun auf dem letzten Abschnitt unserer Reise, welchen uns zu einer weit ausgedehnten, nahezu unvorstellbaren Struktur führt, die jedoch noch kein Mensch gesehen hat. Es gibt viele Hinweise auf sie, eine Beobachtung bzw. ein letztendlicher Beweis stehen noch aus. Wir treten in die *Oort'sche Wolke* ein.

10.1 Wo kommen all die Kometen her?

Die Idee der Existenz der Oort'schen Wolke ist unweigerlich mit einer der faszinierendsten Objektarten in unserem Sonnensystem verbunden: den *Kometen*. Wir sind ihnen schon einige Male in früheren Kapiteln begegnet (siehe bspw. Abschn. 2.7 und Kap. 8) und werden uns in diesem Kapitel noch genauer mit diesen Schweifsternen beschäftigen.

Spätestens Anfang des 20. Jahrhunderts war Astronomen aufgefallen, dass die sogenannten *langperiodischen Kometen,* also jene mit Umlaufzeiten von mehr als 200 Jahren, aus allen erdenklichen Himmelsrichtungen zu kommen schienen. Es gab keinen bevorzugten Ursprung. Man spricht daher auch von einer *isotropen* Verteilung.

Der estnische Astronom *Ernst Öpik* (1893–1985) vermutete im Jahr 1932, dass diese Kometen wohl aus einer „Wolke" stammen würden, die sich am Rande des Sonnensystems befinde und dieses umschließe.

Unabhängig von Öpik untersuchte der niederländische Astronom *Jan Hendrik Oort* (1900–1992) den Ursprung langperiodischer Kometen. Er untersuchte hierfür 46 Kometen und deren Umlaufbahnen, die in den Jahren 1850 bis 1952 beobachtet worden waren.

© Springer-Verlag GmbH Deutschland, ein Teil von Springer Nature 2019
M. Moltenbrey, *Ausflug ins äußere Sonnensystem,*
https://doi.org/10.1007/978-3-662-59360-8_10

Er war sich sicher, dass diese, betrachtete man ihre Umlaufbahnen genauer, nicht aus benachbarten Regionen des Sonnensystems stammen konnten. Sie mussten von weiter draußen kommen. Aus ihrer isotropen Verteilung schloß er im Jahr 1950, dass sich eine kugelartige Struktur weit entfernt jenseits des bekannten Sonnensystem befinden müsste. Dort wäre die Heimat unzähliger kleiner Eis- und Gesteinsbrocken.

Er nahm ferner an, dass sich diese Struktur bzw. Wolke in gut 100.000 AE Entfernung an der Grenze des Einflussbereichs unserer Sonne befinden müsste. Nur so ließen sich die Bahnen langperiodischer Kometen erklären. Hin und wieder würden durch äußere Einflüsse einige Mitglieder dieser Wolke in ihren Bahnen gestört und damit auf ihre Reise in das innere Sonnensystem gesandt, wo sie sich schließlich zu Kometen entwickeln.

Heute stellt kaum noch ein Astronom, die Existenz dieser *Oort'schen Wolke* bzw. *Öpik-Oort-Wolke* infrage, auch wenn bisher der letztendliche Beweis ihrer Existenz noch nicht erbracht werden konnte.

Aber wie sieht denn nun diese hypothetische Wolke aus? Mittlerweile hat man sich schon recht gute Vorstellungen darüber gemacht wie man sich ihre Struktur vorstellen kann.

10.1.1   Die Ausdehnung

Sie erstreckt sich über eine sehr große Region (Abb. 10.1). Keine andere Struktur in unserem Sonnensystem ist in ihrer Ausdehnung mit der Oort'schen Wolke vergleichbar. Man nimmt an, dass sie bei etwa 2000 bis 5000 AE Abstand von der Sonne beginnt. Sie endet bei ungefähr 100.000 AE. Manche Astronomen nehmen für ihre äußere Grenze auch 200.000 AE an. Rechnen wir diese Größe einmal um, so zeigt sich ihr gewaltiges Ausmaß. 100.000 AE entsprechen gut 1,5 Lichtjahren, d. h., das Licht unserer Sonne ist 1,5 Jahre dorthin unterwegs. Ist das nun viel? Der uns nächstgelegene Stern ist *Proxima Centauri,* der 4,2 Lichtjahre von uns entfernt ist. Dementsprechend endet die Oort'sche Wolke auf etwa einem Drittel des Weges dorthin! Um auf unserer hypothetischen Reise, die wir gerade unternehmen, an die äußere Grenze der Wolke zu gelangen, würden wir fast 35.000 Jahre benötigen. Gut, dass wir die Reise nicht wirklich durchführen.

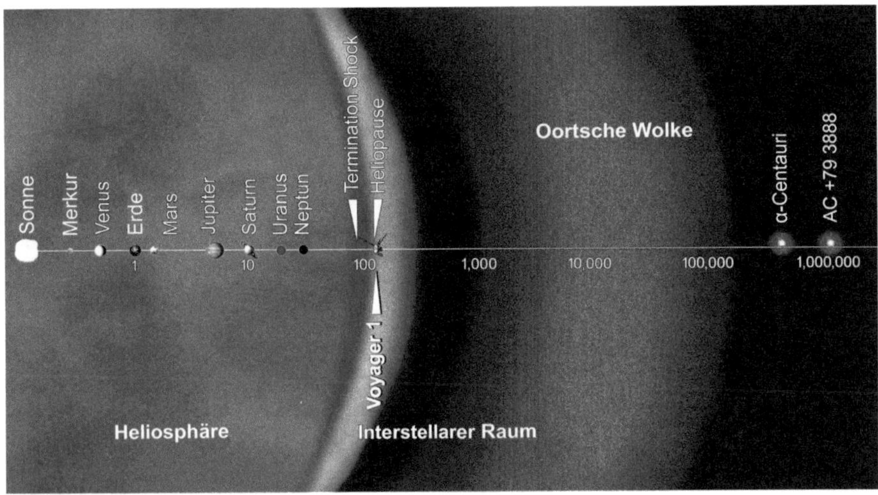

Abb. 10.1   Künstlerische Darstellung des Sonnensystems in logarithmischer Darstellung (Quelle: NASA/JPL-Caltech; modifiziert; Text ins Deutsche übersetzt)

10.1.2   Aus Eins mach Zwei

Wir gehen heute davon aus, dass die Struktur, die wir als Oort'sche Wolke bezeichnen, höchstwahrscheinlich aus zwei Bestandteilen besteht: einer *inneren* und einer *äußeren Wolke.*

Die innere Oort'sche Wolke beginnt wohl bei etwa 2000 AE Entfernung von der Sonne und endet bei ca. 20.000 AE, wo sie in die äußere Wolke übergeht, deren Außengrenze, wie bereits erwähnt, bei 100.000 oder 200.000 AE verortet wird. Die innere Wolke wird gelegentlich auch als *Hill-Wolke* bezeichnet, benannt nach dem amerikanischen Astronomen *Jack G. Hill,* der diese *zirkumstellare Scheibe* erstmals 1981 vorschlug. Man nimmt an, dass die innere Wolke ein Vielfaches an Objekten beinhaltet im Vergleich zur äußeren Wolke. Sie könnte damit als ein Nachschubreservoir für Letztere dienen, da diese kontinuierlich Objekte, in Form von Kometen, verliert.

Die äußere Wolke hat Kugelgestalt und umhüllt unser Sonnensystem und enthält Abermillionen eisiger und felsiger Objekte unterschiedlichster Größe. Ihre Zusammensetzung dürfte im Wesentlichen der von Kometen entsprechen, d. h. Wasser, Methan, Ethan, Kohlenstoffmonoxid usw.

10.2 Kometen

Wir wollen uns noch kurz den Kometen widmen, die ihren Ursprung zumindest teilweise in der Oort'schen Wolke nehmen und als Wanderer zwischen den Welten durch das Sonnensystem reisen.

Vermutlich waren die meisten von uns bereits in der Lage, einen hellen Kometen zu beobachten. Selbst unter stark lichtverschmutztem Himmel kann man die hellsten Vertreter unter ihnen sogar mit dem bloßen Auge beobachten (Abb. 10.2).

Die Menschheitsgeschichte ist voll von Erzählungen über Kometen. Über Jahrhunderte wurden diese himmlischen Phänomene als Omen für irdische Ereignisse wahrgenommen. Entweder als gut oder schlecht, je nachdem welche Seite man anschließend befragte. Oft galten sie als Unheilbringer und lösten nicht selten Panik unter Menschen aus. Egal wie man zu ihnen jedoch stehen mag, unbestreitbar ist, dass sie äußerst faszinierende Objekte sind.

Abb. 10.2 Aufnahme des Kometen Hale-Bopp, dem Kometen des 20. Jahrhunderts, aus dem Jahr 1997. Dieser Anblick bot sich dem Beobachter aus einer größeren, stark lichtverschmutzten Stadt im Süden Deutschlands

10.2.1 Komet ist nicht gleich Komet

Wir haben bereits mehrfach gesehen, dass ein Komet in Bezug auf seine Umlaufbahn nicht unbedingt einem anderen entspricht. Vor allem die Unterscheidung in *kurzperiodische* (Umlaufzeit kürzer als 200 Jahre) und *langperiodische* Kometen mit Umlaufzeiten von mehr als 200 Jahren, hat sich als treibende Kraft für die Entdeckung neuer Strukturen in unserem Sonnensystem erwiesen. Ihnen haben wir es zu verdanken, dass wir auf unserer Suche nach ihren Ursprungsgebieten immer neue Objekte entdeckten, sei es der Kuipergürtel, die Scattered Disk oder die Oort'sche Wolke(n).

Langperiodische Kometen haben ihren Ursprung wohl in der Oort'schen Wolke. Bei den kurzperiodischen ist der Fall nicht ganz so einfach gelagert. Zum einen können sie aus der Scattered Disk bzw. dem Kuipergürtel stammen. Zum anderen kann es sich jedoch auch um ehemals langperiodische Kometen aus der Oort'schen Wolke handeln, die aufgrund von Bahnstörungen der großen Planeten, allen voran Jupiter, auf ihren neuen, kürzeren Umlaufbahnen gezwungen wurden.

Neben ihren Umlaufzeiten unterscheiden sich die beiden großen Gruppen von Kometen auch in der Lage ihrer Bahnen. Wir haben bereits gesehen, dass die langperiodischen Vertreter isotrop in das innere Sonnensystem zu gelangen scheinen. Ihre Umlaufbahnen sind daher im gleichen Maße gleich in der Sphäre unseres Sonnensystems verteilt.

Anders sieht es bei den kurzperiodischen Kometen aus. Ihre Umlaufbahnen befinden sich meist in der Nähe der Ekliptik und bewegen sich in gleicher Richtung um die Sonne wie die Planeten.

Generell sind die Umlaufbahnen von Kometen sehr fragil. Sie unterliegen steten Bahnstörungen durch die Planeten und die Sonne. Vor allem der Gasriese Jupiter spielt hier eine entscheidende Rolle. Seine riesige Masse ist in der Lage, ihre Bahnen deutlich zu beeinflussen. Letztendlich führen die Störungen entweder dazu, dass Jupiter nahe an ihm vorbeiziehende Kometen auf sehr lange[1] bzw. kurze Umlaufbahnen zwingt oder gar im spektakulärsten Fall sie einfängt. Im letzteren Fall werden sie über kurz oder lang mit ihm kollidieren. Besonderes Medieninteresse erregte dabei die Kollision des Kometen Shoemaker-Levy 9 mit dem Gasriesen im Juli 1994 (Abb. 10.3).

---

[1] Beispielsweise verlängerte die Begegnung des Kometen C/1996 B2 Hyakutake mit dem Gasriesen Jupiter dessen Umlaufzeit von ursprünglich etwa 8000 Jahren auf ungefähr 114.000 Jahren.

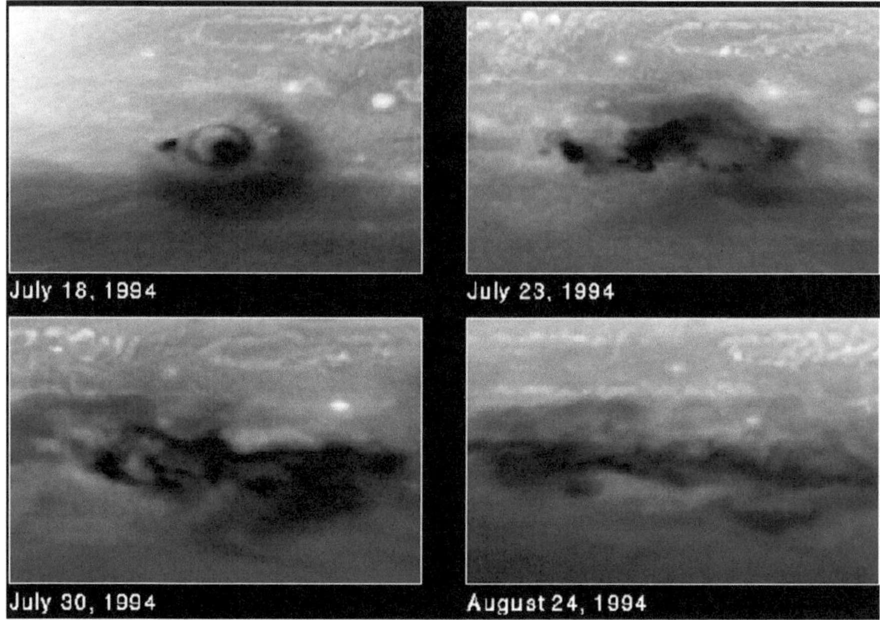

Abb. 10.3 Aufnahme des Hubble-Weltraumteleskops, welches die Entwicklung einer Einschlagsstelle des Kometen Shoemaker-Levy 9 auf Jupiter zeigt (Quelle: H. Hammel, MIT and NASA; beschnitten)

10.2.2   Was ist ein Komet?

Was sind nun aber diese Schweifsterne eigentlich? Wie kommen sie zu ihrem charakteristischen Erscheinungsbild? Um diesen Fragen nachzugehen, müssen wir uns in erster Linie zunächst ihren Aufbau und die in ihnen wirkenden Mechanismen genauer anschauen. Grob lässt sich der Aufbau dreiteilen. Ein Komet besitzt einen *Kern* (auch *Nukleus* genannt), eine *Koma* und verschiedene *Schweifstrukturen*. Vor allem Letztere verleihen ihm seinen imposanten Anblick.

10.2.2.1   Der Kometenkern

Der Kern des Kometen ist letztendlich der eigentliche Komet. Die anderen beiden Strukturen entstehen aus ihm heraus. In großer Entfernung von der Sonne, wie etwa im Bereich der Oort'schen Wolke, in der wir uns gerade aufhalten, findet sich nichts von einem beeindruckenden Schweif. Der Komet ist nichts anderes als ein kalter eisiger Brocken, der sich im Sonnensystem bewegt.

Abb. 10.4   Bild des Kometen 67P/Tschurjumow-Gerassimenko zusammengesetzt aus Aufnahmen der Raumsonde Rosetta (Quelle: ESA/Rosetta/NAVCAM, CC BY-SA IGO 3.0)

Denkt man an das beeindruckende Himmelsspektakel, das sich einem beim Anblick eines Kometen bieten kann, so kann man zu der Meinung gelangen, dass dieser Kern relativ groß sein muss. Doch ist dem nicht so. Die allermeisten Kometenkerne sind mit Durchmessern unterhalb von zehn Kilometern sehr klein.

Sie bestehen im Wesentlichen aus verschiedenen Eisen, darunter solche aus Wasser, Kohlenstoffmonoxid, Methan und Ammoniak. Daneben sind sie durchsetzt mit Staub und Mineralien.[2] Der amerikanische Astronom *Fred Whipple* (1906–2004) hatte daher für sie den Begriff eines „schmutzigen Schneeballs" geprägt.

Neuere Untersuchungen durch Raumsonden, wie etwa die ESA-Sonde *Rosetta,* die den kurzperiodischen Kometen *67P/Tschurjumow-Gerassimenko* besuchte (Abb. 10.4), zeigen, dass die festen Bestandteile gegenüber den flüchtigen Gasen dominieren. Es wäre daher wohl angebrachter von „schmutzigen Eisbällen" zu sprechen.

---

[2]Die genaue Zusammensetzung von Kometenkernen ist allerdings nicht so leicht zu bestimmen, wie man es sich ggf. vorstellen könnte. Wir werden im Zusammenhang mit der Koma darauf zurückkommen.

Der Kern eines Kometen ist anders aufgebaut als es sich viele Wissenschaftler vorgestellt hatten. Er ist kein loser Schutthaufen etwa wie bei den meisten Asteroiden. Also keine relativ lose Ansammlung von kleineren eisigen Bestandteilen. Es handelt sich vielmehr um eine feste Mischung aus Eis und Staub, deren Porosität zum Inneren hin abzunehmen scheint. An seiner Oberfläche befinden sich eine Schicht aus Staub.

Es ist ebenso interessant zu sehen, dass Kometenkerne sehr dunkle Objekte sind. Zunächst war die Überraschung groß, als das erste Mal Raumsonden einen Kometen besucht hatten, wie etwa die Sonde *Giotto* als Teil der *Halley-Armada* im Jahr 1985. Man war lange Zeit davon ausgegangen, dass die Kerne recht hell sein sollten, wie anderes konnte man die fulminanten Leuchterscheinungen erklären, die sie zur Schau stellten. In Wirklichkeit handelt es sich aber wohl um einige der schwärzesten Körper in unserem Sonnensystem. Die Ursachen für diese Phänomene mussten also wo anders zu suchen sein, wie etwa in der Koma.

10.2.2.2   Koma und aktive Zonen

Die *Koma* eines Kometen könnte man auch als dessen flüchtige Atmosphäre bezeichnen. Wir sind bei verschiedenen Objekten des Kuipergürtels und der Scattered Disk bereits auf solche gestoßen.

Nähert sich ein Komet auf seiner Bahn der Sonne, nimmt die Strahlungsintensität zu. Der Kern erwärmt sich auf der sonnenzugewandten Seite langsam, aber stetig. Überschreitet er etwa die Umlaufbahn Jupiters bei ca. 5 AE, sind die Temperaturen hoch genug, dass eine *Sublimation* der gefrorenen Eise so richtig in Fahrt kommt.

Die gefrorenen Gase (auch „Muttermoleküle" genannt) verlassen auf diese Weise den Kern, reißen Staubteilchen von der Oberfläche mit und bilden eine schalenförmige Koma, die um den Kometenkern liegt und sich stetig vergrößert.

Die Muttermoleküle treffen bei ihrem Aufstieg auf die Sonnenstrahlung. Bei ihrem Zusammentreffen kommt es zu *Ionisationen* und *Dissoziationen,* die schließlich zu elektrisch geladenen „Tochtermolekülen" führen.

Die Koma verbirgt den direkten Blick auf den Kometenkern und ist für irdische Instrumente nahezu undurchdringlich. Astronomen wussten daher lange nicht, was sich tatsächlich in einem Kometen abspielt, geschweige denn, wie er sich zusammensetzt. Die Moleküle, die man in ihren Spektren nachweisen konnte, waren eben nur die Tochtermoleküle. Was waren die Muttermoleküle? Antworten darauf konnten erst Beobachtungen vor Ort durch Raumsonden liefern.

Es waren auch diese Sonden, allem voran Giotto, die ein weiteres überraschendes Ergebnis lieferten. War man lange davon ausgegangen, dass der gesamte Kometenkern aktiv sei, stellte sich dieses als Trugschluss heraus. Ganz im Gegenteil waren nur sehr kleine Teile der Oberfläche aktiv. Auf dem berühmten Halley'schen Kometen waren es bspw. lediglich 10 bis 15 % der Oberfläche, die aktiv waren.

Wie kann man das erklären? Die Oberfläche eines Kometenkerns ist mit einer Schicht aus Staub und Geröll bedeckt. Lediglich an den Stellen, wo diese Schicht dünn oder aufgebrochen ist und die gefrorenen Gase mit der Sonnenstrahlung in Berührung kommen, kann es zu einer Sublimation kommen. Dies sind die *aktiven Zonen*. An diesen Stellen können Jets Material ins All stoßen (Abb. 10.5).

Abb. 10.5 Ausgasungen aus aktiven Zonen des Kometen 67P/Tschurjumow-Gerassimenko aufgenommen von der Raumsonde Rosetta (Quelle: ESA/Rosetta/ NAVCAM, CC BY-SA IGO 3.0)

10.2.2.3 Kometenschweife

Einmal in der Koma angekommen, ist die Reise der Teilchen vom Kern noch nicht abgeschlossen. Sowohl die Staubteilchen als auch die elektrisch geladenen Teilchen werden durch den Strahlungsdruck der Sonne und den Sonnenwind buchstäblich fortgeblasen. Auf der sonnenzugewandten Seite, wo sie auf den Sonnenwind auftreffen, entstehen Schockfronten. Die Teilchen werden dann durch den Sonnenwind um den Kern herumgeführt und bilden hinter ihm, auf der sonnenabgewandten Seite, charakteristische Schweife: Zum einen lang gestreckten schmalen Plasmaschweif, zum anderen einen diffusen, gekrümmten Staubschweif.

Der *Plasmaschweif* besteht vornehmlich aus Molekülionen. Der *Staubschweif* setzt sich, wie der Name schon sagt, in erster Linie aus kleinen Staubpartikeln zusammen. Auf sie wirkt der Strahlungsdruck der Sonne.

Um zu verstehen, wieso der Staubschweif im Gegensatz zum Plasmaschweif eine so breit gefächerte Erscheinung hat, ist es notwendig, die Wirkung des Strahlungsdrucks auf die Staubteilchen genauer zu betrachten.

Die tatsächliche Wirkung setzt sich aus zwei Komponenten zusammen. Eine davon ist entgegen der Bewegungsrichtung der Partikel orientiert, was Teilchen einer bestimmten Größe abbremst. Die andere Komponente verläuft der Gravitation entgegengerichtet. Durch sie wird die Gravitationskraft der Sonne abgeschwächt. Die Wirkung ist abhängig von der Größe der Staubteilchen und führt daher zu einer Auffächerung des Staubschweifs.

10.3 Das Ende der Reise

Nachdem wir uns kurz den Kometen gewidmet haben, lassen wir sie nun hinter uns und fliegen weiter bis zur äußeren Grenze der Oort'schen Wolke, um schließlich in den interstellaren Raum einzudringen. Wohin uns unsere Reise führt, werden wir dem Zufall überlassen.

Weiterführende Literatur

*Brandt, J.C., Chapman, R.D.: Introduction to Comets. Cambridge University Press, Cambridge (2004)
Möhlmann, D., Ulamec, S.: Raumsonde Rosetta. Franckh Kosmos, Stuttgart (2014)
Pilz, U., Leitner, B.: Kometen, interstellarum Astro-Praxis. Oculum, Erlangen (2013)
Seargent, D.: The Greatest Comets in History. Springer, New York (2009)
Stoyan, R.: Atlas der Großen Kometen. Oculum, Erlangen (2013)

11

Das Ende einer langen Reise

Reisezeit: 34.000 Jahre. Wir sind einen weiten Weg gereist und habe die riesigen Weiten des Sonnensystems durchquert. Jetzt am Ende der Reise, an der Schwelle zum interstellaren Raum, ist es Zeit nochmals innezuhalten, zurückzublicken und unsere Erkenntnisse kritisch zu bewerten.

11.1 Ein Blick zurück

Wir haben viele Objekte auf unserer Reise gesehen und einiges über unser Sonnensystem gelernt. Das äußere Sonnensystem, das wir durchquerten, fasziniert in seiner Fremdartigkeit und Vielfalt. Wir haben gesehen, dass es weit mehr da draußen gibt als nur ein paar Gasplaneten.

Zu Beginn gelangten wir in den Asteroidengürtel zwischen Mars und Jupiter. Wir haben eine große Ansammlung verschiedener Objekte vorgefunden – von winzig kleinen Gesteinsbrocken bis hin zu einem alles übertreffenden Zwergplaneten. Asteroiden sind keinesfalls alle gleich, sondern eine heterogene Population, die immer wieder auf's Neue untereinander interagiert. Bahnresonanzen, vor allem jene mit dem Gasriesen Jupiter, bestimmen ihr Schicksal.

Der nächste Stopp ließ uns vollends in das äußere Sonnensystem eintauchen. Mit dem Besuch bei Jupiter und seinen Monden betraten wir das Reich der Gasriesen. Jupiter selbst offenbarte sich als ein Planet komplexer Phänomene: gigantische Stürme, Polarlichter und noch viele offene Fragen. Anders als wir vielleicht zunächst vermutet hatten, sind seine Monde weit davon entfernt langweilige Eis- und Gesteinsbrocken in den Weiten des Alls zu sein. Von heißen Vulkanwelten wie Io bis hin zu eisigen Körpern mit gigantischen unterirdischen Ozeanen ist alles vertreten.

© Springer-Verlag GmbH Deutschland, ein Teil von Springer Nature 2019
M. Moltenbrey, *Ausflug ins äußere Sonnensystem,*
https://doi.org/10.1007/978-3-662-59360-8_11

Saturn mit seinem prachtvollen Ringsystem hat uns anschließend in seinen Bann gezogen. Eine erstaunliche Erkenntnis ist, dass so imposant die Ringe auch wirken mögen, sie in Wirklichkeit sehr filigrane Konstrukte sind. Erstaunlich ist: so sehr Jupiters und Saturns Monde sich in manchen Dingen ähneln mögen, so unterschiedlich sind sie auch. Deutlich sticht Titan mit seiner dichten Atmosphäre heraus.

Auf den ersten Blick mögen die vier Gasplaneten des äußeren Sonnensystems sehr ähnlich sein. Unser Besuch bei den beiden Eisriesen, Uranus und Neptun, hat uns jedoch gezeigt, dass es grundlegende Unterschiede in Zusammensetzung und Dynamik gibt. Neptuns Mond Triton, ein wohl vor langer Zeit eingefangener Körper des Kuipergürtels, leitete uns schließlich über in eine noch exotischere Welt.

Der Kuipergürtel und die Scattered Disk mit ihren Millionen von noch unerforschten und wenig verstandenen Kleinkörpern hat unseren Blick auf unser Sonnensystem erweitert. Das Schicksal Plutos mit seiner Entdeckung als Planet und seinem tiefen Absturz bewegte die Gemüter. Doch wie wir sahen, ist der einstige einsame Wächter des äußeren Sonnensystems keineswegs so einsam wie über Jahrzehnte angenommen wurde. Eine ganze Reihe von größeren Himmelskörpern, einige davon Zwergplaneten, ziehen noch weiter draußen ihre Bahnen um unsere Sonne.

Unsere Reise führte uns weiter zu den Sednoiden. Ihre Entdeckung wird wohl noch über viele Jahre hin mehr Fragen aufwerfen als Antworten bringen. Sie sind es, die unser Verständnis des Sonnensystems über den Haufen werfen könnten.

Am Ende unserer Reise stießen wir in die Oort'sche Wolke, den Ursprungsort der Kometen vor. Die Wirkung dieser Schweifsterne auf die Menschen durchzieht nahezu die gesamte Menschheitsgeschichte. So imposant ihre Erscheinung auch bei ihrem Flug durch das innere Sonnensystem sein mag, so verblüffend ist ihre tatsächliche Unscheinbarkeit.

Nun befinden wir uns weiter auf der Reise. Auf einer Reise zu fernen Sternen.

11.2   Ist da noch etwas?

Haben wir aber wirklich alles im äußeren Sonnensystem gesehen? Oder gibt es dort noch Unbekanntes zu entdecken? Immer wieder werden diese Fragen in der Astronomie aufgeworfen. Natürlich ist es einfach zu sagen. Nein, wir kennen jetzt alles! Aber sollte nicht die fortwährende Neugier unser Antrieb sein? Wer hätte vor gut 30 Jahren gedacht, dass es Kuipergürtel und Scattered Disk gibt? Dass Pluto nur einer unter Vielen ist? Es mag eine triviale, aber dennoch wahre Erkenntnis sein: Wer nichts sucht, der findet nichts!

Es gibt Indizien, dass wir noch nicht alles kennen. Bis heute verstehen wir nicht, wie die Sednoiden auf ihre Umlaufbahnen gelangen konnten. Von Zeit zu Zeit äußeren Astronomen neue Hypothesen, die einer Bestätigung oder Widerlegung harren.

11.2.1   Ein Begleiter unserer Sonne

Hat unsere Sonne vielleicht einen steten Begleiter? Im Jahr 1984 schlug beispielsweise Richard A. Muller einen solchen vor. Ein brauner Zwerg[1], den er *Nemesis* nannte, sollte mit unserer Sonnen ein tödliches Paar bilden. Muller ist davon überzeugt, eine Periodizität von Einschlägen großer Kometen auf unserer Erde, die zu massenhaften Aussterben führten, gefunden zu haben. Gab es eine solche Regelmäßigkeit, so musste diese auch eine Ursache haben. Nemesis sollte der Todesbringer sein. Mit seiner gravitativen Wirkung wäre er verantwortlich für Bahnstörungen innerhalb der Oort'schen Wolke. In schöner Regelmäßigkeit würden so größere Kometen auf ihre verhängnisvolle Reise geschickt.

Der von der NASA betrieben *Wide-Field Infrared Survey Explorer* (WISE) durchforstete systematische die nähere Umgebung unseres Sonnensystems (Abb. 11.1). Nichts in den Unmengen an gewonnenen Daten scheint auf Nemesis hinzudeuten. Auch wenn dies keine absolute Gewissheit ist, so gilt die Existenz diesen hypothetischen Sterns in der Fachwelt als praktisch ausgeschlossen.

11.2.2   Ein weiterer Planet?

Wenn es aber schon keinen Begleitstern gibt, dann vielleicht zumindest einen noch weiteren Planeten, der weit da draußen seine Bahnen zieht und Bahnen der äußeren Objekte stört?

Drei Astronomen (John Matese, Patrick Whitman und Daniel Whitmore) schlugen im Jahr 1999 die *Tyche* vor, ein Gasplanet in der Oort'schen Wolke. Die durch WISE gewonnen Daten schlossen jedoch einen solchen Planeten nahezu aus.

Aber was wäre mit einem kleineren und näheren Planeten? Seit 2015 haben Spekulationen über einen solchen *Planet 9* neue Fahrt aufgenommen, nachdem die Astronomen Brown und Batygin einen entsprechenden wissenschaftlichen Artikel veröffentlicht haben. Sie nährten sich aus statistischen

---

[1]Ein brauner Zwerg ist nicht massereich genug, um in seinem Inneren eine Wasserstofffusion zu zünden. Da andere Fusionsvorgänge bereits bei niedrigeren Massen stattfinden können, leuchten braune Zwerge schwach, das aber so schwach, dass sie nur schwer auffindbar sind.

Abb. 11.1 Künstlerische Darstellung des *Wide-Field Infrared Survey Explorer* (WISE) der NASA (Quelle: NASA/JPL-Caltech)

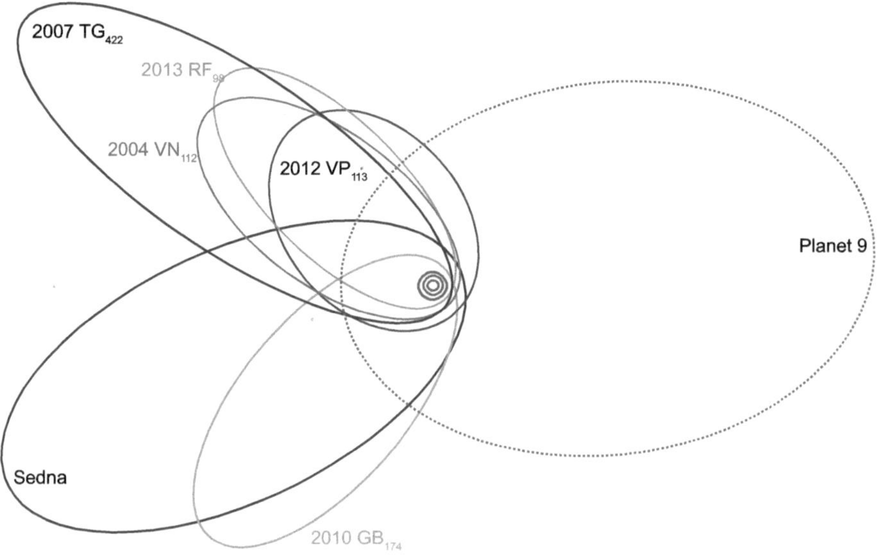

Abb. 11.2 Schematische Darstellung der Unbalanciertheit der TNO (Quelle: nagualdesign; CC0; adaptiert)

Auffälligkeiten bei Bahndaten einer kleinen Anzahl von transneptunischen Objekten (TNO). Ihre Umlaufbahnen weisen eine gewisse Unbalanciertheit auf (Abb. 11.2). Ein Gegenstück in Form eines Planeten, so die Auffassung, könnte das erklären. Planet 9 besäße wohl etwa 10 Erdmassen und entspräche dem zwei bis vierfachen der Erdgröße.

Es bleiben jedoch viele Fragen zurück. Ist die getroffene Auswahl an TNO wirklich repräsentativ? Die Suche hat begonnen, ist bisher aber ergebnislos geblieben. Die Zeit wird die Wahrheit bringen.

Die Welt des äußeren Sonnensystems bleibt spannend, seine Geheimnisse harren der Lüftung. Die Suche geht weiter …

Weiterführende Literatur

Batygin, K, Brown, M.: Evidence for a distant giant planet in the solar system. Astron. J. Band 151(2), 2016
Brown, M.: Wie ich Pluto zur Strecke brachte: und warum er es nicht anders verdient hat. Spektrum Akademischer Verlag, Heidelberg (2012)

Stichwortverzeichnis

© Springer-Verlag GmbH Deutschland, ein Teil von Springer Nature 2019
M. Moltenbrey, *Ausflug ins äußere Sonnensystem,*
https://doi.org/10.1007/978-3-662-59360-8